国家科学技术学术著作出版基金资助出版

食品安全管理工程学

罗云波　著

科学出版社
北　京

内 容 简 介

本书从科学的角度出发，在总结概述了食品安全管理的发展历程、国内监管体制变化及食品安全标准体系的基础上，结合现代食品安全管理理念，创新性地提出了食品安全管理工程学的理念。该理念着重强调运用工程管理的方法和手段，合理配置各方资源，实现食品安全水平的升级。另外，笔者结合自身参与的国家食品安全治理工作，提出了“赋能催化博弈论”的理论，为提高管理效率、促进食品安全管理各方的主观能动性和创造性提供了理论参考。本书最后以奥运食品安全保障工程作为实际案例，诠释了食品安全管理学的基本思想在工程实践中的成功应用。

本书适用于政府、食品企业中食品安全管理相关部门人员阅读，同时也可作为从事食品安全管理学研究人员的参考书和公众的科普读物。

图书在版编目（CIP）数据

食品安全管理工程学 / 罗云波著. —北京：科学出版社，2018.9

ISBN 978-7-03-058044-3

Ⅰ. ①食… Ⅱ. ①罗… Ⅲ. ①食品安全-安全管理 Ⅳ. ①TS201. 6

中国版本图书馆CIP数据核字（2018）第132762号

责任编辑：李秀伟 / 责任校对：郑金红
责任印制：赵　博 / 封面设计：铭轩堂

科学出版社 出版
北京东黄城根北街 16 号
邮政编码：100717
http://www.sciencep.com
北京建宏印刷有限公司印刷
科学出版社发行　各地新华书店经销
*
2018 年 9 月第　一　版　开本：720 × 1000　1/16
2025 年 1 月第三次印刷　印张：15 3/4
字数：318 000
定价：120.00 元
（如有印装质量问题，我社负责调换）

序

回看来时，人生一半岁月的关键词都和这本书重叠了：食品、食品安全、食品安全管理工程——若出其中，若出其里，所见、所思、所行，都是紧扣着这个核心。

20世纪80年代，英国发现了第一头患疯牛病的牛，那时我正在英国学习。穷学生，自是吃了不少便宜的牛肉，虽说政府一再声称“人吃了绝对没事”，我还是充满了害怕患上疯牛病的焦虑，土豆熟了再也不敢往里面加牛肉了。待到十多年后，英国宣布新型克雅氏病患者与疯牛病有关时，我已担任中国农业大学食品学院的院长了。那时，全世界都充满了“谈牛色变”的食品安全恐慌，比如美国，严令禁止我这种80年代在欧洲居住过的人献血。不过，那时的我，惦记着的已经不是疯牛病不可预测的潜伏期了，而是立足国家视角出谋划策防止“疯牛”闯入中国。

与“疯牛病”类似，很多食品安全问题，都是始于科学而终于管理。科技的进步让我们认识到食品安全问题的科学本质，而管理则是通过机制运作，力求将食品安全问题限定在可控的范围之内。管理工程大家孙永福院士说：食品安全监管当是各个方面相互关联、相互影响、相互制约的一个复杂系统。先生所言甚是，这便成了食品安全管理工程学的“芽”，在食品安全管理工程的实践中不断萌发，逐渐有了清晰的脉络和方向。诚如食品安全泰斗陈君石院士所说：一路借鉴他山之石，我们已经从落后的追赶者，变成了加速前进的领跑者。但毋庸讳言，食品安全管理工程学作为一门新兴交叉学科，其发展是不充分的，亟待整理总结，使其能够不断传承与完善，这便成了食品安全管理工程学的“土壤”。先生们建议我把我的研究与思考，以及我参与国家食品安全治理的具体实践整理总结出来，使之成为一门系统化、规范化的学问。虽说食品安全管理工程于我，当属博观约取厚积薄发，不需积叶成书的辛苦，但将其升华为食品安全管理工程学，还是需要仔细推敲，究天人之际，通古今之变，使之成为一家之言。如此，前辈的及时勉励促成了我拿起笔来，大有百战归来再写书的感慨。

食品安全管理工程学，简单说就是确切地指导监管者要去做什么，怎样用最适合的方法管出最好的效果，也就是我在书中提出的“赋能催化博弈论”的具体应用。围绕“吃得安全”做决策，围绕“吃得放心”在行动。而食品安全管理工程学，非学无以广才，非志无以成学，要想精准赋能、定点催化，就要站得更高，除了事后持危扶颠之外，还要能够根据食品安全管理工程学的内在逻辑，前瞻性地回答，什么样的经济发展时期、什么样的食品生产经营模式、什么样的博弈状态，应该采用什么样的管理方法，而不是通过高成本试错的方式被动地选择管理模式。

在这个赋能催化的动态博弈过程中，既包含共同价值观、战略目标、组织结构、机构部门等系统要素，也涉及历史背景、文化心理、生活水平、教育水平、自然环境和国际环境，有时候确实让监管者左右为难。此时，就只能求助于科学管理来为监管者自身赋能，帮助管理者从纷繁复杂中获得平衡的智慧，习得从地头到餐桌每个环节的精细化控制。

20 年来，中国的食品监管体制，经历了五次重大变革，作为参与者，我在书中解释了这种变革在“博弈”中存在的合理性。食品安全管理工程的决策，有了制定决策时的稳健、实施决策时的利落，还有坚持不懈的改良，那么，其他的变动，都是为了达到终极目的的手段，手段当服务于目的。

管理模式是动态的，管理思想是相对稳定的，管理工程学是相对系统的。“赋能催化博弈论”说到底就“三板斧”，一是制定战略方向，确定监管模式；二是建立与战略适应的组织体系，建立监管系统；三是激发人的潜力，提升执行力与参与度。

我提出并倡导的“赋能催化博弈论”，以及“一基础一核心”的食品安全管理工程理论，在此前所主持编制的《国家食品安全监管体系“十二五”规划》中有完整的体现，正是该规划拉开了食品安全监管体系大部制改革的序幕，在此时参与的《国家食品安全 2030 战略纲要》，以及曾经参与的《中华人民共和国食品安全法》、《中华人民共和国农产品质量安全法》及《农业转基因生物安全管理条例》的制修订过程中，这些思想都贯穿其中。“赋能催化博弈论”强调监管者不仅仅是管和查，更是传、帮、带，“赋能”是释放各博弈方潜能的关键，是监管者在软硬件配置、科学传播、风险预警等方面的系列帮扶行动，在赋能的“催化”作用下，食品安全博弈各方以最小能耗、最大加速度达成共识向前推进，在理性的“博弈”中不断完善，臻于完美。早在 2007 年，为胡锦涛、习近平等中共中央政治局委员第 41 次集体学习作题为《我国农业标准化和食品安全问题研究》的报告时，我提出的 4 点建议也都包含了这个理论思想，只是那时候“赋能”这个说法还没有提出来。纵观之后的波澜气象，“赋能催化博弈论”竟如草蛇灰线、伏脉千里。

诚然，食品安全管理工程学要尊重事实。我在各种场合都在强调，重视事实甚于数据，现场主义甚于理论教条。食品安全管理工程，一般而言，很难有点石成金的速成，通常是要面临十面埋伏的处境，需要把体量巨大的结构组织，变成尽可能小的操作空间，齐心协力去各个击破。比如说我所经历的奥运食品安全保障工程，没有先例可循，我们的团队不唯书、不唯上，只唯实，在尊重客观条件的前提下竭尽全力，最终实现了奥运会食品安全保障工程零事故，成为国家重大活动食品安全保障工程的标杆。

再则，食品安全管理工程学要依赖科学。比如，在我将核酸检测技术引入我国食品监管领域之初，只是出于一介书生质朴的科学精神，并没想到此举为食用农产品安全管理工程提供了有力的技术支撑，为国家食品安全监管工程提供了重要的技术抓手，破解了很多现场执法的监管难题，而且提升了公众对国家食品安全监管的信心。这表面看似无心插柳，其实是“咬定青山不放松”的科学的力量。

此外，食品安全管理工程学是门要立规矩的学问。有一个问题书中着墨不多，此处多说两句，纪律、规范、制度、秩序，这些词汇老少皆知，但其理念远未深入人心。换言之，食品安全管理工程就像一座海上之塔，部分塔身漂然于水面之上，但是风平浪静的水面之下，多少的暗流涌动，多少的琐碎繁杂，都悄悄隐藏着。很多时候，食品安全管理工程学的努力，毋宁说是给各方立规矩，还不如说是给消费者一个信心。

最后，食品安全管理工程学是门要讲究担当的学问。道远路长，行路艰难，但用所学所知“为人民服务，担当起该担当的责任”，虽千万人吾往矣，正是一个专家学者应尽的本分，“苟利国家生死以，岂因祸福避趋之”，在社会共治的大背景下，没有人能独善其身。食品安全管理工程学的终极目的，就是每一个博弈主体，生产者、监管者、经营者、消费者、传播者，都是管理者和被管理者，在这个系统里和谐统一、有序运转。

绝大多数的食品工程师和技术人员，最后都将自觉或不自觉地参与到食品安全管理当中，在食品科学这艘大船上，没有旁观者。从这个意义上说，这本书也算是为未来食品安全管理工程学的发展壮大抛砖引玉。

鬓微霜，又何妨，还要行千里，叙以咏志。

罗云波

2018 年 5 月于北京马连洼

目　录

第一章 食品安全工程管理的概念与定义

第一节 食品安全工程管理的定义与属性

食品安全工程是一项为了保障食品安全的工程系统，由若干体系、机制整合而成。食品安全工程管理是近年来新兴的研究领域，该学科立足于食品科学基本规律，同时借鉴现代管理学理念，属于食品科学与管理科学的交叉学科。食品安全工程管理学的研究目标是，运用工程管理的方法和手段，通过合理的组织架构和人、财、物配置模式，实现食品安全水平的升级。

由于食品安全本身的特点，食品安全工程管理和一般工程管理有所不同。在对食品安全概念的理解上，把握以下 4 个方面对于食品安全工程管理的准确定位至关重要。

1. 食品安全的综合属性

通过比较食品安全与食品营养、食品卫生或食品质量等相关概念可以发现，食品安全包括的内容相对宽泛，涉及食物种植、养殖及加工、包装、储运、销售一直到消费的所有环节，而食品卫生、食品营养和食品质量中的任何一个概念均无法涵盖其他概念，或涵盖上述的所有环节。另外，这 4 个概念也存在许多交叉。例如，食品中蛋白质含量达不到营养标签中标示的含量，这类问题首先是一个食品质量和食品营养问题，然而，具体到婴幼儿配方乳粉时，由于目标人群的膳食组成单一、对蛋白质的需求量大，蛋白质含量不足将导致不可逆的身体损害，这样一来，看似简单的食品质量和食品营养问题就变成了食品安全问题，需要在食品安全工程的框架范围内予以解决。

2. 食品安全的时空属性

食品安全具有典型的时空属性，在不同的国家或者经济社会和文化发展的不同时期，食品安全所要解决的突出问题和治理要求相去甚远。在大多数的发达国家，农业生产和食品工业中常常会引入新技术、新工艺和新材料，这些创新措施的应用有可能导致食品污染，其中以微生物为主的生物污染占很大比重，多呈现散在、偶发的特点。在经济快速成长的发展中国家，则同时存在着化学污染和生物污染。一方面，经济发展速度与环境承载能力之间的矛盾导致环境污染加剧，以重金属和其他环境污染物为主的有害因素严重影响到农产品安全；另一方面，则是市场经济发育不成熟所引发的问题，如违规使用农业投入品、违规使用食品添加剂、假冒伪劣、非法生产经营等。在欠发达国家，食物短缺的现象时有发生，食品领域的主要矛盾是食品需求和食品供给不足之间的矛盾，食品质量安全问题大多还没有被提上议事日程(罗云波等，2011)。

3. 食品安全的政治属性

联合国粮食及农业组织发布的《世界粮食安全罗马宣言》指出：人人享有获取安全和富有营养的食物的权利。而生命权和温饱权是公民最基本的生存权，从这个意义上来讲，食品安全与生存权紧密相连，体现出鲜明的唯一性、强制性，政府有责任监督和保障公民获得这种权利。近年来我国清理整合各类与食品安全相关的标准，统一发布为国家食品安全标准并强制执行，这种做法很好地体现了食品安全的政治属性。在全球范围内，无论一个国家或地区的经济社会发展处在何种水平，政府对社会最基本的责任和必须做出的承诺都包含了食品安全，这样的制度安排是社会发展的基石。相比之下，食品的食用品质、营养价效等则与发展权有关，具有层次性和选择性，取舍灵活，通常属于商业活动的范畴，政府可通过政策引导促进产业升级。例如，制定水果分级标准时，通常根据水果尺寸大小和糖酸比等质量或理化营养指标分级，优质优价，而农药残留、重金属和真菌毒素等安全指标并不适合作为分级的依据。这是因为，所谓“分级”是针对食品质量(商业价值)的一种操作，而安全是对所有准入食品的统一要求。

4. 食品安全的法律属性

保障公民获得安全食品的权益是政府的职责所在，这种保障通常通过立法来实现。例如，美国《联邦食品、药品和化妆品法》(*Federal Food，Drug and Cosmetic Act*，FFDCA)为食品安全管理提供了框架和基本原则，是所有涉及食品安全立法的核心。美国涉及食品安全的法律法规还有《食品质量保障法》、《公共卫生服务法》、《反生物恐怖法》、《联邦肉类检验法》、《蛋类产品检验法》、《禽类产品检验法》、《联邦杀虫剂、杀真菌剂和灭鼠剂法》及美国食品药品监督管理局(FDA)的《食品安全现代化法案》等。这些法律法规确立的指导原则与具体操作标准和程序涉及食品质量监督、疾病预防和事故应急等方面，使得食品安全管理措施有法可依(王竹天，2014)。自 19 世纪 80 年代以来，食品安全立法领域的趋势是以食品安全的综合立法替代卫生、质量和营养等要素立法，如将食品卫生法、食品质量法或食品营养法等法律法规升级为综合型的食品安全法，这种做法反映了时代发展的要求(罗云波和吴广枫，2008)。1990 年，英国颁布了《食品安全法》(*Food Safety Act*)，取代了 1984 年颁布的《食品法》(*Food Act*)。该法案是首部以“食品安全”命名的法律，内容涵盖食品制造和加工，以及存储、物流和销售各环节，包含进出口食品安全监管，成为英国食品安全法律体系演进的里程碑，为构建现代食品安全法律法规体系创立了新框架。1999 年，英国颁布《食品标准法》(*Food Standards Act*)，并于同年成立食品标准管理局。2000 年，欧洲联盟(简称欧盟)《食品安全白皮书》正式发表，该白皮书对欧盟各成员国食品安全监管体系的构建具有指导意义。2003 年，日本《食品安全基本法》颁布执行。2009 年，我国废止了原有的《中华人民共和国食品卫生法》，颁布了《中华人民共和国食品安全法》(简称《食品安全法》)，并于 2015 年对该法律进行了第一次修订。

食品安全的上述特殊属性是食品安全工程管理的出发点和落脚点，没有食品安全，便没有食品安全工程管理。食品安全工程管理的目标、方法措施及实现途径与食品安全的特殊属性息息相关。作为工程管理学研究的新兴分支，食品安全工程管理同样具备系统性、综合性等工程管理的一般特征，即各组成部分并非随意组合而是有机整合，多种资源要素被有序集成在一起，各个工程子系统通过协调互动实现特定目标。除此之外，从食品安全的特殊属性角度来看，食品安全工程管理还具有以下三大基本特点。

1. 依法管理

我国的《食品安全法》赋予各级政府和食品安全管理部门保障属地食品安全的职责，并明确指出食品生产经营单位是食品安全第一责任人。因此，无论是政府还是企业主导的食品安全工程管理活动，都是依法管理理念的体现，这些工程管理活动也只能在现有法律框架下开展。

在 2015 年修订的《食品安全法》中，各利益相关方的职责权限规定更加明确。以监督管理部门为例，其法定职责主要包含 5 个方面的内容。

第一项职责是监督执法。根据《食品安全法》的规定，县级以上人民政府食品药品监督管理部门有权对食品生产经营者遵守本法的情况进行监督检查，监督检查的形式可以是进入生产经营场所的现场检查，也可以对生产经营的食品、食品添加剂或食品相关产品进行抽样检验，查阅和复制有关合同、票据、账簿以及其他有关资料等。县级以上人民政府食品药品监督管理部门也有权根据检查结果采取相应措施，如对于不符合食品安全标准，或者有证据证明存在安全隐患的食品，以及违法生产经营的食品、食品添加剂和食品相关产品，采取查封或扣押等措施，对从事违法生产经营活动的场所采取查封等措施。

第二项职责是处理食品安全事故。当食品安全事故发生时，县级以上疾病预防控制机构接到通报后，应当首先对事故现场进行卫生处理，接着对与食品安全事故有关的因素开展流行病学调查。如果形势发展符合启动应急预案的要求，县级以上人民政府应当立即成立食品安全事故处置指挥机构，启动应急预案，依照应急预案的规定进行处置。涉及两个以上省、自治区或直辖市的重大食品安全事故，由国务院食品药品监督管理部门依照规定组织事故责任调查。

第三项职责是建立信用档案。2015 年修订的《食品安全法》要求，县级以上人民政府食品药品监督管理部门建立食品生产经营者食品安全信用档案，把建立信用档案作为实行食品安全风险分级管理的重要措施。信用档案的内容可以包括:

许可证颁发、日常监督检查结果及违法行为查处等情况。通过信用档案，监管部门对食品生产经营者的信用水平可以有更全面的了解。对于那些有不良信用记录的食品生产经营者，监管部门将通过增加监督检查频次来确保食品安全，并实时更新信用档案，同时依法向社会公布。如果食品生产经营过程中存在安全隐患，但食品生产经营者未及时采取措施消除，则县级以上食品药品监督管理部门可对食品生产经营企业的法定代表人或者主要负责人进行责任约谈。信用档案的内容也包括消除隐患和责任约谈情况及整改情况。

第四项职责是咨询和举报受理。食品安全问题的复杂性决定了食品安全治理工程必定是一项社会治理工程，对涉及食品安全违法犯罪行为的信息收集和掌握，需要依靠群众的力量来实现。根据我国《食品安全法》的规定，县级以上食品药品监督管理等部门，须公布本部门接受消费者咨询、投诉和举报的电子邮件、地址或者电话，鼓励消费者对身边的食品安全违法行为进行举报。

第五项职责是信息发布与宣传引导。我国实行食品安全信息统一公布制度，食品安全信息平台由国家统一建设。其中，国务院食品药品监督管理部门负责统一公布国家食品安全总体情况信息、食品安全风险警示信息、重大食品安全事故及其调查处理信息和国务院确定需要统一公布的其他信息。如果食品安全风险警示信息、重大食品安全事故及其调查处理信息的影响仅限于特定区域，则由有关省、自治区、直辖市人民政府食品药品监督管理部门负责公布。

除此之外，还有其他法律、行政法规和政府规章进一步具体地规划了各食品安全行政监管机构的职责范围。根据现代责任理论，权力与责任互为表里，相互制约，享有权力是以承担责任为前提。食品安全监管者享有行政权力，自然也需要承担行政责任。明确和加强食品安全行政监管责权，是我国落实依法行政的必然要求。食品安全工程管理活动顺利开展的前提之一，就是要在立法上明确界定各食品安全利益相关方的具体责任和权力范围，对机构设置、职能划分、运行机制、从业人员资质、奖惩措施等方面做出详细具体的规定，以确保各相关方在合理的法律框架内开展博弈。

2. 动态式(循环上升式)管理

食品安全工程管理具有强烈的时空属性。例如，过氧化苯甲酰曾经是我国允许使用的面粉增白剂之一，这种化合物的纯品在受热和光照条件下易爆炸，造成人员伤亡和财产损失，在面粉中过量使用也存在潜在的食品安全风险，人们不得不对其生产和使用安全性进行考量，进而以溴酸钾替代，并禁止过氧化苯甲酰作为面粉增白剂使用。然而，随着社会经济的发展和文化水平的提高，市场对面粉白度的追求下降，转而追捧低添加产品，面粉增白剂作为“无工艺必要”的成分被禁止使用。又比如，“瘦肉精”在我国属于禁用兽药，而在美国却是允许使用的兽药。在食品安全工程管理决策过程中，这样的例子不胜枚举。

因此，从较长的时间和空间跨度上来看，食品安全工程管理总体表现为动态式管理，需要不断根据条件变化调整管理措施。

具体到我国食品安全监管体制的变革发展，食品安全工程管理的时空属性更加一目了然。新中国成立后到改革开放初期，我国食品安全监管的重点是保障食物供给，农作物选育的重要指标是能否实现增产增收，其食用品质基本不在考虑范围内。彼时工业化的食品尚处在按计划生产阶段，品种和数量都严格按照政府计划实施完成，监管部门和生产企业政企合一，法规更像是行业技术性指导规范，而标准则侧重于产品的食用品质等质量属性，行政处罚以行政处分为主。食品卫生监管主体和客体的关系不是政府和企业的关系，更像是政府上下级部门之间的关系，监管更多体现为行政管理(任筑山和陈君石，2016)。

1993 年，轻工业部在国务院机构改革中被撤销，从体制上讲，食品生产企业正式与行政主管部门分离，食品生产经营方式发生了巨变。1995 年，《中华人民共和国食品卫生法》审议通过，卫生部门的食品卫生执法主体地位在该法中得到了体现。同时，在原有政企合一体制下，行政主管部门对企业具体生产经营事务的管理职权被废除了，该法明确规定，国家实行食品卫生监督制度。同时，在大的经济改革背景下，大量的私有制食品生产经营单位迅速出现，与国有企业并存，传统行政指导管理与法制管理并存。随着私有制经济的发展，管理相对人不再是单一的国有企业，管理方式也由单一的行政技术指导，向更加全面的监督管理手段过渡。这一时期我国食品监管部门设置如图 1-1 所示。

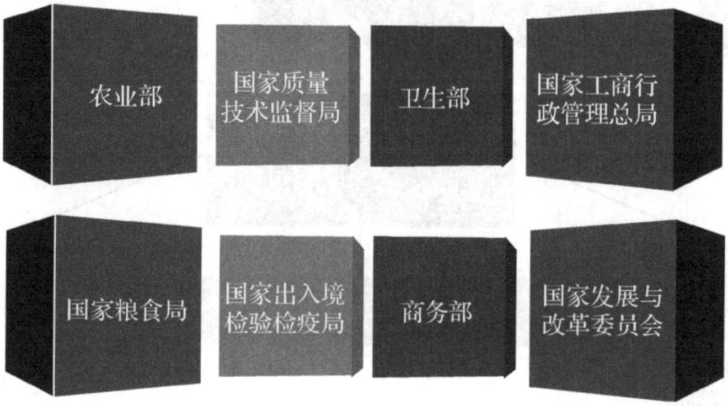

图 1-1 20 世纪 90 年代我国食品监管部门设置

2003 年，通过国务院机构改革，国家食品药品监督管理局在原国家药品监督管理局基础上组建成立。根据 2004 年国务院印发的《关于进一步加强食品安全工作的决定》(国发〔2004〕23 号)和中央机构编制委员会办公室印发的《关于进一步明确食品安全部门职责分工有关问题的通知》(中央编办发〔2004〕35 号)，在这轮机构改革中，新成立的国家食品药品监督管理总局的职责定位可以总结为，食品安全综合监督、组织协调、组织查处重大食品安全事故。在这个阶段，我国参与食品安全监管的主要机构如图 1-2 所示。

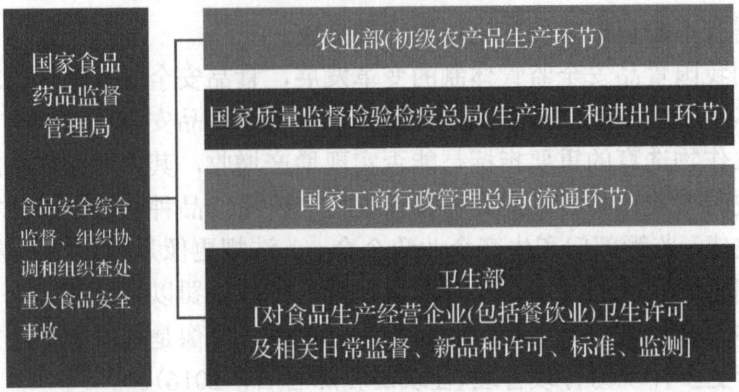

图 1-2　2003～2008 年我国主要食品安全监管部门

2008 年三聚氰胺事件发生后，国家食品药品监督管理局被调整为卫生部管理的国家局，食品安全综合协调、组织查处重大食品安全事故的职责也相应划入卫生部。2009 年 2 月，我国第一部《食品安全法》发布，分段监管和综合协调相结合的体制在这部法律中进一步明确。国家层面实行“分段监管为主、品种监管为辅”的监管体制，地方政府层面实行“地方政府负总责下的部门分段监管”体制。法律中还规定，国务院成立食品安全管理委员会作为高层次议事协调机构，加强综合协调。这个时期的监管模式如图 1-3 所示。

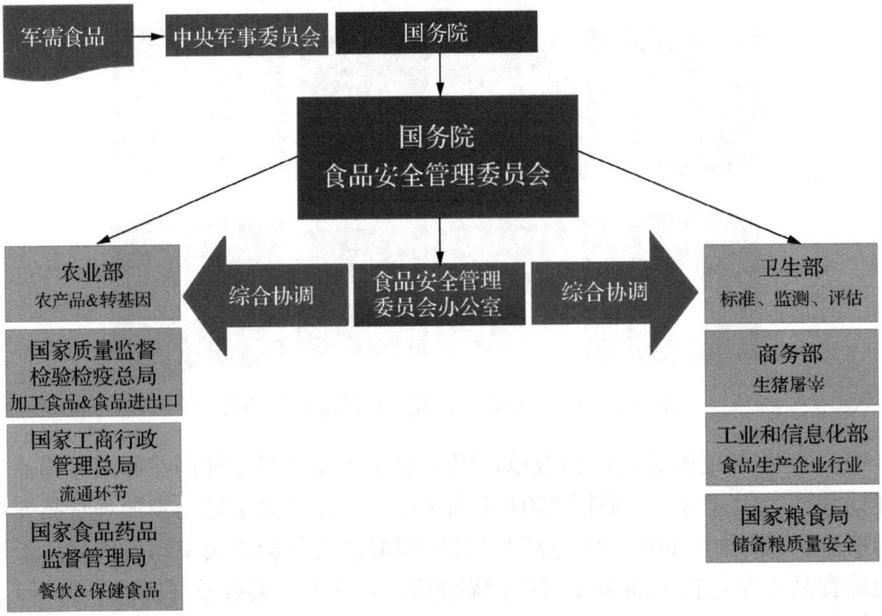

图 1-3　我国第一部《食品安全法》确定的食品安全监管模式

2013 年，国务院机构改革方案提出，整合流通环节食品安全监督管理职责(国家工商行政管理总局)、生产环节食品安全监督管理职责(国家质量监督检验检疫总局)、食品药品监管局的职责和食品安全管理委员会办公室的职责，将上述食品安全监管职责并入国家食品药品监督管理总局。新机构的主要职责是：统一监管生产、流通和消费环节的食品安全。除职责合并外，食品药品监督管理部门也同时收编了工商行政管理、质量技术监督部门相应的食品安全监督管理队伍和检验检测机构。本轮机构改革方案提出，对农产品质量安全的监管，仍由农业部负责，并将生猪定点屠宰职责由商务部划入农业部。同时，不再单设国务院食品安全管理委员会办公室。本轮机构改革后，食品安全的监管职责进一步集中，如图 1-4 所示。

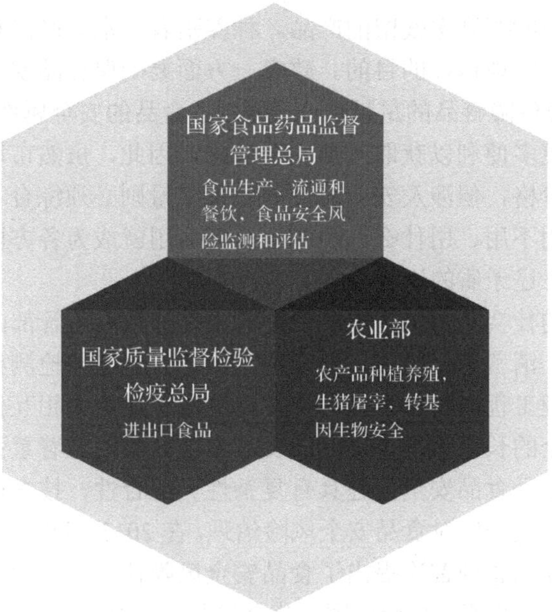

图 1-4 2013～2018 年我国主要食品安全监管部门

2018 年 3 月，第十三届全国人民代表大会第一次会议审议通过国务院机构改革方案。根据该方案，国务院将不再保留国家工商行政管理总局、国家质量监督检验检疫总局和国家食品药品监督管理总局，组建国家市场监督管理总局，整合上述三个部门原有的食品安全监管职能。农业部更名为农业农村部，仍然负责农产品种植和养殖环节的安全监管，以及生猪屠宰和转基因生物安全。至此，我国主要的食品安全监管部门集中为源头监管和市场监管两个部门。

纵观改革开放以来我国食品安全监管体制的变革，其主基调是政府职能的转变，行政体制改革是经济体制改革和政治体制改革的重要内容，而对政府职能的重新认识和定位则是深化行政体制改革的核心，实质上是要解决在社会主义市场经济发展的过程中、在食品安全的问题上，政府应该做什么、企业应该做什么，重点是理顺政府、市场和社会的关系。在政府职能转变的大背景之下，我国食品安全监管体制的变革方向主要体现为 3 点：部门和机构精简、全产业链监管、社会共治。通过机构调整和采取相关举措来解决市场多头监管、社会管理亟待加强、公共服务比较薄弱等痼疾，以提高政府效能，增强社会发展的活力。

3. 社会共治

食品安全问题涉及面广，关乎每个社会成员的生命和健康，同时，利益相关方众多且关系复杂，各方博弈的过程很难达成共识，甚至存在很多问题。因此，食品安全问题属于复杂的公共安全问题。农兽药残留限量标准的制定过程，能够很好地反映这种食品安全问题的多方博弈。从消费者的角度看，残留水平要尽可能地低，甚至希望购买到零残留的产品。种养殖者追求高产出和低损耗，农兽药的使用恰好有助于实现这样的目的。政府一方面要确保食品安全这一基本民生问题，另一方面也要保障食品的足量供应。同时，食品的安全属性属于不对称信息，卖方比买方拥有更多便利以获取产品安全信息。因此，虽然市场机制能够调控食品的供求关系和价格，但涉及安全属性的残留限量则必须综合考虑各方利益。这样一来，农兽药用不用、用什么、用多少及怎么用就成为各方博弈的主要内容。社会共治是解决上述矛盾的途径之一。

在食品安全的社会共治结构中，治理的主体除政府监管部门外，还应包括食品的生产经营者、消费者、媒体、科学家、第三方认证和检测机构等其他社会力量。食品安全管理工程通过整合社会资源，达成上述力量相互作用的动态平衡，从而实现食品安全的长效治理。早期的食品安全风险治理着重强调政府治理和企业自律，然而，由于食品安全问题具有复杂性、综合性、技术性和社会性，单纯依靠政府部门无法完全应对食品安全风险治理。在 2013 年 6 月召开的全国食品安全宣传周上，汪洋副总理首次提出了食品安全风险社会共治的概念，核心的内容是“企业自律、政府监管、社会协同、公众参与、法制保障”，即在注重企业自律和政府监管的同时，需要重点发挥社会组织、公众等社会力量的作用。2015 年 10 月 1 日修订的《中华人民共和国食品安全法》正式实施，社会共治成为我国治理食品安全风险的基本原则。社会共治通过有效的机制使更多的参与主体加入到食品安全风险治理的过程中，极大地提高了治理方式的灵活性和政策的适用性。在社会共治的框架体系内，各利益相关方的职责和作用如表 1-1 所示。

表 1-1　社会共治主体的职责和作用

社会共治主体	职责和作用
政府	制定安全标准，市场抽检，风险评估
企业	合规生产，提供安全的产品
消费者	通过选择影响企业的行为
媒体	舆论监督，消费者教育
具有公信力的第三方	认证或检测服务，科技引领

第二节 食品安全工程管理的学科支撑

国内各级各类食品安全工程建设的开展，逐步形成了适合我国特殊国情和文化背景的管理思想、理念、方法和手段，促成了我国食品安全工程管理学科的发展。食品安全工程管理的基础理论根植于那些具有稳定性和普遍性特点的基础理论原理，包括食品科学、环境科学、农业科学、工程学、管理学、经济学、社会学、法学及心理学等。除食品科学基础理论之外，这些基础理论并不必然与食品安全发生联系，然而，在我国食品安全工程管理实践中，这些基础理论的某些分支或派生出的方法和技术却发挥了重要的作用。

以管理学为例，公共管理是管理学的重要分支，内容包括政府管理、行政管理、公共政策等。公共管理以社会公共事务作为管理对象，如公共资源和公共项目、社会问题等。食品安全问题与公民的基本生存权利相关，归在公共管理学科的研究对象范围之内。公共管理的基本理念和研究方法在食品监管体制机制的构建等领域已经得到了广泛的应用。

行为科学是管理学的另一个特殊的分支，它通过应用心理学、社会学、人类学及其他相关学科的成果，对人的心理活动开展研究，掌握人们行为产生、发展和相互转化的规律，以便预测人的行为和控制人的行为。行为科学强调以人为中心的管理，把人的因素作为管理的首要因素，恰好与食品安全管理以人为本的理念相契合。行为科学管理理论中的群体行为理论通过掌握群体心理研究和解释群体行为，对于食品安全舆情分析和食品安全风险交流策略的制定有重要的指导意义。

管理学中的质量管理理论已广泛应用于食品生产企业质量管理体系的构建，危害分析和关键控制点(HACCP)、ISO9000、ISO22000、良好操作规范(GMP)等质量管理体系建设已成为规模化和规范化食品生产企业的标配。质量管理理论所涉及的标准化生产、质量检验机制等，早已成为食品领域被广泛认可的通用做法。

管理学中的决策分析和系统管理的理念在食品安全风险管理中贯穿始终。决策分析是一门与经济学、数学、心理学和组织行为学密切相关的综合性学科。它的研究目的是帮助人们提高决策质量，减少决策的时间和成本。决策分析包括发现问题、确定目标、确定评价标准、方案制定、方案选优和方案实施等过程，通常有如下构成要素：决策主体、决策目标、决策方案、结局和效用。食品安全风险管理过程就是典型的决策过程，在这个过程中，决策的主体即是食品安全监管主体，决策的目标是要解决实际的食品安全问题，决策方案必须综合考量政治、经济、社会和文化心理等多重因素，管理措施的实施结果及效用评价也是食品安全风险管理活动的重要一环。

此外，心理学理论在食品消费心理研究、食品安全风险交流对策研究等领域正在发挥重要的作用；经济学中的有关信用和交易成本研究有助于分析食品生产经营主体的行为选择；社会学研究中关于风险社会的分析和描述，改变了人们对食品安全意识与行为的认知；法学对于构建我国的食品安全法律法规体系具有不可替代的作用。

食品安全工程管理学科各构成要素之间的逻辑结构和层次关系见图 1-5。各基

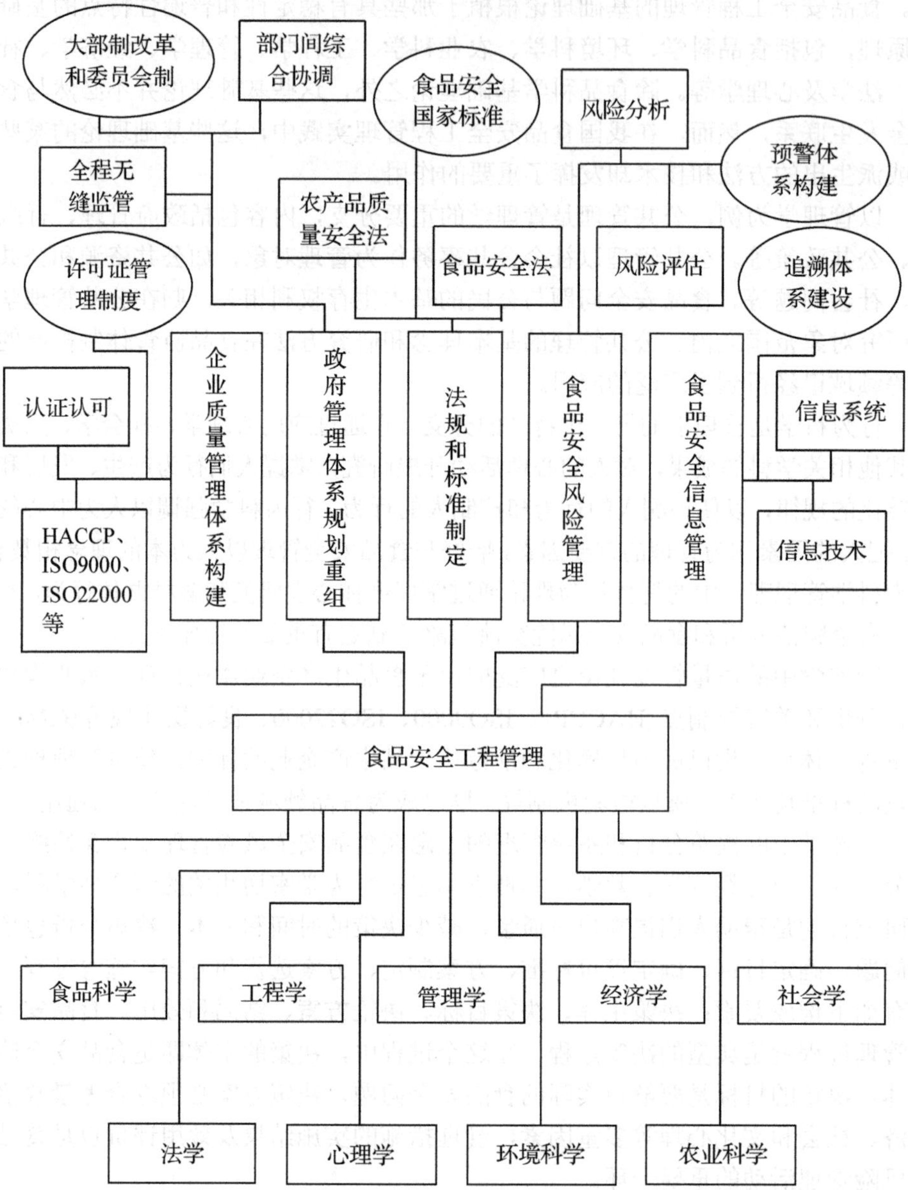

图 1-5　食品安全工程管理的学科构成

础科学理论在食品安全领域的应用极大地促进了食品安全工程管理学科的发展。鉴于食品安全问题的复杂性，在面对食品安全工程管理的具体问题时，现有的学科构成仍然有可能出现顾此失彼的情况。由此可以预见，未来食品安全工程管理学科的构成将会有更多的拓展和外延。

对食品安全工程管理理论体系的构建有助于理清工程管理各种概念之间的关系，揭示其本质特征和原理，加速食品安全工程管理理论的丰富完善，促进各项食品安全工程管理实践的开展。

第三节　食品安全工程管理学与工程管理学的关系

食品安全工程管理学是工程管理学的新兴分支，食品安全工程管理具有工程管理的一般特点，即系统性、综合性和复杂性(何继善，2017)。

首先是食品安全工程管理的系统性。对于现代工程管理实践而言，系统理论和系统思想贯穿始终。在工程管理实践中，工程的各组成部分有机整合、各子系统相互协调，以实现工程目标作为整体的目标。食品安全工程管理以实现特定的食品安全目标为前提，充分运用工程管理的系统理论和系统思想，实现部门、机构或政策、措施的有机整合和相互协调。

其次是食品安全工程管理的综合性。工程常常与特定类型的产品或特定类型的企业相关联，在工程管理活动中，必然要考虑不同技术的协调性和不同产业的特性，从而体现为集成了技术和产业特性的综合性管理。工程管理的综合性还表现为，工程管理实践涉及对多种资源的利用，必须对资源利用效率及环境协调有所考虑。食品安全工程管理的对象涵盖从农田到餐桌的所有环节，涉及环境保护、农业种养殖、农产品储藏与运输、食品深加工、农产品及食品批发零售、农产品和食品进出口，以及餐饮服务等多个不同的产业，这些产业的发展水平和内部运行规律各不相同。食品安全工程管理的主体可以是政府、企业等机构，客体则既包括机构，如下级政府、企业或媒体等，也包括肉蛋奶、果蔬、饮料和粮油等具体而又庞杂的食品类别。上述原因决定了食品安全工程管理必然是一种综合性的管理措施。

最后是食品安全工程管理的复杂性。通常来讲，工程管理涉及对多个部分、多个组织的管理，过程极为复杂，需要运用多学科的知识才能解决问题。为了实现预期目标，需要将具有不同知识结构、代表不同组织的人有机地结合在一起。食品安全工程管理恰好符合这样的特点。以政府的食品安全监管工程为例，无论是对“地沟油”的专项整治、对婴幼儿奶粉的常态化特殊监管，还是生产经营许可证管理制度，食品安全监管都显示出与普通行政监管截然不同的特点：食品安全监管是典型的技术型监管(Luning et al.，2002)。目前，各级各类政府机构中食品安全专家委员会的建立既是这种技术型监管的体现形式，也是技术型监管的必然要求。

食品安全工程管理和工程管理的关系还体现在食品安全工程管理活动中，运用了很多工程管理的具体措施方法，如系统科学方法、项目管理方法、机构质量管理方法、各类统计分析方法等。

需要明确的是，在食品安全工程管理活动中，管理依附于工程而存在，没有工程就没有工程管理。食品安全工程又可细分为以下几个分支：食品安全行政管理体制保障工程，农产品质量安全控制工程，食品工业产业升级和质量安全管理工程，流通领域规范化管理和溯源工程，餐饮业量化分级管理工程和重大活动食品安全保障工程等。这些食品安全工程，特别是一些区域性、行业性和综合性工程活动，若没有科学的管理则无法达成。

因此，在认识和处理食品安全工程与管理的相互关系时，需要以食品安全工程为主体，根据行业特点或一般规律提出工程建设的方向，设计工程建设内容和目标。在这个过程当中，结合食品安全工程实际，运用管理理论和方法，在消化和吸收的基础上，逐步形成新的分支，即食品安全工程管理。

第四节　食品安全工程管理的作用

食品安全关系到每个人的身体健康，甚至是生命安全，人民是否吃得安全关系到一个国家的经济发展和社会稳定。因此，人们常说食品安全是关系到国计民生的“民心工程”，也是一项复杂的系统工程。从保障食品安全的角度来讲，涵盖生产、加工、流通和消费等多个环节，环环相扣，不能有丝毫松懈，从参与人员来讲，涉及政府监管人员、企业质控人员、科学家、媒体及消费者等，可以说是人人参与。

根据发达国家的经验，食品安全管理水平正比于人均 GDP 增长。对这种现象的解释可以分为两个方面：一方面，GDP 的增长反映出居民收入和生活水平的提高，特别是伴随恩格尔指数的下降，消费者必然会对食品的品质提出更高的要求，而安全是首当其冲的品质属性；另一方面，经济和科技的快速发展促成了食品安全标准和检测手段的更新换代，进而促进了监管措施的完善和管理水平的提高。从当前全球发生的食品安全事件看，不合理使用农业投入品、饲料和食品添加剂等传统的食品安全风险仍然普遍存在，而农业和食品行业采用新技术、开发新产品带来的新的食品安全风险也在不断增加。因此，食品安全管理水平也必须与时俱进地不断改进，上升到工程管理的高度。

前文中提到，在食品安全工程管理活动中，先有工程，后有工程管理，管理依附于食品安全工程而存在。因此，食品安全工程管理的作用就是保障各项工程按照既定的方案实施并取得相应的结果，食品安全工程管理在以下三个方面具有不可替代的作用。

一、提高政府公信力

政府公信力主要关注三个基本方面：讲求勤政避免懒政、全面履行公共责任、获得公众认同。公信力是政府执政的基础，缺少公信力的政府往往行政能力低下。体现政府公信力的一个重要窗口是政府的危机管理能力，包括危机管理的效率、处置危机的公开性和透明度等。在全球范围内，由食品安全危机事件导致政局动荡的例子并不鲜见，如比利时二噁英污染事件、英国和德国的疯牛病事件等(国家食品安全风险评估中心，2016)。食品安全事件处理不当会显著影响公众对政府的信任度。可以说，食品安全事故是制约政府公信力提升的重要因素，政府公信力直观反映在政府处理食品安全危机时的行政能力上。

食品安全涉及公众最基本的生命安全和身体健康，是广大群众最基本的利益。近年来发生的食品安全大事件表明，食品安全问题早已不仅仅是公共卫生领域的问题，其影响范围已逐渐向社会经济政治领域扩展，保障食品安全已经成为政府的重要职责之一(Nestle，2002)。政府对食品安全问题的重视程度和管理力度直接影响到国家的食品安全水平。当前的食品安全管理理念认为，食品安全的责任主体是农产品生产者、食品加工者和食品经营者。这种理念无可厚非，但在制定法律法规、促进标准化或规范化建设等方面，政府责无旁贷。政府的职责是建立完善的食品安全工程管理体系，并在监管方面发挥主导作用，以保障能够有充足和安全的食品满足公众需求。政府只有在食品安全工程管理实践中，提高管理的效果和质量，遏制日益蔓延的食品安全危机，维护食品的安全，切实保障公众的健康，才能够赢得公众的信赖，这样的政府才有较高的公信力。

二、实现社会资源的合理配置

一个国家的食品安全管理效果既受到食品安全监管体制、制度自身设计的影响，也受到经济社会发展水平、文化、环境等客观因素的影响。

我国是世界上最大的发展中国家，改革开放以来，食品行业虽然发展迅速，但是食品市场仍然以典型的分散生产和分散销售的产销结构为主，呈现出小规模、多元化、大群体的特点。在食品加工经营方面，全国各类食品加工企业的总数大约 44.8 万家。这些企业中，10 人以下的小企业和小作坊占比为 80%左右。在农业生产方面，全国 2.5 亿多以家庭为单位的农户，户均耕地面积只有 7.3 亩①，肉蛋、粮食、水果、蔬菜等农产品绝大多数为分散生产。由于我国食品生产、加工、经

① 1 亩≈666.67m^2。

营企业数量多、规模小，食品安全监管难度很高。

除此之外，我国是享誉世界的饮食文化大国，多民族的饮食习惯加上悠久的饮食文化历史、丰富的食材种类，形成了我国食品种类的多样性。据统计，我国拥有 6 万多种传统菜点、2 万多种工业食品，但传统食品制作及烹饪的工业化和标准化程度相对较低，客观上增加了我国食品安全风险及监管的复杂性。

与发达国家相比较，我国需要监管更多的生产经营者、更为分散的食品市场、更为复杂多样化的食品种类。而且，我国是世界上最大的发展中国家，环境污染问题突出，温饱问题刚刚解决，企业和个人愿意投入到食品安全的经费较少。

与此同时，我国食品安全监管起步晚、起点低，人均食品安全监管资源少，食品安全的技术支撑体系建设明显滞后。例如，我国目前监测网络的覆盖面远低于发达国家，监测样本量小，系统性差，使得现有监测体系及时发现风险的能力不足；在风险评估方面，我国缺少食品中很多污染物暴露水平的本国数据，也缺少膳食消费数据，以及主要食源性危害的数据；在检测等技术保障方面，我国基层监管机构配套的食品安全检验检测技术力量不足。所有这些因素更进一步增加了我国食品安全监管的难度。

将工程管理的理念运用到食品安全管理活动中，构建食品安全工程管理体系、实现社会资源的合理配置，是现阶段解决食品安全领域有限资源和无限需求之间矛盾的有效途径。

三、促进国际贸易，维护国家权益

世界贸易组织(WTO)允许各成员国自行制定和选择进口食品标准，因此，各成员国在普遍实行关税减让后，越来越多的国家把提高食品安全标准作为技术性贸易壁垒措施。与此同时，一些国家特别是发达国家或为提高本国食品安全水平，或为维护本国生产者和商人的利益，以食品安全为名设置贸易壁垒的现象日趋严重。通常做法是采取修改技术法规、提高相关标准、严格评议程序，要求食品出口国生产企业具备较高的食品安全生产条件、出口产品必须取得国际认证等，提高农产品和食品进口准入门槛。食品安全问题及由此设置的贸易壁垒，已经成为国际贸易争端和摩擦的焦点之一。这种现象是国家或地区利益冲突在食品安全问题上的直接反映。

食品安全并非传统的国家安全领域，然而，伴随着全球化时代的到来，国家间政治、经济、社会及文化等领域的交互作用呈现出错综复杂的新常态，食品安全在国际公共关系中也逐渐呈现出更为重要的地位和作用。作为农产品进口和出口大国，国际食品贸易争端对我国经济稳定和社会发展具有重要的影响。食品安全工程管理着眼于国家层面的食品安全保障体系建设，不拘泥于部门或行业利益，更有利于整合优势资源、全局统筹把控，在国际食品贸易争端中争取主动，维护国家利益。

本章小结

食品安全工程管理是近年来新兴的研究领域，该学科立足于食品科学基本规律，同时借鉴现代管理学理念，属于食品科学与管理科学的交叉学科。由于食品安全的特殊属性，食品安全工程管理和一般工程管理又有所不同，主要体现在：食品安全管理是依法管理；食品安全管理是动态式(循环上升式)管理；食品安全各利益相关方通过社会共治共同参与食品安全管理。

随着国内各级各类食品安全工程建设的开展，逐步形成了适合我国特殊国情和文化背景的管理思想、理念、方法和手段，促成了我国食品安全工程管理学科的发展。食品安全工程管理的基础理论根植于包括食品科学、环境科学、农业科学、工程学、管理学、经济学、社会学、法学及心理学等在内的多个学科群。各基础科学理论在食品安全领域的应用极大地促进了食品安全工程管理学科的发展。未来食品安全工程管理学科的构成将会有更多的拓展和外延。

食品安全工程管理具有工程管理的一般特点，即系统性、综合性和复杂性。在食品安全工程管理活动中，管理依附于工程而存在，没有工程就没有工程管理。另外，各项食品安全工程若没有科学的管理则无法达成。

随着经济的发展，食品安全管理水平也必须与时俱进地不断改进，上升到工程管理的高度。食品安全工程管理有助于提高政府公信力、实现社会资源的合理配置，有助于促进国际贸易，维护国家权益。

参考文献

国家食品安全风险评估中心. 2016. 食品安全风险交流理论探索. 北京：中国标准出版社.

何继善. 2017. 工程管理论. 北京：中国建筑工业出版社.

罗云波，陈思，吴广枫. 2011. 国外食品安全监管和启示. 行政管理改革，(7)：19-23.

罗云波，吴广枫. 2008. 从国际食品安全管理趋势看我国《食品安全法(草案)》的修改. 中国食品学报，8(3)：1-4.

任筑山，陈君石. 2016. 中国的食品安全：过去、现在与未来. 北京：中国科学技术出版社.

王竹天. 2014. 国内外食品安全标准法规对比分析. 北京：中国标准出版社.

FAO. 1996. Rome Declaration on World Food Security and World Food Summit Plan of Action. Rome.

Nestle M. 2002. Food Politics: How the Food Industry Influences Nutrition and Health. Berkeley: University of California Press.

Luning P A, Marcelis W J, Jongen W M F. 2002. Food Quality Management: A Techno-managerial Approach. Wageningen: Wageningen Academic Publishers.

第二章　食品安全管理工程的发展历程

第一节　古代食品安全管理思想和措施评述

我国自先秦时期便出现了与食品安全管理相关的思想及措施，并逐渐形成了一套完整的、依附于统治阶级的体系。从先秦时期主要依靠礼教的自律措施到秦汉时期的明文约束，再到唐宋时期的严厉刑法及民间行会进行的自我监督，还有一些与粮食储备、食盐专卖和禁酒令相关的国家政策，都有力地约束了食品生产者的行为，相对保证了食品安全，保障了人民的身体健康。

一、古代食品安全管理理念及自律措施

(一)周代的“制礼作乐”

在周朝统治时期，自周公开始，全国逐步建立起了一整套严密森严的礼教和等级制度，史称“制礼作乐”或“礼乐制度”。礼乐制度通过要求人们进行自我约束以实现社会治理的有序进行并维护以周天子为中心的统治秩序。不过在食品安全管理方面，礼乐制度只是单纯地提出了一些规定，如《礼记》中记载，周朝对食品交易的规定是“五谷不时，果实未熟，不粥于市”，意思是为了保障食品安全，不成熟的谷物和果实不能进行出售，以防人们中毒。这一规定是我国历史上最早的与食品安全管理相关的条令。另外，为了杜绝不法商家滥捕滥杀禽兽鱼鳖牟取利益，周朝还有“禽兽鱼鳖不中杀，不粥于市”的规定，意为不是在允许狩猎的季节和狩猎的范围内捕获的禽兽鱼鳖不得在市场上出售。周朝倡导“礼治”，因此在这一时期统治阶级主要是给人民设定活动规范，并没有相应的惩罚措施，但是人们出于自己内心的“礼”的约束仍会自觉遵循这些规范。可以说这是一种最高层次的食品安全管理状态，这种建立在自身道德约束基础上的对于食品安全管理“全民参与”的状态使得周朝的食品安全问题并不突出。但必须指出的是，这也与周朝经济水平发展低下、商品化程度尚不成熟的时代背景有着十分重要的关系(刘新超等，2015)。

(二)汉朝的“独尊儒术”

到西汉汉武帝时期，董仲舒提出了“罢黜百家，独尊儒术”的治国理念，以儒家思想作为汉朝的正统思想，坚持以“仁”治国安民。在食品安全的管理上提

出了一些具体的措施，比如如何处理腐烂的脯肉，汉律《二年律令》规定：“诸食脯肉，脯肉毒、杀、伤、病人者，亟尽孰燔其余。其县官脯肉也，亦燔之。当燔弗燔，及吏主者，皆坐脯肉臧(赃)，与盗同法。”意为可能导致人中毒的肉类要及时进行焚烧处理，如果没有按照规定进行焚烧，则肇事者和相关官员便会受到处罚(刘新超等，2015)。相比较而言，汉朝的治理措施主要从孟子“仁政”的角度出发，依然还是强调人民的主观意识，但与周朝不同的是辅之以相应的惩罚措施，两者的有机结合能够更有效地推动食品安全的管理。

(三)唐宋的“因果报应说”

我国古代的商品经济在唐宋两朝发展到了最高峰，一些黑心商家为了追求利益也逐渐达到了无所不用其极的程度。南宋遗老周密回忆，他在临安市面上“卖买物货，以伪易真，至以纸为衣，铜铅金银，土木为香料，变换如神”，这是南宋时期官商勾结、法治依附于人治现象达到顶峰的最直接的反映。与此同时，自唐宋以来佛教思想在中原已经广为传播，尤其是封建迷信色彩浓重的“因果报应说”得到了人们的信任和推崇。为了抨击生产假冒伪劣食品的不法商贩并告诫他们不要继续作恶，唐宋两朝的文人以因果报应为线索创作了大量的文学作品。在这些作品里，卖注水肉的小贩死后坠入地狱，被“牛头马面”往身体里注水，来世投生为猪；卖变质面粉的商人死后变成饿鬼，每天以泔水为食，来世投生为驴(刘新超等，2015)。在社会思想固化、政府无能、律法被架空的封建社会，“因果报应说”无疑在一定程度上对重塑人们的道德观念、保证食品安全起到了积极的作用。

二、古代食品安全管理的处罚措施

在两汉时期，国家的空前统一及社会的相对稳定促使商品经济有了迅速的发展，食品交易活动非常频繁，食品种类也空前丰富。为了杜绝不法商家为了牟利而向市场投放有毒有害或者假冒伪劣的食品，当时的统治阶级开始在法律上进行明文规定以规范食品生产者和销售者的行为。发展至唐朝，统治者更是制定了与食品安全相关的具体法律，而且处罚条款更加细致化、严格化。法律的强制性提高了商贩们的犯罪成本，在一定程度上有效地遏制了与食品安全相关的违法犯罪行为的发生。《唐律疏议》规定：“脯肉有毒，曾经病人，有余者速焚之，违者杖九十；若故与人食并出卖，令人病者，徒一年，以故致死者绞；即人自食致死者，从过失杀人法。盗而食者，不。”从以上规定中我们可以了解到，在唐代明知脯肉有毒而不及时焚毁会构成两种情况的刑事犯罪，并且处罚程度各不相同：一是明知脯肉有毒不及时焚毁者杖打九十；二是明知脯肉有毒未及时焚毁而导致他人中毒的，视情节轻重给予相应处罚，即故意赠送或出售有毒脯肉的人，若致人中毒，则要被判处 1 年徒刑；若致人中毒死亡，则会被判处绞刑。如果其他人在不知情的情况下吃了未及时焚毁的有毒脯肉而死亡，食品所有者以过失杀人罪论处；盗窃并食用有毒食物而中毒身亡的，食品所有者则没有责任(刘新超等，2015)。仅仅是一条关于有毒脯肉的律令便如此具体，唐朝关于食品安全问题的律令的详细程度可见一斑。

到了宋朝，商品经济达到了空前繁荣。拜金主义的盛行，不可避免地带来了一系列食品质量与安全问题。据南宋袁采《袁氏世范》记载，一些不法分子“以物市于人，敝恶之物，饰为新奇；假伪之物饰为真实。如米麦之增湿润，肉食之灌以水。巧其言辞，止于求售，误人食用，有不恤也”。有的商贩甚至通过使用“鸡塞沙，鹅羊吹气，卖盐杂以灰”之类的伎俩谋求更多的利益。为了遏制此类现象，保障食品质量安全，宋朝继承了唐朝的有关律令(刘新超等，2015)。《宋刑统》中明文规定，出售注水猪牛羊肉的，杖六十；若打完再犯，徒一年。同时，宋朝在食品安全管理措施上也有了一项重大创新，即规定食品从业者必须加入行会，并按照行业规定登记在册，否则不能进行贸易，行会对食品的质量与安全负责。行会制度的建立为食品安全管理引入了自我监督的措施，这一制度也一直为之后的历代封建统治王朝所沿用。

综合来看，唐朝一改周朝和汉朝食品安全管理措施的说教性和模糊性，建立了比较完备、详细的与食品安全相关的律令和相应的处罚措施，让人们能够真真切切地感受到统治阶级对食品安全问题的关注和监管。同时，唐朝对食品安全事件的治理措施也是十分血腥的，通过严酷的刑法约束商贩们的行为，提高不法商贩的犯罪成本，促使人们自觉地维护食品安全。宋朝在唐代律令的基础上又有了进一步的创新，行会制度把商贩与食品安全紧紧地拴在了一起，一荣俱荣，一耻俱耻，通过律法的形式促使食品生产者与售卖者自觉地进行自我监督和互相监督。

三、古代粮食储备措施

(一)历代封建王朝的粮食仓储措施

我国自古以来便有进行粮食储备的传统。“国家大本，食足为先。”粮食储备问题关系到国计民生，历朝历代无不把它摆在治国安邦的重要位置并不遗余力地发展粮食储备能力、完善粮食储备制度。早在夏朝时期，粮食仓储制度就已经正式成为了国家的一项重要财政制度。从周朝开始，历代封建统治王朝不仅重视中央粮食仓储的建设，同时也注重地方粮食仓储的发展，从中央到地方都兴建了规模不等、形式丰富、作用多样的粮食仓储，仓储制度逐渐成熟，仓储规模不断扩大。

汉朝自汉高祖七年(公元前 200 年)便开始营建太仓，此后长安太仓一直是西汉王朝的国家粮仓，是保证国家机器正常运转的重要职能部门，在整个国家的粮食储备体系中具有头等重要的地位(施峰，2001)。另外，汉朝中央政府直接管理的粮仓还包括甘泉的甘泉仓、华县的华仓、左缴的细柳仓和嘉仓，郡、县两级还各有常设之仓。汉宣帝时期耿寿昌建立常平仓制度，更成了后世历代王朝粮食仓储制度的典范。

隋朝对建设粮食仓储非常重视，修建了大量储仓并在全国各地普遍兴建义仓，许多仓储的存储规模都达到千万石[①]以上(施峰，2001)。义仓和社仓制度也成了封建时代两种重要的粮食仓储模式。

唐朝重视仓储建设一如前朝。朝廷大力进行仓储建设，全国建立了许多储粮达到几万石、几十万石甚至几百万石的粮仓，在全国自上而下形成了储备充足、形式丰富的仓廪网络。同时，不同的粮仓还有着不同的用途和供给对象：中央的太仓主要供给皇室用粮、京官俸禄、诸寺官厨和诸司公粮、军饷及出粜赈贷等；州县的正仓的主要职能是受纳租税，支付官员俸禄，办理和籴，补给军饷，供应公粮及颁领佛食等；沿漕运路线建有转运仓；军队有军仓；各地有平抑粮价的常平仓；民间有义仓。“每有饥荒，开仓贩给”(施峰，2001)。

明朝自始至终十分重视粮食仓储的建设。朱元璋曾专门颁发诏令，“命各府、州、县多置仓廪”。两京、直省府州县、藩府、边隘、堡站、卫所屯戍等地区均修建粮仓。此外，明朝时期大部分县份也都设有独立的粮仓，“以储官谷，多者万余石，少者四五千，仓设富民守之，遇有水旱饥馑，以贷贫民”。

清朝同样竭尽全力地广为筹措仓储粮食以充实国家粮仓，不仅不同类型的仓廪谷物来源不同，就是同一类型的仓廪，不同地区其谷物来源也不尽相同：广西调拨常平仓的息谷作为社仓谷本；江西按亩摊捐，民田每亩摊捐三合[②]；广东除民间富户、土绅的捐谷，或守土官吏的捐俸外，还按户主贫富分担及以族、村、镇的公共财产来购买谷仓。

(二)粮食仓储的重要作用

1. 平抑粮价，调控市场

这是中国古代粮食仓储制度最基本也是最重要的功能。历代王朝都通过市场买卖的方式进行粮食储备，以减少单纯用行政手段调拨粮食带来的诸多不便和烦扰，同时也节省了财政开支，甚至能在粮食买卖中盈利。当市场谷价由于歉收、灾荒或战乱而上涨时，政府将常平仓存储的谷物以平价粜卖给百姓；当谷物丰收市场谷价下跌时，政府又收购粮食以补充谷仓，防止“谷贱伤农”，从而对粮食市场起到稳定、调剂的作用。

除此之外，古代的粮食仓储还起到调控市场再生产的作用。古代不同类型的

---

① 石，中国古代计量单位，10 斗为 1 石。

② 合，中国古代计量单位，10 合为 1 升。

粮仓同社会再生产过程中的各个环节分别形成了比较稳定的联系。义仓以赈济的方式稳定生产者的生活，保障社会再生产始终与生产环节保持紧密联系；正仓和军仓从农民及屯田兵处收纳税谷，将税谷的征敛与分配环节相联系；转运仓把税谷输纳给太仓，是分配与再分配之间的桥梁；常平仓通过赋税、平籴平粜的方式控制部分交换环节，维持社会再生产的有序进行，更同生产环节相联系，用平准交换手段直接获利充作国用，又同分配相关；太仓、正仓、军仓对税谷、屯田谷和籴谷在各部门中再分配，同最后消费相联系(施峰，2001)。通过完备的粮食仓储制度，封建政府加强了对社会再生产过程的干预和控制，使国家财政体制稳定可靠，既利于国计民生，又加强了防灾救灾的能力。

2. 赈灾备荒，安定民心

我国历史上灾荒频发且有些灾情十分严重。因此历代统治者都十分重视荒政，而最主要的救荒政策就是设仓积谷。发生自然灾害后动用储备粮食救济灾民，能够有效防止灾民的盲目流动，缓解因灾害而导致的社会矛盾，避免社会动乱，有利于维护社会稳定。

同时，作为民间仓储的义仓、社仓等，在无灾时期采用每户缴纳和富户捐助的形式存储粮食，等遇到灾年时，利用这些仓储粮赈济灾民，在无形中也为国家节省了一笔巨大的支出。

3. 为军队提供后勤保障

粮食仓储是历代军队得以维系和保障的基本条件。以西汉为例，西汉一朝几乎始终与战争相随，而作为后勤保障的最重要组成部分，军粮的充足供应基本保证了西汉军队正常的需求，其中粮食仓储在储存、管理和发放供应粮草方面发挥了重要的作用。粮仓和武器库一起，为西汉军队提供了雄厚的物质基础，使汉朝拥有维护集权统治的强大实力。

(三)粮食仓储存在的漏洞和弊端

粮食仓储制度在发挥重大作用的同时，也始终存在许多漏洞和弊端。

一是仓吏腐败，亏空严重。尽管历朝历代的粮食仓储管理制度都十分严格，但实际上都没能从根本上解决仓吏腐败、仓库亏空的问题。古代仓吏作弊手段甚多，如相互勾结、虚报账目、监守自盗及以次充好等，这些贪污腐败现象都严重影响了粮食仓储制度的实际执行。

二是储备不足，调控乏力。由于财力有限，各地的粮食储备往往都有亏空，导致其难以有效发挥应有的调控作用。许多常平仓徒有常平的虚名，并没有起到平抑物价的实效。

三是穷乡僻壤，难以受惠。为了便于管理，粮仓大都建设在通都大邑并且为数不多，能享受到常平仓实惠的主要是少数通都大邑的居民。这种地域上的限制势必进一步削减了常平仓的功能，使一般乡村贫苦农家无法享受到它的好处。至于义仓，其根本缺陷也在于救济面太小。遇到灾荒开仓赈济的时候能够受到接济的也仅仅是极少数的城镇住民，穷乡僻壤、真正亟待赈济的人反而得不到接济。

四、古代食盐专卖措施

关于食盐专卖制度的起源，一种观点认为食盐专卖制度起源于西周末年，周厉王是推行这一制度的鼻祖。西周末年社会稳定，经济进一步发展，一些专门经商的大家族经济实力迅速增长，从生产到流通环节全面垄断了盐、铁等山泽之利；另一种观点则认为春秋时期齐相管仲推行"官山海"才是古代盐铁专卖制度最初的形式；也有其他一些学者认为中国古代真正意义上的盐铁专卖制度始于汉武帝时期。食盐专卖制度是中国古代王朝对特殊食品进行垄断经营、管理的一种典型手段。从管理学角度来看中国历代封建王朝的食盐专卖制度，一方面打击了私盐销运，维护了政府销运食盐的渠道不受冲击和干扰；另一方面也提高了政府的行政效率，既稳定了作为生活必需品的食盐的价格，又稳定增加了政府的收入。

（一）历代封建王朝的食盐专卖措施

汉朝是我国食盐专卖制度发展的重要阶段，起到了承前启后的关键作用。西汉初年，经济凋敝，百业待兴。汉初统治者吸取秦朝灭亡的教训，"扫除烦苛，与民休息"。汉高祖刘邦将冶铁、采矿、煮盐等山泽之源下放给私人经营，任由民众自己开采。虽然吕后在位时期一度对盐铁私营有过禁令，但文帝即位后仍继续允许私人对盐铁的产销。为了保证专卖制度的实施，西汉政权还在法律上规定了对违反这一制度行为的制裁方式（王岩和苏小军，2011）。

食盐专卖制度发展到唐朝已经日趋成熟。唐朝初期沿用隋朝的制度，只向食盐征收一些课税，未把食盐定为专卖。乾元元年（公元 758 年），盐铁转运使第五琦奏请肃宗同意，创立盐法，实施食盐专卖制度，从而将食盐的产销环节全部控制在政府手里。之后著名理财家刘晏又对第五琦盐法进行了系统改革，将第五琦盐法中的亭户制盐—官府统购—官运官销流程调整为亭户制盐—官府统购—商运商销，取得了很大成效（王岩和苏小军，2011）。

（二）食盐专卖制度的利与弊

供给国家财政是实施食盐专卖制度的出发点和归宿。汉唐正是由于实施了食盐专卖制度，给国家军队提供了充足的财政保障。在一定程度上，食盐专卖制度撑起了辉煌的汉唐帝国。

然而，同样值得注意的是，政府通过国家经济政策和法律制度安排，利用食盐专卖制度将食盐行业的产销全面控制在自己手中并纳入封建主义的管理之下，破坏了食盐行业应有的发展状态，使私营经济丧失了原有的合法性和自主性，阻断了私营商业资本向产业资本的流动转化，从而极大地限制了私营经济的生存发展空间，窒息了私营经济的活力和创造力，破坏了市场在资源配置方面的优势，这是食盐专卖制度产生的负面社会后果。

五、古代的禁酒令

在中国历史上，禁酒政策的实行也有着悠久的历史。究其原因，主要与饮酒滞碍政务、不利于政府官员有效发挥职能有关。历朝历代利用禁酒令对“酒文化”的限制及对酒产业的管理，既保障了国治民安，又增加了政府的财政收入。时至今日，从世界范围来看，对酒产业的管理方式大多已经从“禁酒”改为了“税酒”；从中国的禁酒史来看，对酒的管理始终伴随着国家利益与个人个性之间的矛盾与冲突，如何平衡两者之间的关系，一方面通过完善立法执法控制因饮酒所带来的社会问题，另一方面又不影响民间的杯酒自娱、酬酢唱和，是酒产业管理者始终需要思考的问题。

(一)禁酒以防政废国亡

相传夏禹饮甘醴后警言：“后世必有以酒亡其国者。”（《战国策·魏策》）《史记》记载商纣王“以酒为池，悬肉为林，使男女倮相逐其间，作长夜饮”，最终成历史上以酒亡国的第一人。周公以商纣王亡国为鉴，颁布《酒诰》，告诫臣属不能“荒湎于酒”，如发现不听劝诫而群饮者一律处死，这是中国历史上第一篇禁酒政令。春秋时期，晏子向齐景公进言建议废酒，仍以酒能乱政亡国为诫(《晏子春秋》)。东晋葛洪也曾发出国家政事败亡“谓非酒祸，祸其安出”的感叹（《酒诫》）(陈兆肆，2010)。

历朝历代大多对官员酗酒采取严厉的处罚措施。东汉时期，中常侍曹节构陷恒彬与丞相刘歆等人“阿党不法”结为“酒党”，这从侧面反映出了当时酒禁的严厉程度。辽开泰年间，辽圣宗下令各级官员不得擅自酿酒以防延误农事。金朝对官员饮酒的限制更加严厉，海陵王正隆五年下令，在朝官员饮酒者依律处以死刑。

(二)禁酒以广粮储

在中国古代，实施禁酒令也是为了节约粮食以度饥年或应对战时需要。汉文帝曾因造酒靡费谷物而下诏戒酒。汉景帝中元三年发生旱灾，粮食歉收，政府下令禁酒以节约粮食。汉和帝永元十六年，兖、豫、徐、冀四州遭遇水灾，汉帝下令受灾地区厉行酒禁以节约储粮。南朝宋文帝时，扬州因水患淹没无数良田，遂实施禁酒令。此外，古代实施禁酒政策也是出于战争需要的考量。例如，东汉末年，曹操为保证军粮供应便出台了禁酒令(陈兆肆，2010)。又如，明太祖朱元璋也曾在建国之初政权不稳之时颁行禁酒令，此后他又下令禁止农民种植糯稻，希望彻底阻塞造酒之源。

第二节　近代食品安全管理历程

一、近代英国食品安全管理发展历程

在对食品安全法律法规及监管水平的比较研究中，以英国为案例具有十分特殊的意义。首先，自19世纪开始，食品安全问题逐渐成为英国一个重要的社会问题。在社会各阶层的推动下，英国政府最终在食品监管方面进行了立法，不断强化安全措施，从而使英国成为世界上最早建立和完善食品安全管理体系的国家。其次，近代以来，英国针对工业革命后出现的食品掺杂掺假问题进行的立法直到现在仍被一些国家所继承和发展。最后，近代英国在对某些重要食品如牛奶安全事件的监管中所采取的方法与措施时至今日仍对我国当前的食品安全管理具有一定的借鉴意义。

(一)近代英国食品安全立法进程

18世纪末19世纪初，英国日益成为强大的资本主义工业化国家。在取得巨大经济成就的同时，自由的市场经济也给英国带来了一系列社会问题，从这一时期开始盛行的食品掺假问题就是其中的典型之一。掺假，即生产者或销售者为了降低成本及实现利益最大化而向食物中添加一些不利于消费者身体健康的物质。应该说，食品掺假是19世纪英国面临的最主要的食品安全问题。

由于职业和技术上的原因，在对掺假问题的关注上，化学家和医生走在了研究和揭露食品掺假问题的前列。1820年，化学家弗雷德里克·阿库姆出版了《论食品掺假和厨房毒物》，这是英国历史上第一部利用科学手段公正客观地讨论食品掺假问题的著作。分析化学家约翰·米歇尔在1848年出版的著作《论假冒伪劣食品及其检测手段》中指出在他所分析的面包样品中没有一份是不掺假的。到19世纪中叶，英国的食品掺假问题达到了顶峰。在托马斯·威克利的主持下，著名医学杂志《柳叶刀》于1850年组建“卫生分析委员会”，专门调查和报告英国的食品掺假问题。后来这些调查报告被汇集成册并于1855年出版，即《食品及其掺假：1851—1854年〈柳叶刀〉卫生分析委员会的报告》一书，该书推动了英国社会反掺假运动的发展(魏秀春，2011)。

英国学者对食品掺假问题的研究及愈演愈烈的反掺假运动使得英国政府逐渐认识到食品安全形势的严峻。因此开始逐步将食品安全监管纳入到政府的社会管理职能中，并开始建立和完善有效的食品安全管理体系。1860年，英国出台《地方当局反食品和饮料掺假议会法》授权各地方当局打击食品掺假和掺毒行为，但并非强制执行，是一部不具有强制约束力的法律(孙娟娟，2017)。1872年，英国政府出台《禁止食品、饮料与药品掺假法》，这是一部过渡性的法律，它使英国近代的食品安全立法逐渐趋向强制性。1875 年，英国政府最终出台了《食品与药品销售法》(SFDA)，这部法律是英国历史上第一部得到有效实施的食品安全法，它所确立的许多原则和措施直至今日仍被许多国家的食品安全法所继承和发展，被公认是现代食品立法的基础，是现代英国食品安全立法的先驱(魏秀春，2011)。该法律主要由主持食品安全管理政策制定及实施的中央机构——地方政府委员会(LGB)所执行。自 1875 年该法律实施以后，英国的食品掺假问题得到了极大的改善。

(二)近代英国牛奶安全监管历史

牛奶是近代英国进行食品安全管理的重点对象之一。由于牛奶是最易掺假的食品，因此在近代英国最突出的食品安全问题便是牛奶掺假问题。

在英国历史上，牛奶安全问题层出不穷。据研究者统计，1872 年之前伦敦市售牛奶的掺水率平均竟能达到 25%，而伯明翰曾一度达到 53.2%。随着 1875 年以来人民对严重的牛奶掺水问题的不满及英国食品监管体制的逐步确立，牛奶日益成为英国食品安全监管的重点对象(魏秀春，2010)。具体而言，根据 1875 年颁布的《食品与药品销售法》及一些周边法令，英国初步建立了有效的牛奶管理机制，即地方政府全面负责其辖区内的食品安全，由地方政府任命并经地方政府委员会批准的公共分析师负责检测牛奶样品；公共分析师定期将检测结果向当地政府提交，再由地方政府呈递给地方政府委员会。在这些食品监管报告中，对牛奶的检测结果往往是最主要的内容。同时在样品抽检方面，牛奶的抽检率也要远远高于其他食品。1901 年之前，英国的牛奶没有统一的行业标准，公共分析师检测样品的依据主要是其行业内部确立的最低标准，即脂肪含量不低于 2.5%、非脂肪固体物含量不低于 9%。后根据 1899 年修订过的《食品与药品销售法》(第 4 条)的规定，在农业委员会的主持下，于 1901 年颁布的《牛奶销售条例》中正式确定了牛奶的最低质量标准，即脂肪含量不低于 3%，非脂肪固体物含量不低于 8.5%(魏秀春，2010)。法定标准的确立，显然具体化了公共分析师对被抽样牛奶的分析和评定，从而加强了对牛奶的监管，使得当时英国市售牛奶的质量有了很大的提升(French and Phillips，2002；Smith and Phillips，2000；Atkins，2002)。

除了掺水问题以外，各种防腐剂的滥用也是这一时期与牛奶安全相关的重要问题之一。自 19 世纪 70 年代初开始，硼酸、福尔马林等化学防腐剂开始在牛奶行业被广泛使用。然而硼酸是常用的医学杀菌剂，福尔马林则常用于医学标本的保存，它们都不适宜于人类食用。在社会各界的压力下，英国地方政府委员会于 1899 年组建“跨部门委员会”调查在食品中滥用防腐剂的问题。经不断的争论与调查，英国政府最终认定应当限制防腐剂的使用，而且严禁在供婴儿食用的牛奶中添加任何防腐剂，并于1912年出台了专门用于牛奶安全管理的《公共卫生(牛奶与奶乳)条例》(魏秀春，2010)。

近代英国对牛奶问题的监管是英国政府维护食品安全的集中体现，较为直观地反映了近代英国食品安全管理与立法的发展历程。在这一历史进程中，由于牛奶是社会各阶层婴儿的主要食物，因此可以说是近代英国食品安全管理的试金石。到20世纪初，随着监管体制的逐渐完善，对蓄意掺假行为进行严惩、罚款甚至监禁成为英国打击此类问题的有力手段，食品掺假问题由此在英国历史上第一次被有效遏制，这充分体现了西方国家“保护消费者免遭钱财损失和身体损害是政府应尽的职责”这一基本社会原则。

二、近代美国食品安全管理发展历程

1906年，《肉品检查法》和《1906年纯食品药品法案》先后在美国国会参众两院获得通过，这两部法案的颁布标志着美国近代历史上食品药品管理制度的正式确立。

从19世纪下半叶开始，英国、德国等一些主要的欧洲国家对本国出产的食品药品纯度开始进行立法监管，欧洲的食品药品质量与安全问题得到了极大改善。相形之下，美国的产品质量则显得相对低劣，在国内和国际市场上越来越缺乏竞争力，这给美国食品行业带来了空前的挑战和危机。面对这样的外部压力，美国食品产业界把问题推向了联邦政府，要求联邦政府必须出台相应的政策或措施。同时，一些有远见的科学家也深刻意识到，如果再不对食品质量进行有效的监管，不仅会危害公共健康和相关的产业利益，最终甚至会损害美国的国家战略利益。西奥多·罗斯福就任美国总统后，对与食品安全相关的联邦立法工作给予了高度重视，他在国情咨文讲话中表明了对相关立法的支持态度。另外，随着社会民权运动的兴起，消费者组织和杂志媒体为推动食品质量与安全法案的通过所进行的力争与疾呼也为法案的颁布创造了良好的社会氛围(Stole，2000；Charatan，2004)。

起初，食品生产经销商对法案持强烈的反对态度。但是随着全国性食品市场的形成与不断扩大，各州之间差异甚大的产业标准极大地增加了食品产业界的生产和销售成本，加之美国企业在国际贸易中面对的因质量问题引发的国际非关税贸易壁垒，促使产业界也开始意识到一部统一的全国性监管法律对提高商业利益是大有裨益的。1901～1905年，美国的食品和饮料生产销售商开始有计划地处理一些可能不符合生产标准或存在严重掺假问题的产品，以期赶在法案通过之前清理掉所有存在质量问题的产品。到1906年前后，产业界的问题产品已经被基本清理完毕，大部分企业也做好了应对法案通过的准备(刘鹏，2009)。

在这样的利益共识机制下，1906年6月，美国参议院、众议院先后通过了

《肉品检查法》，规定国会每年拨款300万美元，用于组织联邦肉品调查员对牲畜的屠宰过程进行检查，调查员有权检查肉制品是否含有“危险的颜色、化学物质和防腐剂”。几天之后，《1906年纯食品药品法案》也获得了通过(刘鹏，2009)。尽管从现代监管研究的角度看来，《1906年纯食品药品法案》并不能算是一部上乘之作，但结合当时美国的历史发展阶段和社会状况，却较好地实现了保护公共健康、保护产业利益与维护国家战略利益三者的有机结合。《1906年纯食品药品法案》是美国历史上第一部以保护消费者利益为目标的监管法案，该法案的通过有效地遏制了当时食品和药品行业中存在的严重的掺假问题。

三、近代中国食品安全管理发展历程

早在19世纪末20世纪初，为了应对日渐突出的食品安全卫生问题，上海开风气之先，开展了具有现代意义的食品安全卫生管理工作，并在20世纪二三十年代逐步建立起了近代公共食品安全卫生监管体系。

(一)近代上海的食品安全问题

近代中国由于社会动荡、经济贫乏，食品安全卫生事业自然长期受到漠视，即使是在相对发达的上海也不例外。19世纪末20世纪初，上海存在着大量的食品安全问题，最突出的主要有三类。一是公共水源不洁。近代兴办给水设施以前，民众生活用水多取自江河。除了口感问题以外，更严重的是会引发诸如霍乱、伤寒、痢疾等传染病，危害民众身体健康。二是在食品生产、储藏、运输、销售等环节不注意卫生，因受到微生物污染或化学污染而产生食品安全问题。例如，在销售环节，清末上海城内的小贩们随意摆摊，将污水随意排放到道路上，使得市场肮脏不堪，臭气熏鼻。而在运输环节，也常常因为储存和运输食品的方式不当而造成食品变质情况的发生。三是为了牟取暴利，人为地加入有害物质或造假而造成食品安全事件的发生。例如，一些奸商将火酒混充为饮料危害消费者身体健康，引起了社会公愤(刘芸菲，2013)。

(二)近代上海食品安全管理政策

为了应对日益突出的食品安全问题，上海率先开始食品安全监管事务，成为中国食品安全监管制度化的先行地区。而就上海公共租界、法租界和华界三个地区来看，公共租界最先实行了食品安全管理政策，并成为其他两个地区效仿的范例。

1. 上海公共租界的食品安全管理政策

在组织机构建设方面，上海公共租界于1898年成立了独立的卫生行政机构——公共卫生处，设全职卫生官员及卫生稽查员、助理卫生稽查员若干名作为进行食品卫生管理的人员基础，分工负责菜场、屠宰场和乳场等地的卫生稽查工作，并通过报纸、张贴传单与宣传画、卫生演讲、播放广播等方式，开展食品卫生宣传工作。1922年，公共卫生处的职责被进一步细化，分为行政、化验、医院和卫生四股，卫生股主要承担大部分的食品卫生管理工作(刘芸菲，2013)。

在法规条例的制定方面，公共卫生处首先拟定、修订了若干《土地章程》附则作为实行卫生管理的根本依据，接着又制定了食品行业执照条款。执照条款包括领照场所所经营的食品范围及食品卫生标准、设备和房屋环境、食品容器和包装、人员健康状况的各项规定，以此来保障食品安全(刘芸菲，2013)。

在监管的技术层面，主要以公共卫生处化验所对食品成分的分析结果为主要依据。一般病理化验项目主要包括对水、牛奶、冰、冰淇淋和其他食品的细菌检查；化学化验项目主要是对水、牛奶和其他食品的成分分析。另外，公共卫生处还会对负责食品卫生管理的稽查人员进行专业培训，并对稽查人员的从业资格实行准入机制，通过提高卫生处人员专业水平来保障食品安全检测技术的发展。

2. 上海法租界和华界的食品安全管理政策

继公共租界设立公共卫生处之后，法租界也建立了类似的食品卫生管理机构，承担稽查食品卫生、视察菜场、监视食品经营场所营业情况等职责。在上海华界，19世纪90年代中期以前主要还是采取传统管理体制，上海道台是上海的首脑，这种管理体制十分僵化，且官僚主义的风气严重，在食品卫生管理及其他市政建设等方面基本上均无所作为。20世纪初，随着地方自治运动的兴起，上海华界于1905年成立了具有近代意义的市政机关——总工程局(后改称城自治所)，下设警政科，其下设卫生处，负责卫生管理工作。在机构组织建设和法规条例制定等方面，华界均效仿租界，并在一些日常的食品卫生管理事务中进行合作，如双方可以互相查验彼此食品店的卫生条件，并互相承认对方的营业执照等(刘芸菲，2013)。

第三节　现代食品安全管理历程

一、现代日本食品安全管理发展历程

日本是目前国际公认的食品质量安全程度最高的国家之一，同时也是食品安全法律体系和监管体制最完善的国家之一。然而在20世纪五六十年代，日本也面临着食品安全事故频发、食品安全相关法律法规不健全的问题，但随着其社会的发展及食品安全管理水平的提高，食品安全问题已得到了有效控制。因此，了解日本的食品安全管理发展历程，分析其法律体系和监管体制，总结其管理食品产业的措施和经验，对我国建立和完善食品安全监管体系有着十分重要的意义。

日本的食品法律法规体系是在经历了一系列食品安全事件后逐渐完善起来

的。在第二次世界大战后重建时期，日本粮食十分短缺且食品质量得不到保障，发生了多起食品安全事故。为此，日本政府于 1947 年颁布了《食品卫生法》，开始从食品的源头、生产、加工和销售等各个方面加强对食品安全的管理，这部法律也成了日本食品法律法规体系的基石，在未来的几十年间被多次修订。1957 年森永毒奶粉事件发生后，日本又大幅修改了《食品卫生法》，明确了食品添加剂的相关规定。随后还出版了《食品添加物法定书》，对乳制品添加剂的使用作了新的限制。1966 年，日本又发生了震惊世界的新潟水俣病事件，该事件直接促使日本政府于 1967 年出台了《公害对策基本法》。20 世纪 60 年代是日本经济高速发展时期，同时这一时期日本的食品安全法律体系也迅速完善，尤其是 1968 年颁布的《消费者保护基本法》，首次将重视对象从生产者转向了消费者。在发生米糠油中毒事件后，日本又通过了《化学物质审查规制法》(1974 年)及《二噁英类对策特别措施法》、《毒物以及剧毒物取缔法》等相关法律加强对化学物质的管理。1996 年 O157 大肠杆菌集体食物中毒事件发生后，为加强食品安全管理、保障国民健康安全，日本厚生省制定了《厚生省健康危机管理基本指针》，同时厚生省设立了健康危机管理调整会议，能够迅速对突发食品安全事件进行管理。2001 年世界范围内暴发疯牛病之后，日本成立了疯牛病问题调查委员会。2003 年，日本政府又出台了《食品安全基本法》，并对《食品卫生法》再次进行修订，细化了国家、地方政府及从业机构和人员在食品安全方面的责任。2005 年日本又一次修订《食品卫生法》，提出了“肯定列表制度”，并在 2006 年开始正式实施。该制度对食品尤其是农产品中农药、化学用品残留物都进行了细致的规定，堪称目前世界上最全面、最精确、最苛刻的安全法规。除此以外，日本还在 2006 年年底对所有农户生产的蔬菜、肉制品实行“身份编码识别制度”，对整个生产过程建立档案，记录产地、生产者、化肥和农兽药使用情况等详细信息，供消费者通过互联网或零售店查询。在 2011 年日本福岛第一核电站发生核泄漏事故之后，日本又迅速修订了《食品卫生法》，确定了食品中放射性元素铯的新标准值(赵璇等，2014)。

二、现代美国食品安全管理发展历程

(一)美国的食品安全法律法规体系

1906 年颁布的《1906 年纯食品药品法案》是美国历史上第一部关于食品安全的综合性和全国性法律，这部法律的颁布标志着美国食品安全管理走上了法制化道路。1938 年，美国国会又通过了《联邦食品、药品和化妆品法》，取代《1906 年纯食品药品法案》成为美国食品安全监管领域的基本法。在此之后的 70 多年的时间里，美国又不断通过颁布修正案的方式完善食品安全监管法律体系，加强对食品安全的管理。到目前为止，美国食品安全监管法律体系主要由《联邦食品、药品和化妆品法》、《联邦肉类检验法》、《禽类产品检验法》、《蛋类产品检验法》、《食品质量保障法》、《联邦杀虫剂、杀真菌剂和灭鼠剂法》和《公众卫生服务法》七部法律组成。这七部法律基本覆盖了所有食品，为美国的食品安全提供了完备的监管系统、严格的标准及程序规定。

(二)总统食品安全行动计划

1997 年 1 月，美国总统克林顿宣布启动“总统食品安全行动计划”。该计划由三个部分组成，即立法机关，优良农业准则与优良生产准则的制定，以及 1999 年财政年度预算增加食品安全拨款的请求。美国食品药品监督管理局(FDA)和美国农业部受命负责为水果和蔬菜种植者及企业制定优良农业准则和优良生产准则，并于 1998 年 4 月 13 日颁发《减少新鲜水果和蔬菜引发的微生物食品安全危险的指南》。该指南主要涉及微生物食品安全问题和相应的优良农业准则，普遍适用于以原始形式销售给消费者的绝大多数水果和蔬菜的种植、收获、包装、处理和配送的整个过程(于维军，2006)。

在“总统食品安全行动计划”中，进行风险评估对提出和实现食品安全目标具有极其重要的意义。美国政府机构现已完成的风险评估包括 FDA 和食品安全检疫局(FSIS)《关于即食食品中单核细胞增生性李斯特菌对公众健康影响的风险评估报告》(2001 年 1 月)、FDA《关于生鲜软体贝壳中副溶血性弧菌对公众健康影响的风险评估报告》(2001 年 1 月)、蛋及蛋制品中肠炎沙门氏菌的风险评估等。

(三)食品召回制度

美国的食品召回制度是以政府为主导进行的。负责监管食品召回的是 FSIS 和 FDA。FSIS 主要负责监督肉、禽和蛋及蛋制品缺陷产品的召回，FDA 则主要负责 FSIS 管辖以外的产品。美国食品召回的法律依据主要是其食品安全监管法律体系中的《联邦肉类检验法》、《禽类产品检验法》、《联邦食品、药品和化妆品法》及《消费者产品安全法》。

在食品召回制度的实施过程中，FSIS 和 FDA 对缺陷食品可能引起的危害进行评级并以此为依据确定食品召回的级别。美国的食品召回制度分为三级：第一级最为严重，消费者食用了这类产品将肯定危害身体健康甚至导致死亡；第二级危害较轻，消费者食用后可能不利于身体健康；第三级一般不会有危害，常见的类型包括贴错产品标签、产品标识有误或未能充分反映产品内容等，消费者食用这类食品不会引起任何不利于健康的后果。根据 FSIS 的记录，1982～1998 年美国肉和禽缺陷产品总计召回 479 次，总量为 13 050 万磅[①]，其中第一级召回占总

① 1 磅=453.592 37g。

次数的 52%，占总数量的 64%，第三级召回分别占总次数和总数量的 8%和 7%。食品召回级别不同，召回的规模、范围也不一样。召回可能发生在批发、零售或用户水平，也可能发生在消费者水平。

总结来说，无论是我国历代封建王朝为了加强食品安全管理而制定的律法或者建立的如粮食仓储、行会等制度，还是世界各国在近现代颁布的各种与食品安全管理相关的法案，从食品安全监管的理论层面来讲，对食品安全进行监管的要素并没有发生变化，主要包括政府、市场和社会，如食品消费者及食品行业行会即属于市场监管要素，从事食品相关研究的科研工作者或医生即属于社会监管要素。食品安全监管机构的变化从本质上讲是为了协调和顺应国家政府治理食品安全状况的整体环境和大局，以便能够与国家体制相契合，形成一个有机的整体(图 2-1 列举了中外历史上食品安全管理工程发展过程中的重要历史事件)。因此，国家食品安全监管机构的变化调整是一个动态的、不断优化的过程。

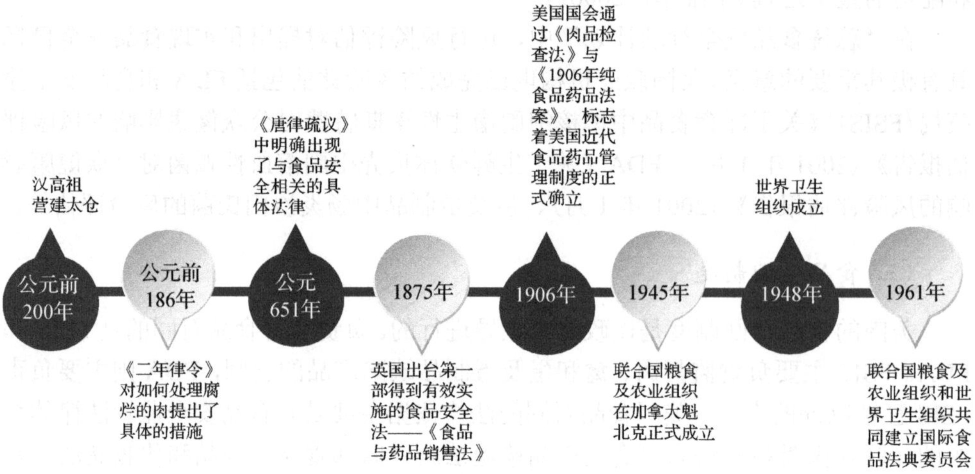

图 2-1　食品安全管理工程发展时间轴

第四节　不断发展的经济社会条件下食品安全管理工程面临的挑战与机遇

一、科技发展与食品安全管理

(一)食品添加剂与食品安全管理

随着经济社会的快速发展及科学技术的进步，越来越多的食品添加剂被开发并被广泛使用。同时，因食品添加剂的不当使用引发的食品安全事件也层出不穷，对人们的身体健康造成了危害。理解食品添加剂与食品安全的关系，加强对食品添加剂的规范化管理，对于提高食品安全管理水平具有重要意义。

食品添加剂一般不含有营养成分，也不具备营养价值，因此不同于食品营养强化剂。《中华人民共和国食品安全法》对食品添加剂有明确的定义：食品添加剂是指为改善食品品质和色、香、味以及为防腐、保鲜和加工工艺的需要而加入食品的人工合成或天然物质。因此摄入食品添加剂并不会损害人的生命健康。从食品安全的角度考虑，对食品添加剂的使用标准的规定十分严格，包括允许使用的食品添加剂种类、使用范围、使用目的及每日允许摄入量（ADI 值），其中 ADI 值是食品添加剂使用标准中最重要的数据。食品添加剂在低量使用时对提升食品的风味、保障食品的品质具有显著的效果，但超量使用则会严重威胁人体健康，引发食品安全问题（Ajila et al.，2010；Tajkarimi et al.，2010；Ayalazavala et al.，2011；Liu et al.，2010）。但客观来说，食品添加剂并非是威胁食品安全的“罪魁祸首”，只有当超范围、超量使用或以其他物质充当食品添加剂时才会带来食品安全隐患（王静和孙宝国，2013）。相反，食品添加剂科学合理的使用对保障食品安全有着十分积极的意义。例如，合理添加防腐剂能够防止由微生物引起的食品腐败变质，延长食品保质期，保持食品营养；抗氧化剂能够防止或延缓食品的氧化变质，提高食品的稳定性和耐储藏性；甜味剂能够满足糖尿病患者和减肥者对甜味的需求（Chaudhry et al.，2008；Giancaspro et al.，2016）。

此外，随着经济社会及科学技术的不断发展，人们逐渐发现了一些曾经被认为是安全的物质随食品被人体摄入后对人体健康造成危害，因此这些物质也被从食品添加剂或允许使用的食品包装加工材料中除去。例如，双酚 A，自 20 世纪 60 年代以来就被用于制造塑料瓶、吸口杯和食品或饮料罐内涂层，每年全世界生产约 2700 万吨含有双酚 A 的塑料。但随着科学技术的发展，人们逐渐发现双酚 A 会导致内分泌失调，威胁胎儿和儿童的健康。另外，欧盟还认为双酚 A 奶瓶会诱发性早熟，从 2011 年 3 月 2 日起，欧盟开始禁止生产含双酚 A 的婴儿奶瓶。又如“瘦肉精”，具有显著的提高瘦肉率、增重和提高饲料转化率的作用，曾被广泛应用于饲料中以促进猪的增长。但随着“瘦肉精”的广泛使用，人们逐渐发现了它的一些副作用，如“瘦肉精”的过量使用曾在上海造成了几百人的中毒事件。因此一些国家和组织逐渐开始禁止“瘦肉精”的使用。中国农业部于 1997 年发文禁止“瘦肉精”在饲料和畜牧生产中使用，商务部自 2009 年 12 月 9 日起，禁止进出口莱克多巴胺和盐酸莱克多巴胺两类“瘦肉精”。

由于食品添加剂的安全性是有条件的、不是绝对的，因此必须正确使用食品添加剂、加强对食品添加剂使用的监管才能更好地维护食品安全。为了打击非法添加食品添加剂的行为，我国政府近年来已经设立了一系列法律法规。《食品添加剂使用卫生标准》(GB2760—1996)中规定了食品添加剂的使用原则、品种、范围和用量等，对规范食品添加剂的安全评价、保证其合理施用发挥了重要作用。但同时应指出的是，我国的食品添加剂标准体系仍不够完善，一些企业“打擦边球”，造成食品添加剂的不规范使用。职能部门要想做好食品添加剂的监管工作，首先要加强自身对相关技术知识的了解，其次要将监管工作落到实处，不能流于形式。对不按规定使用食品添加剂的企业必须要加大处罚力度，提高企业的违规成本。另外，作为食品添加剂的使用主体，食品企业也应增强法律意识和提高食品安全意识，从源头上提高产品的质量与安全水平。最后，还应在食品添加剂领域投入更多的科研力量，以提高食品添加剂的数量和质量、完善对食品添加剂的安全评价。

(二)新型溯源技术与食品安全管理

食品溯源技术是当下解决食品安全问题的重要技术之一。新型食品溯源技术的发展对提高我国的食品质量安全水平、增加消费者对国产食品的消费信心及增强我国产品的国际竞争力具有十分重要的意义。目前，新型食品溯源技术主要有物联网标签溯源技术、同位素溯源技术、有机成分溯源技术和 DNA 溯源技术等。

物联网是以互联网为基础发展起来的物与物之间相互关联的技术。物联网一般由射频识别(radio frequency identification，RFID)系统、产品命名服务器(object naming service，ONS)、信息服务器(physical markup language，PML)和应用管理系统四部分组成(马慧鋆等，2017)。其中 RFID 是物联网溯源技术的基础，是一种非接触式的自动识别技术，通过射频信号自动识别目标对象并获取相关的数据。目前，一些研究者将无线传感网络(wireless sensor network，WSN)及二维码与物联网技术结合，用于农产品的溯源，明显提高了可溯源能力。

同位素溯源技术是根据同位素自然分馏的原理发展起来的溯源技术。稳定同位素比值可以反映动植物的种类及所在环境，因此能够将其用于追溯食品信息。研究者已经利用同位素溯源技术成功实现了葡萄酒、蜂蜜、牛奶、水果和肉制品等的溯源(Karn et al.，2014)。

由于不同产地的同一种食品的有机成分含量也存在着明显的差异，因此利用有机成分溯源技术也为追溯食品产地提供了可能。该技术主要是利用气相色谱法(gas chromatography，GC)、气相色谱-质谱联用仪(gas chromatography-mass spectrometry，GC-MS)和高效液相色谱法(high performance liquid chromatography，HPLC)等测定其有机成分的组成与含量。碳水化合物、脂肪酸、维生素和氨基酸等有机组分常被用来作为食品产地溯源的指标。

DNA 溯源技术是生物溯源技术的重要方法之一。DNA 溯源技术的基础是 DNA 的遗传和变异，由于每一个个体都具有独一无二的 DNA 序列，因此其对应的 DNA 图谱也是独一无二的，根据这一原理能够精确标记不同的生物个体。DNA

溯源技术主要有 3 种标记方法：扩增片段长度多态性(amplified fragment length polymorphism，AFLP)、简单重复序列标记(simple sequence repeat，SSR)和单核苷酸多态性(single nucleotide polymorphism，SNP)。AFLP 标记技术是荷兰科学家 Zabeau 和 Vos 在 1992 年将限制性内切酶片段长度多态性(restriction fragment length polymorphism，RFLP)的可靠性和射频 A/D 控制信息定时发送器的简便性相结合所创立的，具有分辨率高、稳定性好、效率高的优点，但其技术费用较为昂贵，对提取的 DNA 纯度及完整性要求较高。SSR 标记法可标记的等位基因数目较多，可提供丰富的序列信息，也正是因为如此所以其带型复杂，目前对其应用还是较为困难。SNP 标记在基因组中分布很广泛，用其易于判型，适合于快速、规模化筛查，而且其对 DNA 的要求不高。DNA 溯源技术易于分型，检测手法简单、迅速，所得的 DNA 分子易于保存且序列稳定。对于传统理化性质检测不能区分的近缘生物来说，DNA 溯源有着显著的优势，且与其他生物溯源技术相比，其成本低廉。随着分子生物学技术的不断发展，鉴别、溯源方式正在从传统的理化性质检测向分子水平检测转变，这更是为 DNA 溯源的推广提供了基础，因此 DNA 溯源技术在食品安全管理工作中具有广阔的应用前景。

(三)“互联网+”与食品安全管理

“互联网+”是互联网发展的新形态，同时也是互联网思维发展的新成果，它将互联网与许多传统行业联系到了一起。将“互联网+”应用于食品安全管理，即将移动互联网、云计算、大数据、物联网等信息通信技术应用于食品安全管理，能够使食品安全相关信息更加精准、科学、动态化。将“互联网+”应用于食品安全管理能够彻底改变由于信息不完整、不对称引发食品安全问题的局面，促使我国的食品安全管理水平迈上新的台阶。

“互联网+”应用于食品安全管理具有许多独特的优势：跨界合作，将互联网技术与食品行业相结合，实现食品安全管理的互联网化，打破了传统食品安全管理行为的封闭性及碎片化，提高了食品安全管理的信息透明度和管理效率；重塑结构，利用互联网技术将传统的单向结构转变为彼此联通的结构，使食品安全信息能够及时被传递，并实现风险可控；尊重人性，应用“互联网+”不仅极大地提高了管理效率，同时也能开放地吸取各方面的观点和意见，增强各方之间的相互理解；连接一切，“互联网+”将与食品安全管理相关的一切人、事、物构建成了一个有机整体，彼此之间相互协作并充分进行信息共享、传递、反馈，使管理变得更为高效(王冀宁等，2016)。

(四)新型检测技术与食品安全管理

食品安全检测技术是提高和保障食品质量与安全的重要基础。随着科学技术的发展，越来越多新型、稳定、准确和高通量的食品安全检测技术被建立起来，为我国构建完善的食品安全管理体系提供了有力的技术支撑。

色谱、光谱分析方法是检测食品中有毒有害物质的常用方法，其优点是灵敏度高、准确性好，但对样品的前处理要求非常严格，需要对检测人员进行培训且仪器价格昂贵、体积较大，很难应用于现场大量样品的筛选和快速测定。

利用抗原与抗体特异性结合的免疫分析是进行食品安全快速检测的重要手段。酶联免疫技术(ELISA)、免疫层析技术、荧光免疫等多种方法在食品中重金属、农兽药残留、生物毒素等污染物的检测上发挥了重要作用。

除此之外，随着现代分子技术的快速发展，新型分子生物学检测技术和方法也开始被应用于食品安全快速检测。例如，核酸杂交、核酸扩增、基因芯片等技术初步形成了完整的技术框架。其中，单链核酸适配体能够便捷地应用于食品中各种风险因子(如重金属、病原微生物、农兽药分子、毒素分子等)的检测(王硕，2014)。

二、全球化与食品安全管理

随着经济全球化的不断加深，在基本解决食品供给的问题后，食品的安全问题越来越受到人们的关注。食品安全问题已经超越了国界，世界某一地区的食品安全问题可能会对全球都造成影响。为此，构建国际通用的标准体系，并通过国际组织将食品安全管理纳入全球化的轨道具有十分重要的意义。

(一)国际标准体系

1. GMP

GMP(good manufacturing practice)，意为“良好操作规范”，是适用于包括食品在内的一些行业的强制性标准，注重在生产过程中对产品的质量和安全进行自我约束管理并符合标准规定。GMP 要求与产品生产、运输、储存相关的生产人员、设备设施、包装运输等方面都需达到一定的卫生质量要求，形成一整套实际可行的操作规范。在生产过程中一旦发现问题便立即加以改善。

食品行业 GMP 对保障食品安全、促进食品行业的健康稳定发展及提高食品制造业的整体水平具有十分重要的意义，同时也有利于加强对食品行业的规范化管理和监督。

2. ISO22000

随着人们对食品安全问题的关注度不断提高及对指导、保障、评价食品安全管理的规范化标准的呼唤日渐高涨，国际标准化组织，制定了 ISO22000 系列自愿性管理标准。它既能用于指导食品安全管理体系，又是食品生产、操作和供应的组织进行认证和注册的依据。

ISO22000 将从食品生产者、食品制造者到食品运输和仓储经营者，再到零售分包商和餐饮经营者，以及与食品相关联的组织如设备、包装材料、添加剂和辅料的生产者都纳入到了标准规范之中，是目前公认的最有效、最实用的食品安全控制体系。ISO22000 现已成为企业与国际接轨、进入国际市场的通行证，同时也是发达国家进行国际贸易时的技术壁垒标准。

(二)食品相关国际组织

1. 联合国粮食及农业组织

联合国粮食及农业组织(The Food and Agriculture Organization of the United Nations，FAO)简称粮农组织，是联合国系统内最早的常设专门机构，是联合国专门机构之一，也是联合国各成员国之间讨论粮食和农业问题的国际组织。其宗旨是提高人民的营养水平和生活标准，改进农产品的生产和分配，改善农村和农民的经济状况，促进世界经济的发展并保证人类免于饥饿。1945 年 10 月 16 日，FAO 在加拿大魁北克正式成立，总部设在意大利罗马。

FAO 每两年召开一次具有最高权力的大会，审议两年内该组织的工作进展并批准下两年度的工作计划和预算。FAO 的常设机构为理事会，通过推选产生理事会的独立主席和理事国。到目前为止，理事会下已设有计划、财政、章程及法律事务、商品、渔业、林业、农业、世界粮食安全、植物遗传资源 9 个办事机构。

FAO 的主要职能包括：搜集、整理、分析、传播世界粮农生产和贸易信息；向成员国提供技术援助，动员国际社会对农业进行投资，并执行农业发展项目；向成员国提供粮农政策和咨询服务；谈论粮农领域的重大问题，制定国际行为准则和法规，加强各成员国之间的磋商和合作。应该说，FAO 是集信息中心、开发机构、咨询机构、国际论坛和标准中心功能为一体的机构。

FAO 成立早期工作重点在于粮农生产和贸易的情报信息，后来逐渐将工作重点转向帮助发展中国家制定农业发展政策和战略以及为发展中国家提供技术援助。目前，FAO 的工作重点主要有：加强世界粮食安全；促进环境保护与可持续发展；推动农业技术合作。FAO 的主要任务包括：向成员国提供世界粮食形势的分析情报和统计资料，对世界粮农领域的重要政策提出建议并交由理事会和大会审议；帮助发展中国家研究制定发展农业的总体规划，按照规划向多边援助机构和发达国家寻求援助和贷款，并组织、筹划各种援助项目；通过国际农产品市场形势分析和质量预测组织政府间协商，促进农产品的国际贸易；通过提供资料、召开各种专业会议、举办培训班、提供专家咨询等推广新技术，组织农业技术交流；作为第三方为受援国寻找捐赠国组成以粮农组织、受援国和捐赠国为三方的信托基金。

2. 世界卫生组织

世界卫生组织(World Health Organization，WHO)是联合国下属的专门机构，总部设在瑞士日内瓦，只有主权国家才能参加，是国际上最大的政府间卫生组织。1946 年，国际卫生大会通过了《世界卫生组织组织法》，1948 年 4 月 7 日世界卫生组织宣布成立。WHO 的宗旨是使全世界人民获得尽可能高水平的健康，其主要职能包括：促进流行病和地方病的防治；提供和改进与公共卫生、疾病医疗及其他有关事项的教学和训练；推动确定生物制品的国际标准。

每年 5 月召开的世界卫生组织大会是 WHO 的最高权力机构，主要任务包括审议总干事的工作报告、规划预算、接纳新会员国和讨论其他重要议题。执行委员会是世界卫生组织大会的执行机构，负责执行大会的决议和政策。世界卫生组织的常设机构秘书处分别在非洲、美洲、欧洲、东地中海、东南亚和西太平洋设立地区办事处。

WHO 的主要任务包括：指导和协调国际卫生工作；根据各国政府的申请，协助加强国家的卫生事业，提供技术援助；主持国际性流行病学和卫生统计业务；促进防治和消灭流行病、地方病和其他疾病；促进防治工伤事故及改善营养、居住、计划生育和精神卫生；促进从事增进人民健康的科学和职业团体之间的合作；提出国际卫生公约、规划、协定；促进并指导生物医学研究工作；促进医学教育和培训工作；制定有关疾病、死因及公共卫生实施方面的国际名称；制定诊断方法的国际规范的标准；制定并发展食品卫生、生物制品、药品的国际标准；协助在各国人民中开展卫生宣传教育工作。

世界卫生组织在国家层面上有力地支持了会员国实现国家卫生目标，促进了世界人民营养、居住和精神卫生条件的改善，同时也促进了医学教育和培训工作的发展。

3. 国际食品法典委员会

国际食品法典委员会(Codex Alimentarius Commission，CAC)是由 FAO 和 WHO 共同建立的政府间国际组织。1961 年第 11 届 FAO 大会和 1963 年第 16 届 WHO 大会分别通过了创建 CAC 的决议。到目前为止，已有 180 多个成员国和 1 个成员国组织(欧盟)加入该组织，覆盖了全球 99%的人口。

国际食品法典委员会下设 3 个法典委员会：产品法典委员会，负责垂直地管理各种食品；一般法典委员会，负责管理农药残留、食品添加剂、标签、检验和出证体系及分析和采样等；地区法典委员会，负责处理区域性事务。

自从 1961 年开始制定国际食品法典以来，CAC 关注所有与保护消费者健康和维护公平食品贸易有关的工作，在食品质量和安全方面的工作已得到世界的重视。在过去的几十年间，食品法典已经成为食品标准领域唯一的、最重要的国际参考标准。1985 年联合国第 39/248 号决议中强调了 CAC 对保护消费者健康起到的重要作用，为此 CAC 指南采纳并加强了消费者保护政策的应用。该指南提醒各国政府应充分考虑所有消费者对食品安全的需要，并尽可能地支持和采纳 CAC 的标准。同时，CAC 与国际食品贸易关系密切，针对业已增长的全球市场，特别是作为保护消费者而普遍采用的统一食品标准，CAC 具有明显的优势。CAC 制定的标准和规范已成为全球食品生产者和加工者、消费者、各国食品管理组织和国际食品贸易的基本参照标准，为保障公众健康、维护食品贸易的公正公平做出了巨大的贡献。

本章小结

本章按照时间的先后顺序，阐述了食品安全管理工程的发展历程，包括中国历代封建王朝及近代、现代世界范围内的食品安全管理理念和措施。通过对世界范围内食品安全管理理念和措施进行梳理和总结，可以看出，食品安全管理工程是一项动态的、不断发展的事业。在不断发展的经济社会条件下，食品安全管理工程又面临着新的机遇与挑战，其中包括随着科技的发展，对一些食品安全风险因子有了进一步的认识与研究，同时科技进步也为食品安全的管理提供了更为可靠的溯源技术。但与此同时，日益加强的全球化趋势也进一步增加了食品安全的管理难度。总而言之，食品安全管理工程是随着经济社会条件不断变化的，只有及时适应科技的进步与时代条件的发展，才能永葆其生机与活力，为人类社会的发展做出贡献。

参 考 文 献

陈兆肆. 2010-2-23. 刍议古代禁酒令. 中国文化报, 006.

刘鹏. 2009. 公共健康、产业发展与国家战略——美国进步时代食品药品监管体制及其对中国的启示. 中国软科学, (8): 61-68.

刘新超, 张守莉, 范焱红, 等. 2015. 古代食品安全管控理念、方略及启示.农产品质量与安全, (2): 72-74.

刘芸菲. 2013. 论清末民初上海的食品安全政策. 淮海工学院学报, 11(12): 52-54.

马慧鋆, 余冰雪, 李妍, 等. 2017. 食品溯源技术研究进展. 食品与发酵工业, 43(5): 277-284.

施峰. 2001. 中国古代仓储制度的作用与弊端及其对当前粮食储备管理的启示. 经济研究参考, (28): 2-10.

孙娟娟. 2017. 英国食品安全规制: 昨天、今天和明天. 中国人大, (21): 52-55.

王冀宁, 王磊, 陈庭强, 等. 2016. 食品安全管理中“互联网+”行为的演化博弈. 科技管理研究, 36(21): 211-218.

王静, 孙宝国. 2013. 食品添加剂与食品安全. 科学通报, 58(26): 2619-2625.

王硕. 2014. 食品安全快速检测技术研究动态. 食品安全质量检测学报, (7): 1911-1912.

王岩, 苏小军. 2011. 汉唐食盐专卖制度. 知识经济, (3): 121.

魏秀春. 2010. 1875—1914 年英国牛奶安全监管的历史考察. 历史教学, (12): 27-32.

魏秀春. 2011. 英国食品安全立法研究述评. 井冈山大学学报(社会科学版), 32(2): 122-130.

于维军. 2006. 管窥美国的食品安全管理体系. 中国动物保健, (3): 17-20.

赵璇, 高琦, 贾有峰, 等. 2014. 日本食品安全监管的发展历程及对我国的启示. 农产品加工(学刊), (6): 65-69.

Ajila C M, Aalami M, Leelavathi K, et al. 2011. Mango peel powder: A potential source of antioxidant and dietary fiber in macaroni preparations. Innovative Food Science & Emerging Technologies, 11(1): 219-224.

Atkins P J. 2002. Cheated not poisoned? Food regulation in the United Kingdom, 1875–1938. Medical History, 46(1): 570-570.

Ayalazavala J F, Vegavega V, RosasdomíNguez C, et al. 2011. Agro-industrial potential of exotic fruit byproducts as a source of food additives. Food Research International, 44(7): 1866-1874.

Charatan F. 2004. Protecting America's health: The FDA, business, and one hundred years of regulation. Bmj Clinical Research, 328(21): 45-46.

Chaudhry Q, Scotter M, Blackburn J, et al. 2008. Applications and implications of nanotechnologies for the food sector. Food Additives & Contaminants, 25(3): 241-258.

French M, Phillips J. 2002. Food safety regimes in Scotland, 1899—1914. Scottish Economic & Social History, 22(2): 134.

Giancaspro A, Colasuonno P, Zito D, et al. 2016. Varietal traceability of bread 'Pane Nero di Castelvetrano' by denaturing high pressure liquid chromatography analysis of single nucleotide polymorphisms. Food Control, 59: 809-817.

Karn P, He X H, Yang S, et al. 2014. Iris recognition based on robust principal component analysis. Journal of Electronic Imaging, 23(6): 063002.

Liu X, Zheng X, Fang W, et al. 2010. Screening of food additives and plant extracts against Candida albicans *in vitro* for prevention of denture stomatitis. International Conference on Future Biomedical Information Engineering: 1361-1366.

Smith D F, Phillips J. 2000. Food, Science, Policy and Regulation in the Twentieth Century: International and Comparative Perspectives. London: Routledge: 1-16.

Stole I L. 2000. Consumer protection in historical perspective: The five-year battle over federal regulation of advertising, 1933 to 1938. Mass Communication & Society, 3(4): 351-372.

Tajkarimi M M, Ibrahim S A, Cliver D O. 2010. Antimicrobial herb and spice compounds in food. Food Control, 21(9): 1199-1218.

第三章　现代食品安全管理理念

随着市场经济的蓬勃发展和管理研究的日益深入，科研学者对食品安全管理方法进行了不断的创新与改进。除了较为基础的食品安全质量管理体系外，还通过对食品生产过程的微观研究，确立了以预防为主的风险分析管理理念。在宏观上，综合分析社会不同主体的行为策略，形成了“系统论”“市场失灵论”“社会共治”等现代食品安全管理理念。食品安全管理逐渐进入趋于系统化、工程化的全面综合治理阶段。

第一节　工程管理与管理工程

一、工程及工程管理

在早期，工程的概念被定义为一种科学应用，即把科学原理转化为新产品的一种创造性活动，而这种创造性活动是由各种类型的工程师来完成的(何继善等，2005)。工程不仅要以科学的研究为基础，更要在生产和服务的实践当中所积累的技术经验上发展起来。随着改革开放以来中国的迅猛发展，现代工程的领域已经十分广泛，包括技术复杂的国防工程和航天工程，以及有显著学科特点的生物工程、制药工程、土木工程和软件工程，等等。这些工程有的已经和科学探索、科学创新相互交融，因此，我们将现代工程重新定义为，人类为了生存和发展、实现特定的目的，有组织地利用资源，所进行的造物或改变事物性状的集成性活动。工程是人类发展的发动机，也是人类适应世界的手段。

工程管理是指为实现预期目标，有效地利用资源，对工程所进行的决策、计划、组织、指挥、协调与控制。广义的工程管理既包括对工程建设(含规划、论证、勘设、施工、运行)中的管理，也包括对重要、复杂的新产品、设备、装备在开发、制造、生产过程中的管理，还包括对技术创新、技术改造、转型、转轨与国际接轨的管理，以及对产业、工程和科技的发展布局与战略发展研究、管理等。狭义的工程管理是我们常说的建筑工程管理。探究工程管理的过程，可以认为工程管理是以取得工程的成功为目的，对工程全生命期的管理，包括对工程的前期决策的管理、设计和计划的管理、施工的管理、运营维护的管理等。工程管理是涉及工程各方面的管理工作，包括技术、质量、安全和环境、造价、进度、资源和采购、现场、组织、法律和合同、信息等，这些构成了工程管理的主要内容。工程管理是综合性管理工作，人们对工程的要求是多方面的、综合性的，工程管理是多目标约束条件下的管理问题：它要协调各个工程专业工作，管理各个工程专业之间的界面，因此它与工程各个专业都相关；由于工程的任务是由许多不同企业的人员完成的，所以对一个工程的管理会涉及许多专业，在工程计划和控制过程中，工程管理要综合考虑技术问题、经济问题、工期问题、合同问题、质量问题、安全和环境问题、资源问题等。这些就决定了工程管理工作是复杂性很高的管理。

与一般的管理工作不同，工程管理是对具有技术集成性和产业相关性特征的各种工程所进行的相应的管理工作。一般来说，工程管理具有系统性、综合性和复杂性的基本特征，是“管理学”和“工学”的交叉学科。首先工程管理是一种系统性管理。从理论上来看，工程管理的系统性表现为工程管理就是一种实现特定目标的各种技术的有序集成，工程管理就是工程的各个组成部分有机整合、各个工程子系统相互协调，以实现工程整体目标的过程。在现代的工程管理实践中，系统理论和系统思想的应用是不可或缺的，是工程管理思想的精髓所在。其次工程管理是一种综合性管理。由于工程是技术的有机集成，工程常常与特定产品、特定企业相互联系，所以任何形式的工程管理必然是一种考虑不同技术协调性和不同产业特性的综合性管理。此外，工程管理的综合性也表现为工程目标实现所要求的多种资源利用的有效性及工程管理主体与工程管理环境的协调性上。最后，工程管理是一种复杂性管理。一般来说，工程是由多个部分构成、多个组织参与的，因此，工程管理工作极为复杂，需要运用多学科的知识才能解决问题。由于工程本身具有很多未知的因素，而每个因素常常带有不确定性，这就需要具有不同经历、来自不同组织的人有机地组织在一个特定的组织内，在多种约束条件下实现预期目标，这就决定了工程管理工作的复杂性远远高于一般的生产管理。

二、管理工程

工程是把科学和技术运用到生产或服务的建设中。为了确保工程的顺利进行，我们自然要对工程进行管理。然而我们在确定标准和做出判断时仍需依据于科学技术，因而便有了“管理工程”的概念。其中，质量是管理工程主要的研究和应用对象，管理工程的目的在于减少质量的变动而达到满足生活质量的要求。在世界经济的飞速发展中，管理工程起了功不可没的作用。科学技术要成为生产力，最后转化为能使生产企业获得利益的商品，是要靠管理工程才能实现的。以汽车产业为例，汽车的发明并不是来源于美国和日本，但美国的福特流水线生产及丰田实行的精益生产方式使美国、日本成了汽车生产的超级大国。这背后的基础在于严格的质量管理。

由于食品安全是一种综合概念，涉及食品(食物)种植养殖、生产加工、食品流通销售、餐饮消费等多个环节，从农田到餐桌全链条，本身就是一项系统工程。因此食品安全的管理不仅包含了食品生产加工企业内部的质量安全管理，还包含了宏观层面上政府对食品安全的监管。其中，政府监管层面食品安全管理的主要内容是制定有关食品安全监督管理的行政法规、标准及促进整个食品行业综合管理发展的政策方针；保障拥有进行有效政府监督管理的基础设施；约束政府监管部门的管理人员履职尽责，发挥应有作用；确保建立技术监管网络，加强食源性疾病的监测，为食品安全监督管理提供技术支撑；保证食品安全信息发布沟通的准确和及时，指导社会公众提升安全、理性、健康消费意识。企业层面食品安全管理的主要内容是加强自身安全意识，按照法律规定和食品安全标准，建立企业内控的食品安全管理制度，引进一些更为高效安全的技术设备对产品进行质量安全检验，提高自我约束能力。

(一)政府监管

美国、日本和欧盟等发达国家和地区的食品安全监管体系已较为成熟。其共同特点是实行了垂直化管理体制，管理主体明确统一。例如，美国政府成立了“总统食品安全管理委员会”，成员包括农业部、商业部、卫生部、管理与预算办公室、环境保护局、科学与技术政策办公室等有关职能部门。各部门职能互不交叉，每个部门负责一种或数种产品的全部监管工作，并在委员会的统一协调下实现对食品安全工作的一体化管理。欧盟食品安全管理局(EFSA)对欧盟内部所有与食品安全相关的事务进行统一管理。在EFSA督导下，一些欧盟成员国对原有监管体制进行了调整，将食品安全监管职能集中到一个部门。日本负责食品安全的监管部门主要有日本食品安全委员会、厚生劳动省、农林水产省。2003年7月设立了国家食品安全委员会，直属内阁，主要承担食品安全风险评估和协调职能。包括实施食品安全风险评估、对风险管理部门(厚生劳动省、农林水产省等)进行政策指导与监督，以及风险信息沟通与公开等业务。

我国的食品安全监管经历了从单一部门监管到分段分类监管相结合，再到统一监管的演变过程。因为食品安全问题具有多维度、扩散性，频发的食品安全事件呈现出阶段性等特点，我国在不同时期采取了不同的监管模式。20世纪末期，我国主要由单一的卫生部门来完成食品安全监管。而后随着食品安全问题的层出不穷，国务院确立了分段和分类相结合的监管模式，并明确了各个部门监管职能的分配。这种分段式监管可以发挥出各自专业领域的优势，起到分散化治理的效果，却也同时带来了权责不明、互相交叉的问题。为此，我国设立了食品安全委员会来统筹指导监管工作。2015年新修订实施的《食品安全法》延续了食品安全委员会的统筹协调作用，而对食品的生产、销售和餐饮服务进行统一管理的事宜则由国家食品药品监督管理总局负责，农业、卫生、质检等部门则共同参与管理。至此我国形成以国家食品药品监督管理总局和农业部进行集中统一监管的格局，实现了管理统一化、分工明确化的“一龙治水”局面。2018年3月17日，第十三届全国人民代表大会第一次会议表决通过了关于国务院机构改革方案的决定。

其中，农业部更换为农业农村部，并撤销了国家质量监督检验检疫总局、国家食品药品监督管理总局，组建了国家市场监督管理总局。这一改革，使食品安全监管的政府机构更为统一、完整，不同部门间的联系更加紧密。

近年来，多元化的监管模式开始得到越来越多的倡导。政府虽然是最主要的食品安全监管主体，但也只能进行间接、宏观的法律规制和政策引导，不可能参与生产第一线，面面俱到，对食品安全状况的管控虽然付出巨大成本，但回报严重不对等。而消费者、媒体、行业协会、社团协会等第三方却有各自的优势，媒体可以发挥舆论监督来关注食品安全问题，行业协会可以通过行业标准或规范进行管理，消费者通过诉讼、举报等方式维护权利的同时反映问题。多元化的监督主体能够补充政府监督缺陷，提高效率，达到维护食品消费者权益、实现全社会共治、维持市场经济秩序的目的。

（二）企业内部质量管理

建立生产企业自己的质量管理体系是企业确保产品质量的关键。食品企业根据自身特点，综合多方面因素，完善和设计从食品原料到销售全过程的质量管理体系，体系化成为企业内部产品质量管理活动的标准。

目前国内外现行的体系包括：①HACCP（Hazard Analysis and Critical Control Point）体系，由食品法典委员会于1993年提出，是一套以预防为主的质量管理体系，主要应用于食品加工行业，由7个基本原理组成。②ISO9000质量管理体系，由ISO国际组织在1987年正式发布，标志着质量和质量管理走向了规范化、程序化的新阶段，它以顾客的要求和满意度为出发点和最后归属，主要关注的是产品质量。ISO9000应用非常广泛，可以应用于普通的企业，还可用于科研机构、医院、事业单位等所有组织。③食品GMP（Good Manufacturing Practice）体系，即良好操作规范，最初由药品GMP发展过来，是首创的保障产品生产质量的有效方法，是保障生产过程中食品安全的一种主要管理方法。④全面质量管理体系（Total Quality Management，TQM/Total Quality Control，TQC），最早由美国管理学家菲根堡姆提出，是一种注重客户需求，要求企业全员共同参与质量管理工作的现代化质量管理方法。其中广为应用的戴明PDCA循环理论，强调了调整管理系统是提高企业生产效率和质量的关键。

1. HACCP体系

HACCP即"危害分析和关键控制点"，是一种强调预防为主的质量管理体系，最初由美国国家航空航天局为航天食品研制产生，而后被广泛应用于食品的生产加工，在国际上具有较高的权威。HACCP原理适用于食品生产的所有阶段，包括基础农业、食品制备与处理、食品加工、食品服务、配送体系及消费者处理和使用。主要由7个原理组成：危害分析，确定关键控制点，确定关键限值，确立关键控制点的监控措施，确立纠偏措施，建立验证程序，建立有效的记录及档案管理系统。

我国于 1993 年开始食品加工业应用 HACCP 的研究。同时，面对中国加入 WTO 后与国际法规标准接轨的迫切形势，国家开始大力推动国内食品行业 HACCP 的认证工作。2002 年 3 月 20 日，国家认证认可监督管理委员会发布了《食品生产企业危害分析与关键控制点(HACCP)管理体系认证管理规定》，鼓励从事生产、加工出口食品的企业建立并实施 HACCP 管理体系，至今中国已有近万家食品企业通过或正在进行认证工作。良好操作规范(GMP)和卫生标准操作规程(SSOP)是实施 HACCP 的重要基础，相对于较早获得认可并广泛推广的 ISO9000 质量管理体系来说，HACCP 是专门针对食品安全的一种专业性较强的管理体系。HACCP 的宗旨是通过对生产过程中可能存在的物理、化学、生物危害进行评估，并采取科学的控制措施将这些危害消除在生产过程中，而不是依赖终端的产品质量检测，从而提高企业管理水平及安全保证能力等确保食品安全卫生质量，达到国际食品安全要求。

2. ISO9000 质量管理体系

ISO9000 是国际标准化组织 ISO 于 1987 年制定和发布的 ISO9000～9004 五个标准的总称。其主要目的是解决不同国家标准产生的国际贸易壁垒，寻求一个具有世界通用性的质量管理标准。ISO9000 系列标准总结了世界各国，特别是工业发达国家的质量管理理论与大量的实践经验，是一套适用于各个组织行业，兼具科学性、系统性、严密性的国际通用管理体系。ISO9000 系列标准在发布后得到迅速的推广并不断进行着修订和补充，包括：增强体系的实用性和与其他标准的互容性，简化标准数量、丰富标准层次，提高体系的系统性和通用性。应用 ISO9000 质量管理体系是企业参与国际竞争、迈向全球化的基本要求，也是政府改进和完善政府系统的管理体系、提高政府系统的管理效率的一项必要举措。

3. GMP 体系

GMP(Good Manufacturing Practice)，即良好操作规范，作为基本原则应用于所有生产企业，是保障生产过程中产品安全的一种主要管理方法，也是食品生产环节所必须遵循的流程。食品 GMP 是从药品 GMP 发展过来的，美国 FDA 于 1963 年颁布了世界上第一部药品生产管理规范，即药品 GMP。在得到多个国家的采纳和逐渐完善后，美国又于 1969 年颁布了食品 GMP，并逐渐在食品工业中形成了一个 GMP 质量管理体系。GMP 的主要内容是制定企业标准的生产过程、设定生产设备的良好标准、规定正确的生产知识和严格的操作规范及完善质量控制和产品管理，帮助企业改善卫生环境，及时发现生产中的错误，降低人为误差，保证产品质量。GMP 同样是贯穿食品生产加工各个环节的质量管理体系，实现了食品从原料入场到成品销售的全过程质量控制，为食品生产企业科学化工艺和合理化布局提供了标准，是确保食品安全卫生的重要基础和条件之一。

4. 全面质量管理体系

全面质量管理由美国的管理学家菲根堡姆(1991)提出，并于20世纪70年代引入我国，在广大企业中获得了广泛的应用和实践，为指导企业提升质量管理水平和企业竞争力提供了很大的帮助。

国际标准化组织ISO定义全面质量管理为，一个组织以质量为其工作中心，以全员参与为其工作基础，从而达到长期性成功的途径。全面质量管理以服务对象为关注点，通过企业成员的团结合作进行持续有效的改进，以提供最好的服务和产品满足企业发展要求。全面质量管理具有质量管理全过程、全企业、全员性和方法多样化的“三全一多”特点，是质量管理的最高思想。其中，美国专家戴明提出的 PDCA 循环理论是全面质量管理的基本方法，包括计划(plan)、实施(do)、检查(check)和改进(action)4个阶段，是一个不断循环改进的过程，各个阶段相互衔接，互相影响，并周而复始地不断循环下去(刘宏，2005)。

三、系统论下的食品安全管理

食品安全管理是一项包括食品企业、政府和消费者三方在内的系统工程。上文分别从政府和企业的单方视角说明了食品安全管理中政府监管方法的不断变革及食品企业现行的多种质量管理体系。然而，不同角色间的分散管理难以满足日益复杂、花样层出的食品安全问题，需要我们从食品安全管理的整体性出发，充分协调好企业、政府和消费者在其中的责任关系。虽然“工程学”的食品安全管理理念在中国初具雏形，但系统论的思想在我国早已得到了深入的研究，并应用于食品安全管理的全新实践中。

(一)系统论概述

系统论的概念最早由奥地利生物学家贝塔朗菲在一次哲学讨论会上提出。他认为应该把生物的整体及环境作为一个系统来研究，同时他指出系统论的一个重要定律是：整体大于各个孤立部分的总和，总体功能不是各个要素功能的简单相加，而是一种特定的功能。该思想在随后的科学实践中被各国科学家不断完善，并逐渐被人们理解接受，形成了成熟统一的理论成果。我国科学家钱学森将系统论的概念融入系统科学当中，在充分吸收国外先进研究经验的基础上，根据我国的国情加以改造创新，最终形成了符合中国国情的系统论思想(熊继宁，1986)。目前，系统论在我国食品安全管理上的应用主要包括：食品质量安全监管系统模型的构建、基于系统论的食品安全法律治理研究与基于系统论的食品安全预警机制的研究。

（二）食品质量安全监管系统模型的构建

系统论，顾名思义，就是根据管理的目标将管理要素组成一个有机的系统。如果我们把食品安全监管作为一个整体系统进行研究，那么政府、食品企业、消费者即可认为是其中的三个子系统。这三个子系统之间是密切联系的，任何一个子系统在系统中的有效运行都与其他要素相关。比如，从政府的角度出发，其监管目标是规范企业的生产经营活动，提高企业食品生产力的水平与管理水平，保障消费者的健康和权益，同时，政府也受到食品企业和消费者的监督；而从食品企业的角度出发，在进行生产经营谋求利益最大化的同时还要受到政府的监管、消费者的要求及社会舆论各方面的限制。政府的监管属于强制性行为，而消费者和舆论的要求会影响到企业在市场中对客户资源的竞争，二者缺一不可。另外，三个子系统之间除了相互联系之外还存在着统一性，即系统的整体性能。三个子系统在实现各自目标的过程中应以系统目标为主，综合考虑长远利益与眼前利益，兼顾总体目标与个体目标。同时，子系统的功能是整体系统功能的基础。为了从整体上提升监管效果，政府应提高人力资源、技术支撑等方面的能力，企业要提高质量安全管理水平，消费者要提高消费意识，等等。最后，充分发挥系统的整体功能还要保持系统要素的合理组合。整体功能可否守恒的实质在于结构是否合理。

（三）基于系统论的食品安全法律治理研究

由于影响食品安全的因素众多，可能涉及食品生产、加工、运输和消费的各个环节，因此食品安全的管理是一项复杂的系统工程。将系统论应用于食品安全法的实践研究中，不仅可以使现有的法律结构更加清晰完整，还可以增强食品安全法律治理实践的预见性和可操作性。早在2008年，国家主席胡锦涛在和钱学森教授的交流中就强调了系统论对于法律治理的优越性所在，并鼓励我国开展系统论的相关管理研究工作。而着眼当前，我国食品安全相关的法律仍处于一个较为松散的状态，给不良商家提供了钻法律漏洞的活动空间，也造成了食品安全的治理难题。因此，对于系统论下的法律治理研究仍需不断地完善。系统论视角下，当前我国食品安全法律的主要不足之处有以下三个方面。

1. 我国食品安全法律治理机制的整体性不强

系统论认为：系统是由要素组成的有机统一体，而整体性是系统最基本的特性。在我国的食品安全法治系统中，《食品安全法》是系统的核心要素，虽然经历了不断的修订和完善，但仍然存在一定的漏洞。比如，食用农产品作为食品安全的源头，并未和生产环节和加工环节一起纳入《食品安全法》的修订草案中，而是仍按照2006年《中华人民共和国农产品质量安全法》（简称《农产品质量安全法》）执行，而两部法案在治理观念和手段上已存在较大的差距。另外，《食品安全法》与其他法律的协调有待改善。《食品安全法》的修订草案中新增的行政许可、行政处罚与现有的《中华人民共和国行政许可法》和《中华人民共和国行政处罚法》可能存在一定冲突，需要法律间进行协调。最后，配套的行政法规和地方性法规的立法进程相对滞后。例如，保健食品监管的相关配套法规至今没有出台，《食品安全法》授权省级人大常委会制定食品生产加工小作坊和食品摊贩的具体管理办法，有些省份也一直尚未制定。

2. 我国食品安全法律治理机制的开放性不够

系统论认为：每一个具体的系统都与其他系统处于相互联系和相互作用之中。任何系统只有开放，与外界保持信息、能量和物质交换，才能趋于有序，保持活力，否则系统不能得到发展。然而，首先，我国食品安全治理主体的开放性不足，食品行业协会发展滞后，公众参与缺乏有效的制度保障；其次，食品安全信息的开放性不足。消费者缺乏必要的食品安全信息，这就造成了食品生产经营者与消费者之间的信息不对称现象。另外，食品安全信息公布机制不完善。我国尚未建成统一的信息公布平台，且信息公布不够及时，内容不够全面，缺乏食品安全风险评估信息与风险警示信息。

3. 我国食品安全法律治理的动态性不足

系统论认为，任何系统都不是静止的，在系统内部各种因素及外部环境的各种因素作用下，系统处于不停的运动变化中。食品安全治理的动态性包含了思想、观念的更新，快速反应和灵活适应的制度创新。但我国食品监管部门的动态治理不足，在治理观念上，仍以传统的粗放治理和被动治理为主，同时习惯于事后处理，风险意识和预防措施不足。同时，对食品安全的源头治理不够重视，农兽药的源头污染问题严重，治理难度很大。

综上所述，我们需要根据系统论的要求，对现有的食品安全法律机制进行改革创新，完善我国的食品安全治理体系的整体性、开放性和动态性。总体来说，首先，我国应该扩大食品安全的管辖范围，尤其是增强对食用农产品的安全管理。其次应该提升《食品安全法》的法律地位，在实践过程中，与其他法律产生冲突时，以《食品安全法》的规定为主。最后，我国应加快建立食品安全法律体系的建设，早日形成一个统一的、整体的、开放的法律系统，为我国的食品安全治理提供法律层面的保障。

第二节　风 险 分 析

食品安全风险分析就是对食品中的风险因子进行评估，根据不同的风险等级采取相应的风险管理措施，以合理地规避和控制食品安全风险，并且在风险评估和风险管理的全过程中保证风险相关各方保持良好的风险交流状态。风险分析主要由风险评估、风险管理、风险交流三部分组成。风险分析方法的提出在世界各国掀起了一场食品安全管理的热潮。美国于1997年最早将风险分析的方法引入国内的食品安全管理，其先进的管理模式成功地帮助美国度过了20世纪末的食品安全危机。风险分析继而在欧盟、日本、澳大利亚等地得到了迅速的应用与推广。

风险分析的优越性在于它是一种贯穿食品生产加工各个环节的分析方法。通过对可能存在的危害进行预估和管理，大大降低了生产过程中的食品安全风险。该方法相较于传统的基于产品检测的事后管理体系，极大地提高了管理效率，降低了检测成本。需要特别指出的是，在风险分析中，评估者与管理者的职能被充分划分，从而使决策更加科学和客观。

一、食品安全风险评估

风险评估是以科学研究为基础，系统的评价食品对人体有负面影响的已知的或潜在的危害过程，在给定的风险暴露水平下去预测伤害的大小，这是保障食品相对安全的一种非常有效的措施。我国陈君石院士(2009)指出，风险评估是风险分析原则的科学核心，可以为食品安全监管措施的制定和食品安全重点工作的确定提供科学依据，也是风险交流信息的来源和依据。在食品安全风险评估的过程中，风险评估的职能和风险管理的职能互为独立，以保证评估结果的准确性和公正性。同时，风险评估者与管理者需要对管理效果进行充分的沟通交流以便及时调整管理措施。

(一)风险评估的基本步骤

风险评估主要包括危害识别、危害特征描述、暴露评估和风险特征描述4个基本步骤。CAC(Codex Alimentarius Commission)程序手册中规定了明确的程序：首先确定食物中危害因子的种类，并通过毒理学试验给出该种危害物所对应的毒理水平。随后结合该种危害物的暴露水平对人体可能的摄入量进行估计，从而最终定量评估出人体产生不良影响的严重性，为制定食品安全标准提供科学的依据。

危害识别是食品安全风险评估的首个步骤。由于食品在生产加工过程中可能存在的危害风险种类较多，包括物理、化学和生物危害。因此首先要通过科学的方法来判定不同危害因素出现的可能性、产生的条件及对人体造成不良后果的概率，从而确定具体的评估对象。危害识别研究中主要采取的试验方法包括动物试验、体外试验、流行病学研究、定量构效关系等。

在确定了危害后即可开始对危害的特征进行描述，来进一步说明危害性质与危害程度。危害特征描述的关键是建立“剂量-反应”关系，以给出不同危害因子对应的安全阈值。食品安全没有“零风险”，毒性取决于剂量。任何种类的有害物质当它的含量控制在安全阈值以内时，就不会对人体的健康造成危害。而对于无阈值的化合物，如致突变、遗传毒性致癌物等，则通常不能通过给出允许摄入量的方法来进行危害描述。因为即使在最低的摄入量时，仍然有致癌的风险存在。这种情况下采取的管理办法是直接禁止该种化合物的商业使用或是建立一个足够小的、被认为是可以忽略的、对健康影响甚微的或社会能够接受的风险水平。对于某些用作食品添加剂的化学物质，则通常不需要制定具体的ADI值。科学研究结果表明，为达到预期的作用而增加这种物质在食品中的用量时，膳食摄入的总量不会造成健康危害。

暴露评估即是针对不同膳食特点人群，对危害物可能的摄入量进行定性或定量评价。暴露评估要考虑膳食中特定危害因子的存在和浓度、消费模式、摄入含有特定危害因子的问题食品和含有高含量特定危害因子食品的可能性等。有毒有害物质的安全评估，其结论具有普遍性，可以直接参照国际标准而不必进行重复的研究。但对于暴露评估而言，由于不同国家不同地区的人群膳食习惯及饮食环境不同，对同种物质的摄入量可能存在较大的差异，因此不同国家应根据自身情况制定针对本国的食品安全标准。世界卫生组织推荐的膳食暴露评估方法主要包括总膳食调查、单一食物的选择性研究及双份饭研究。

风险特征描述是将前三个步骤的试验分析与综合评估结果进行整合，给出处于不同暴露模式下人类健康风险的估计值。为食品安全管理者、公众及其他组织提供科学、客观、全面的信息。例如，当暴露量超出安全限量时，政府应及时下调已有的限量标准，保障消费者的身体健康。该步骤应该包括所有的关键假设，并描述任何人类健康风险的特征、相关性和程度。如果所评价的危害物存在阈值，则通常用暴露量与ADI的比值进行风险描述。如果是无阈值的危害物，即可遵循公式：食品安全风险＝暴露评估×剂量效应评估来进行描述。最后，风险描述应对评估过程中科学数据缺失带来的不确定性、易感人群的相关信息及最大潜在暴露情况和/或特定的生理或基因等影响做出明确清晰的解释。

(二)风险评估的意义

当前我国的食品安全形势仍较为严峻，食品安全事故时有发生，食品生产者与消费者间存在信息不对称，公众对食品安全也有一定的质疑和恐慌情绪。风险评估作为科学决策和制定食品安全标准及采取防控对策的依据，对食品安全的管理与危害防控具有十分重要的意义。

1. 食品安全风险评估是食品安全监管的重要科学依据

由于食品工业的飞速发展，新的生产技术与加工手段不断被开发应用，新兴食品应接不暇，因此食品中的潜在危害也越来越复杂，不确定因素日益增多。在这种情况下，政府、企业和消费者都需要一个更加科学完善的管理体系来合理地评估风险，并将风险降低到一个可以接受的水平。食品安全风险评估是整个风险分析的基础和核心，其评估机构是独立于管理机构而单独运行的，主要由该领域的专家与相关人员组成，评估过程不受外来因素的影响。风险评估最终给出的风险评估报告是政府部门制定食品安全标准和风险管理措施的重要基础，也是风险交流信息的来源和根据。

2. 食品安全风险评估是建构食品安全预防模式的需要

现代社会已经逐步进入"风险社会"，但人类对风险的预防能力却远不足以规避科技进步潜藏的巨大风险。在传统的管理方法中，我们通过对终端产品质量的检验结果来进行管理，具有很强的滞后性，管理效率低下。同时，由于对可能存在的风险隐患了解不足，往往只能在食品安全事故发生后才建立起相关的防控措施，监管部门处境十分被动。另外，由于有害物质的风险程度依赖于其在食品中的含量与人体的摄入量，而不仅仅是简单的是否添加，因此，我们需要建立风险评估的制度来充分地评估风险，包括评估风险的种类、安全性、膳食摄入量等，这样就可以通过政府主动的控制措施来有效地预防危害的发生，降低企业的监管成本，保障消费者的健康权益。

3. 食品安全风险评估能够有效消除社会恐慌，促进社会的和谐稳定

食品安全风险评估的意义不仅仅在于可以合理地规避风险，预防食品安全事故的发生。同时在该过程中，通过政府与消费者的风险交流，可以帮助消费者树立正确的食品安全意识，对明确存在的危害、无法定论的危害及人体可接受的危害有一个确切的了解，增强公众对我国食品安全建设的信心。媒体在进行食品安全新闻报道时可能存在着恶意炒作，造成人民群众的恐慌。此时，政府相关部门如果能将有害物的危险评估结果通过一个权威平台予以发布，则可以澄清虚假流言，恢复公众对国家监管部门的信任。

（三）我国食品安全风险评估现状

我国在20世纪90年代就已开始了风险评估的研究，并于2009年颁布实施的《食品安全法》中正式将食品安全风险评估确立为一项法律制度。同年，组建了国家食品安全风险评估专家委员会并召开大会共同商议我国食品安全问题。2010年，国家食品安全风险评估中心正式挂牌成立，负责风险评估的基础性工作。经过了几年实践应用的摸索，在2015年新修订的《食品安全法》中，将风险评估的范围进一步扩大，对风险评估的实施情形做了更加具体的说明，并强调了风险交流在风险分析过程中的重要性。另外，为了进一步确保《食品安全法》中风险评估规定的有效落实，更好地应对突发风险，国家开展了多项优先风险评估和应急风险评估项目，包括中国居民膳食铝暴露风险评估、中国食

盐加碘和人群碘营养状况的风险评估、反式脂肪酸的风险评估及白酒塑化剂的风险评估，等等。食品安全风险评估研究日渐深入，其基本程序、技术方法和工作机制已趋成熟(李宁，2017)。

由于我国风险评估工作起步较晚，总体水平与发达国家仍有一定差距。比如，我国尚未建成多方参与的联合评估机制，基础数据信息不足，部门间的信息交流也不够流畅。国家在进一步加强风险评估能力建设的同时，应该对现有研究机构的资源进行整合，建立从中央到地方的全面评估网络。同时继续加强食源性危害评估新技术研究，探究核心技术在风险评估领域的实践应用。

二、食品安全风险管理

风险评估的主体主要由专家组成，而风险管理则主要是由立法机构运行的一种管理行为。政府部门在风险评估结果的基础上，征求食品企业、消费者、风险评估部门、管理部门等多方的意见，制定食品安全标准、监管制度及相关的法律法规。有效的风险管理可以控制风险，保障食品生产加工活动的顺利进行，维护消费者的健康权益及促进国际贸易的健康发展。

风险管理一般包括以下几个步骤。

(1) 风险意识：如果在各种活动中风险能够得到人们的充分认识，很多突发事件造成的后果是可以避免的。因此在组织或经济单位中管理者提高对风险的主动意识，将各种可能导致风险出现的因素管理起来，可以有效控制风险。提高风险意识，应该明确风险管理目标，使目标与组织或经济单位的整体利益相一致。

(2) 风险识别：风险识别是风险管理的基础，通过风险识别可以对可能出现的风险有初步的了解。风险识别是指通过分析大量资料信息并运用多种手段分析系统内部存在的风险因素及其起因后果，识别可能存在的风险及其造成的损失程度。风险识别的基础是风险因素分析。对风险因素按不同标准从不同角度分析可以把风险因素按不同性质进行分类。

(3) 风险评估：风险评估是在风险识别的基础上进行的。风险评估是指结合组织或经济单位的特性和目标，通过风险识别发现面临的风险，弄清存在的风险因素，确认风险的性质，并获得有关数据。风险评估主要是对这些资料、数据进行处理，对可能引起风险的因素进行定量计算、定性分析，得到有关损失发生概率及程度的有关信息，为选择风险控制方法提供决策依据。

(4) 风险控制：风险控制是指风险管理人员对组织或经济单位所面临的风险，在明确风险的性质和大小后，通过系统方法，根据风险的起因与后果采取适当措施把风险造成的后果控制在可预料或可承受的范围内。通常的处理方法有控制风险、消除风险、减少风险、共担风险、对冲风险等。风险控制是整个风险管理过程中的一个关键阶段。

(5)控制反馈：因为系统是在不断变化的，所以风险管理也必须要随着内外环境的变化而不断调整，需要定期对风险管理效果进行评价，并根据评价结果进行调整修改反馈到下一期风险管理中去，以不断提高和改进风险管理水平。因此风险控制反馈就是对前一阶段风险管理手段或方案的效益性和适用性进行分析、检查、评估和修正，以达到最佳风险管理效果。风险管理是一个不断循环的过程，其核心环节是风险识别、风险评估及风险控制。

风险管理的主体是政府，但同时需要消费者及食品产业链的相关企业共同合作来一同治理和维护。当前我国的风险管理还存在着检测信息沟通不流畅、检测机构归属混杂引起重复检测及地方政府检测设备落后等问题。风险管理体制仍然需要不断的改进与完善。首先，我国应尽快建立食品安全检验检测技术机构联盟，并进一步强化预警和监管体系。食品安全信息公开的滞后，会造成公众在媒体曝光后产生恐慌，政府部门的公信力下降。因此，建立一个科学、权威、公众信任的统一检测平台尤为重要。政府可以将通过认证的检测机构进行整合，建立检测技术机构联盟，由政府统一管理。这就避免了部门间的利益影响及信息交流的不及时。其次，应逐渐将风险管理落实为一项管理制度。定期开展食品安全监管整治工作，提高监管的针对性和有效性，做到事前监管。最后，应加强区县和乡镇检验机构的建设，切实改善基层执法监管部门的执法装备和检验检测技术条件，全面提高其食品综合检验能力，构筑农村食品快速检测工作的新格局。

三、食品安全风险交流

风险交流是食品安全管理的重要组成部分，研究学者和管理部门在对风险评估和风险管理进行广泛研究后，逐渐认识到风险交流在食品安全控制和事件处理过程中的必要性和重要性。食品安全风险交流顾名思义是由食品安全风险和食品安全交流两部分构成，食品安全风险是内容，食品安全交流是手段。WHO/FAO对风险交流的定义是：风险交流是在风险分析全过程中，风险评估人员、风险管理人员、消费者、企业、学术界和其他利益相关方就某项风险、风险所涉及的因素和风险认知相互交换信息和意见的过程，内容包括风险评估结果的解释和风险管理决策的依据(罗云波，2015)。

风险本就是一种客观的存在，而风险认知则是人们主观层面对风险的感知。科学家们是通过完整的风险评估过程来认知风险，而消费者则主要是依赖个人经历和感情因素。接受的风险信息经过主观加工后，有可能和客观风险本身存在巨大的差异，正如“盲人摸象”。风险交流就是去减小或弥合这一差异，以便于公众识别和规避风险，并促进公众对风险信息的科学理解。食品安全管理的目的则是控制和降低这些危害对人体健康产生不良影响的风险。这里说的降低和控制风险不是推脱责任和对公众的不负责，相反，这是一种基于科学、认真负责的态度。因为风险普遍存在，永远无法消除，这已成为各国政府管理者和科学家们公认的看法。

食品安全风险交流是实施风险管理的先决条件，是正确理解风险和规避风险的重要手段。有效的风险交流能够对全部的、有责任的风险管理程序的建成做出很大的贡献。通过有效的风险交流人们可以：

(1)提供公平的、准确的和恰当的信息，因此消费者能够在众多的选择中做出自己的选择，这样可以满足消费者自己的“风险可接受性”标准。

(2)提高风险认知程度以便识别和规避风险，促进公众对风险信息的科学理解；

(3)建立公众对适当风险评估、管理决策及所涉及的风险和利益疑虑的信心；

(4)有助于公众了解在食品中存在的风险特质和确保食品安全的标准；

(5)促进食品安全相关法律法规、政策措施的理解、贯彻实施及工作的有序开展；

(6)提高监管部门公信力和消费者的信心，促进食品产业和贸易的健康发展。

近年来，我国的食品安全风险交流工作取得了一些进展，但尚有不足之处。首先，风险交流模式较为单一，主要仍以政府发布信息为主，如食品安全讲座、科普展板、食品安全影像资料等，并没有形成政府、消费者、科研工作者、媒体和企业的多向信息交流，这样脉冲式的食品安全风险交流活动受众面有限，效果也不理想。其次，我国的风险交流工作还是以被动的危机处理为主，缺少主动的科普活动，这样的直接后果是给我国的食品安全大环境抹黑。另外，我国当前风险交流的内容与公众需求不一致，而且在交流过程中缺乏公众交流技巧，造成我国风险交流科普工作长期处于低效状态。基于此，我国食品安全风险交流在下述几个方面有待提高。

1. 风险交流开展前的调查研究

开展有效的风险交流工作的基础是全面、深入地了解公众的需求。调查研究的方式包括统计调查、焦点访谈、信息渠道偏好等。统计调查是运用科学的调查方法，有计划、有组织地搜集统计信息的过程，有助于我们大范围地了解消费者的基本特征和反应；焦点访谈的方法则是邀请参与者对特定问题表达自己的观点和看法，有助于深入了解消费者对某些食品安全现象的想法见解。此外，我们还要考虑到公众在接受食品安全风险信息时偏好的信息渠道，以便有效及时地将信息传递给公众。我国公众使用率较高的渠道分别为网络、电视、报纸杂志、家人朋友等，种类繁多。因此，在充分掌握了公众需求后选择合理的信息沟通渠道，才能减少公众的负面心理，更科学地指导食品安全的后续工作。

2. 风险交流方式的科学化

在风险交流内容确定以后，我们还应对风险交流的内容进行系统化和科学化的加工。食品安全风险交流作为与食品科学、新闻学、管理学、心理学相关的综合交叉学科，需要我们对其交流内容与表达方式进行综合全面的考量。例如，我们可以在了解消费者需求的基础上，结合消费者的认知维度和情绪维度去推断消费者的心理表征，进而对风险交流的内容进行优化。

3. 小规模的风险交流试验

在对风险交流的内容与方式进行优化后，我们可以先选择有代表性的小规模区域进行初步实验，根据实践经验对现有的交流模型进行有针对性的修改，避免盲目应用造成失败的风险。

在食品安全风险交流这个大课堂中，只有社会各界人士众志成城，因势利导，才能上好食品安全这门课，只有各自扮演好自己应该扮演的角色，互相沟通并交换信息，才能更灵活、高效地开展风险交流活动。

四、食品安全风险评估、风险管理与风险交流之间的关系

食品安全风险分析的框架在形成之初，风险评估、风险管理及风险交流这三个部分在内容和功能上相对独立，风险评估以科学为基础，风险管理从政策方面作为着眼点，风险交流则是将各类风险信息、意见等进行交换，使得风险管理措施更加完善。风险交流是实施风险管理的先决条件，是正确理解风险和规避风险的重要手段。而后，随着各国风险分析实践经验的不断丰富，风险交流理念不断进步。人们发现风险交流不仅只存在于风险评估与风险管理的某些特定环节，而是涵盖了两个部分的全部内容，在风险评估和风险管理的全过程中对促成信息的及时共享和流畅沟通起到了重要作用(图 3-1)。

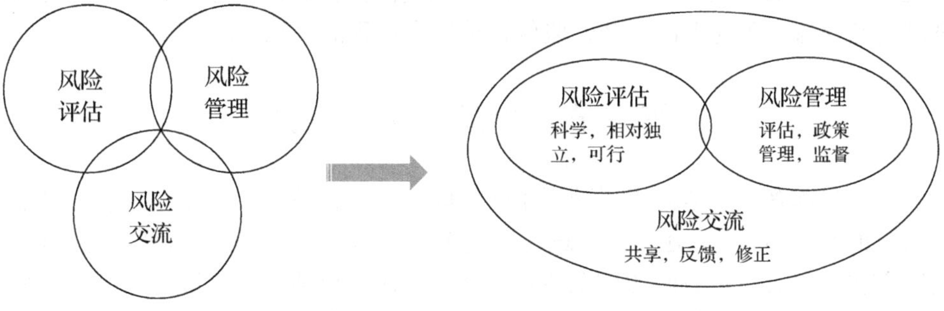

图 3-1 食品安全风险评估、风险管理与风险交流的关系

食品安全风险交流还肩负着化解消费者和政府、食品企业间信息不对称问题的重大任务，在政府的诚信建设及食品安全科学知识的科普教育中发挥了关键作用。食品安全风险交流所涉及的风险评估人员、风险管理人员、消费者、企业、学术界和其他利益相关方与食品安全工程化管理的主体是契合一致的，

因此良好的风险交流氛围更是可以促成我国食品安全管理加速向社会共治的新型模式转变。

五、食品安全信息交流

自我国开展食品安全风险评估工作以来，风险交流一直被作为重点工作不断推进。然而，由于“风险”这个词语本身带有一定的负面属性，与之相关的食品安全风险交流也易成为负面信息的载体，造成消费者的紧张与恐慌。谣言和误导性信息给社会带来的危害已经超过食品本身不安全因素产生的健康危害。因此陈君石院士提议，以一个全新的理念——“食品安全信息交流”来替换传统的“食品安全风险交流”，使公众能以一个更加科学理性的态度积极参与到食品安全的交流工作中，重塑消费者对食品供应的信心，并减少政府对交流的顾虑(陈君石，2017)。

“食品安全信息交流”的理念在2016年11月召开的“食品信息交流新策略研讨会”上得到了业内专家及企业、监管代表的一致认可。与会者同时对“食品安全风险交流”存在的局限性进行了讨论。众所周知，食品安全风险是建立在科学评估的基础上，这很大程度上决定了交流主体主要是科学家和政府，并往往由其向公众单向传播。实际上，单向传播并不利于建立各方之间的互信。食品信息交流就是要拓展交流内容，它应该围绕食品的各种维度和属性展开，包括政府为提升食品监管水平做出的努力和监管措施，以及食品行业在提升食品质量和安全方面的努力；除了提醒公众食品中可能存在的危害和风险外，也要传播食品能带来的健康益处；还要教育公众如何正确地处理和烹调食物，避免食源性疾病及不合理膳食带来的健康危害和疾病。食品信息交流更强调在平时积极主动地与公众开展对话交流，重视食品生产、监督、消费全过程的信息交流。

第三节　食品市场失灵论

我国当前食品安全问题屡禁不止的原因，除了食品生产企业过分地追名逐利及政府的监管不力外，还受到市场作用的多重影响。食品市场具有外部性的特点，同时存在消费者与企业间的信息不对称问题。因此单纯依靠市场的自身调节易出现市场失灵现象，这就使政府对食品安全的规制措施显得十分必要。但研究发现，地方政府的政策性负担形成规制俘获的同时也会出现政府失灵，导致监管懈怠无法得到解决。因此，构建一个政府、非政府组织、消费者、社会公众共同参与的多元治理模式是解决食品市场失灵问题的有效途径。

一、食品市场失灵现象

充分的市场竞争可以使市场进行最优的资源配置。食品企业在市场自我治理机制下，为了提高企业声誉会主动生产经营高质量的产品。而当竞争条件得不到满足时，则会出现市场失灵。造成我国食品市场失灵的主要原因是食品市场本身的特殊性，信息不对称，以及我国在转轨期间复杂的食品市场环境。市场失灵是食品安全问题存在的客观原因。

(一)外部性

食品市场的外部性特征是指，当某一经济主体行为给其他经济主体带来收益时自身无法得到回报，或给其他经济主体带来成本时，无须补偿，即社会成本与私人成本之间存在的某种偏离。外部成本为社会成本与私人成本的差值。当社会成本大于私人成本时，私人的经济行为给社会造成了额外的成本，存在负外部性(张彦楠等，2015)。其主要有两个方面的表现：第一，不合规企业的生产经营给合规企业及消费者所带来的负外部性影响。当食品企业无视自身社会责任，违规操作导致食品安全事故时，消费者对相关的整个食品行业会形成负面印象，减少交易行为，造成合规企业来共同背负市场损失。而非正规食品生产经营企业无须对正规食品生产经营企业实施弥补。例如，2008年三鹿奶粉公司违规添加三聚氰胺事件的曝光，导致了中国乃至整个亚洲乳制品生产企业的巨大损失。第二，合规企业的生产经营活动给不合规企业和消费者所带来的正外部性影响。由于消费者对优质产品的辨别能力不足，使一些假冒伪劣产品获得了很大的市场空间，不合格企业在未付出应有的生产成本下即获取了超额利润。

(二)信息不对称

个体间由于专业程度与获取信息途径的不同，存在着不同程度的信息不对称现象。食品市场是一个典型的信息不对称市场，这是由食品的经验品和信誉品特性决定的。食品兼具搜寻品、经验品和信誉品三种属性。消费者在购买前获知的主要是搜寻品特性，包括食品的大小、外形、颜色、品牌和产地等。但同时，食品的经验品特性与信誉品特性往往对市场中的食品安全水平产生更为重要的影响。消费者在购买后可了解到食品的味道、口感及部分食品安全信息，属于经验品特性。对于在购买前后均无法确认食品属性的即为信誉品特性范畴，主要包括食品的安全水平及营养水平。

食品企业相较于消费者拥有明显的信息优势，买卖双方信息不对称十分严重。这也给不良商家带来了投机取巧的违规空间。不合规企业通过人为添加有毒有害物质、超范围使用食品添加剂等，大大降低了生产成本，在占据了市场优势的同时获取高额利润。消费者察觉到食品风险往往是个长期过程，在食品市场外部性的作用下，可能会导致消费者的逆向选择，破坏市场固有的激励机制，造成食品市场失灵的结果。

(三)我国复杂的市场环境

当前我国处于由计划经济向市场经济转型的过渡期，市场环境较为复杂。一方面，我国的食品市场仍不规范。表现为食品生产企业规模小、数量大、空间分散。尤其是一些小作坊式的流动商贩，其数量庞大，但生产过程不标准，卫生状况不达标，经营秩序混乱，成为我国食品安全管理的一大难题。另一方面，我国有着较长时间计划经济的市场背景，政府部门在进行资源调配时往往不能完全遵照市场的自然规律，广泛干预经济，政企不分，官商不分。虽然经历了多年的体制改革，但地区封锁、行业垄断、行政壁垒等行政垄断现象仍很严重。当食品企业原本的市场经济利益被政策要求所打压时，出于盲目的利益追求，企业便可能做出掺假行为，造成食品安全隐患。因此，我国转轨时期复杂的市场环境使市场机制还未完全发挥作用，使我国的食品安全更难得到保障(陈彦丽，2012)。

二、政府实施食品安全规制的必要性

通过企业社会责任的履行所实施的市场自我治理以内生性和自发性为特征，可谓是企业的一种自主行为。由于食品生产经营企业自身所具有的“经济人”性质，使得企业自身的生产经营活动有着明显的外部性和负内部性，故而导致了市场失灵的出现，也就是说在食品安全领域市场无法实现有效的自我治理，最终使得政府食品安全规制的实施显得十分必要。可见，政府食品安全规制的原因即是食品生产经营企业社会责任的缺失。

尽管有些学者认为市场失灵问题的解决并不一定需要实施政府规制，如英国学者亨利西格维克曾经说过:“并不是在任何时候政府的干预都能够弥补自由放任的不足，因为，在某些特别的情况下，政府干涉所带来的不可避免的弊端也许比私人企业的缺陷显得更为糟糕。”不过，通常都认为，市场失灵便是政府实施规制的原因。况且，食品安全具有公共性的属性特征，也使得政府食品安全规制的实施显得尤为必要。对非正规的食品生产经营企业实施规制，约束其行为也是政府职能之一。而且，政府组织也具有其他组织所难以企及的规制优势。与其他组织相比较而言，政府具有两个显著特征：其一，政府具有成员的普遍同质性，也就是说，政府对于全体社会成员来说是一个具有普遍性的组织；其二，政府有着其他经济组织所没有的强制力，即强制性权力。正是因为政府具有成员的普遍同质性和强制性权力两个特征，政府自身便具有矫正市场失灵的能力和优势。美国经济学界约瑟夫·斯蒂格利茨将政府矫正市场失灵的特殊优势归结为如下几个方面。

其一，在于政府的征税权。通过法定的税率所征收的税款可以在多个方面缓解市场失灵。例如，政府可以利用税收来直接生产或者采购社会所必需的公共物品；政府可以运用税收和转移支付等再分配手段来建立基本的社会保障制度并缓解过大的收入分配差距；政府还可以通过征税来减少负外部性效应，如对企业征收排污税来促使企业采取环保措施或者减少污染严重的产品的生产等。正因为如此，政治学中将以征税为核心的财政汲取能力看作是衡量政府行动和治理能力的一个重要指标。

其二，在于政府的禁止力。政府对某些经济行为具有禁止力。只有政府才能禁止某些企业涉足某些商业领域，通常情况下，企业没有这种权利，除非一个企业得到了政府的特殊许可权。

其三，在于政府的惩罚能力。在市场交易合同种类的界定方面，尤其是在不遵守合同约定的企业行为所应做出的惩罚方面，现行的法律制度给出了种种限制。当出现违约现象的时候，参与交易的经济主体会由于有限责任的原因只是承担部分损失。然而，政府与市场交易主体所签署的合约要更具约束力，惩罚力度更大。比如，食品生产经营企业出现了制造假冒伪劣产品的现象，政府便可对其实施严厉的惩罚。

其四，在于政府能够带来交易成本的节约。当面临市场失灵的时候，在交易成本方面政府占据一定的优势，如节约组织成本、避免产生“搭便车”行为，政府还可以通过各种渠道实现公共信息的提供，最终便可实现由于信息不完备所带来的交易成本的节约。

综上，政府可通过所拥有的控制权实施食品安全规制，实现食品安全水平的提升，满足公众对食品安全的需求。

三、市场失灵下的政府规制

在市场的自发调节机制失效时，政府规制即成为维护市场秩序的一种重要手段。其主要通过政府部门对食品企业及相关经济体在食品市场中的参与程度、价格、投资情况的监督与管理来实现。具体措施包括完善食品标注、监督食品安全标准的落实情况、及时曝光不合格产品，等等。它在一定程度上弥补了市场配置资源的缺陷。

(一)针对食品市场信息不对称的规制措施

信息不对称是产生食品安全风险的一个重要条件，其带来的机会主义往往使食品企业为了利润抛弃了基本的道德约束和社会责任。因此，政府应采取合理的规制措施来减少食品不安全问题。主要包括加强食品源头控制和健全食品信息披露制度。

1. 加强食品源头控制

解决食品市场的信息不对称问题首先要加强食品源头控制，实行市场准入制度。其中包括实行食品生产许可、建立食品生产企业的安全审查制度及制定完善的食品质量标准体系。食品生产企业在成立前应先接受关于生产条件、工艺流程、质量管理、管理人员等多方面的全面检查。只有通过标准审核的企业才予以生产批准。另外，在企业的日常生产中，还要对出厂前的产品实行强制检验检疫制度，不合格的产品将无法进入市场。最后，需要企业从根本上建立起完善的食品质量管理体系，从防御性角度以较少的关键点质量信息指标来显示产品的全面质量。当前在国际上得到公认的质量管理体系即为 HACCP 体系。

2. 健全食品信息披露制度

食品市场上的信息不对称局面，源于消费者与生产者获取食品安全信息途径的较大差异。因此政府需要搭建更多的官方渠道和平台来满足消费者对信息的准确、及时获取。对此，政府可以从法律层面上要求生产经营者提供必需的食品信息，如食品的生产日期、保质期、食品配料、生产厂家、批次质检报告等。这样消费者在进行选择时便可以全面考量，做出更为合理的决定。另外，政府对纷繁复杂的市场信息应该进行收集汇总，分析整理，建立畅通的信息检测和通报网络体系及统一、科学的食品安全信息评估和预警指标体系。这样，许多被食品企业掩盖的安全问题便有一个权威渠道向消费者展示，做到早发现、早预防、早整治、早解决，消费者也可在出现安全问题的第一时间调整购买策略。

(二)针对食品市场负外部性的规制措施

食品市场的负外部性致使合法生产企业需要与违规企业共同背负食品安全问题带来的市场损失。这不仅影响了广大消费者的健康权益，同时也影响了市场的高效资源分配与社会福利。因此，需要政府措施对商家的生产经营活动进行约束。加大惩罚力度，提高违法成本，使一些商家不再敢为了追求利润铤而走险。

首先，政府可以通过加大对不法行为的惩戒力度来提高违法行为的犯罪成本。这样就把原本的负外部成本转换成了不法厂商的内部成本。其次，实行食品召回制度。对存在安全隐患的食品及时予以公开并从市场和消费者手中收回，避免流入市场的有害食品产生进一步的恶劣影响。消费者的潜在损失便可再次转换为企业的生产成本。再次，当危害已经发生时，应确保消费者可以通过向企业进行索赔，或采取司法、行政手段迫使欺诈消费者的企业进行赔偿。利用赔偿机制加大厂商的犯罪成本。最后，在食品安全纠纷的民事诉讼中，应建立基于辩方举证的集体诉讼制度，避免消费者因举证困难、诉讼成本高而放弃对违法企业的追究，切实维护消费者的健康权益。

（三）针对食品市场消费者决策的规制措施

有效降低食品市场失灵的负面影响还需要政府对消费者进行合理的引导。大力开展食品法制宣传和安全教育。利用网络、电视、广播等媒体对常见的食品安全问题进行讲解，曝光不合格产品。逐渐培养起消费者关于食品安全的科学认知，增强消费者自我保护意识，树立正确的消费观念，提高消费者自身素质，最终做出正确的消费决策。

第四节　其他食品安全管理工程相关理论

一、信用管理

诚信是社会主义价值观的重要内容，是社会主义市场经济的基础，是确保食品安全有效性的重要因素。食品安全问题说到底是诚信问题，食品安全诚信体系作为社会诚信体系中最重要的组成部分，是一项政府推动下全社会共同参与的系统工程。恪守食品安全诚信不仅仅是食品生产经营者的责任，而且还是政府、媒体、行业协会、消费者、第三方组织等机构和群体共同的责任。构建食品安全诚信体系要推行食品从业人员准入和食品信用等级认证，加大食品诚信大环境建设，改革完善食品安全国家标准体系和食品安全信息统一发布机制，建立全民参与的无缝监管机制，加大对食品安全失信行为刑罚处罚，从而达到从根本上解决食品安全问题的目的。反观近年来我国的食品安全问题可以发现，诚信问题已遍及食品行业及相关的各个方面。虽然我国的诚信体系建设工作已有了一定的工作基础，但距一个全面、完善的信用管理制度仍有一定的距离，对食品安全管理工作的推动作用尚不明显。

在 2015 年 4 月新修订的《食品安全法》中，对食品行业诚信体系建设做了相应规定，为加强食品安全信用管理提供了法律依据。加强信用管理已经成为全社会广泛共识。尽管如此，我国的食品安全形势依然严峻，诚信体系建设仍有较大的进步空间。其中政府诚信缺失主要表现在食品安全信息发布失灵及监管不作为等方面。媒体诚信缺失表现在宣传虚假食品广告，对食品安全事件不客观报道及故意制造虚假新闻等情形。第三方组织诚信缺失表现为交易平台组织者对食品经营者的真实情况及食品安全等情况审查不严，食品利益相关机构出具虚假报告、进行虚假评比等行为。

食品安全诚信体系的建设需要社会全员的共同参与，包括食品生产经营者、政府、媒体、行业协会、消费者及第三方组织等机构和群体。首先食品企业直接参与到了食品生产、加工、运输及销售的全过程中，是食品安全诚信的直接责任主体。政府的主要职能为标准制定、安全监管及信息发布等，是食品安全诚信的主导者和推动者。媒体则是食品安全的有效监督主体，在保证自身诚信的基础上，可以对具有正面效应的食品安全诚信典型进行宣传。行业协会作为食品行业的自律性组织，是食品生产经营者与政府沟通的桥梁和纽带，是推动食品安全诚信的重要组织力量。而消费者作为食品安全的最终承担者，需要对违法行为进行积极的举报反馈。第三方组织既包括食品网购平台、食品展销活动组织者等提供交易平台的组织，又包括食品认证、食品检测、食品企业信用评价和食品广告等食品行业利益相关者，负有保障食品安全、诚信经营服务的责任。

食品安全诚信建设是一项复杂的大工程。首先应推行食品从业人员准入机制，所有食品从业者均需接受统一的上岗培训并考试通过后才具有从业资格，同时也要强化食品生产经营者的主体责任和食品行业协会的引领责任。树立诚信经营理念，达到经营上的诚信自觉。我国的食品安全标准也需要进一步完善，包括对一些网络食品及地方特色食品的标准制定。其次，国家应该充分利用新媒体的良好宣传效果在全国范围内搭建统一的食品安全信息发布和信息共享平台，建立食品安全信息统一查询系统。让消费者可以第一时间了解相关的安全信息，实现全民监管。最后，应建立食品安全监管无缝对接机制，确保不同部门间的信息反馈与协作机制，加强不同地区食品监管的协调联动(张莉，2010)。

二、社会共治

改革开放以来，我国的食品安全监管模式不断发生着变化，并逐渐由政府监管为主导的模式向社会共治的模式转变。2015 年 4 月，新修订的《食品安全法》首次明确了食品安全工作实行社会共治，强调应当充分发挥消费者、新闻媒体、消费者协会、食品行业协会等社会公众在食品安全社会共治中的作用，即多元主体共同参与的治理理念。通过系统论和博弈论的思想我们可以看出，食品安全是一个涉及多个利益方的系统工程，其中一方的行为策略会对整个食品安全局面造成影响。因此，单一的政府管理而忽视公众的参与，会造成管理效率低下，市场漏洞百出。对我国当前食品安全治理的研究分析，也一定要从社会共治的大方向出发，全面分析，综合讨论。

食品安全社会共治体系是一项系统复杂的工程，是参与食品安全治理的主体、行为、责任及制度等要素的有机结合。一个科学合理的食品安全社会共治体系主要由主体体系、行为体系、责任体系及制度体系构成的(李洪峰，2016)。一个科学的食品安全社会共治体系，必须回应实践中的四个问题：一是如何进一步培育社会监管主体，尤其是发挥第三方检测、监测及行业协会的作用，以减轻政府监管日益增长的压力。二是如何实现政府监管行为、方式的转变，正确处理政府、社会、市场之间的关系，以适应食品安全社会共治的需要。三是如何明确食品安全社会共治主体各自的法律责任，以实现权责利的统一。四是如何进一步完善食品安全社会共治的制度，让食品安全社会共治规范化、制度化发展。食品安全社会共治体系主要由以下四个方面组成。

(一)食品安全社会共治的主体体系

食品安全社会共治的主体主要涉及政府及其食品安全监管部门、生产经营者、第三方认证和检测机构、消费者、媒体、行业协会及专家七个方面。其中，政府作为消费者与食品企业间的重要纽带，依然是食品安全社会共治的主导者，规范引导鼓励其他主体参与社会共治。生产经营者作为整个食品链条最直接的参与人，同样也是第一责任人。消费者是保障食品安全的关键力量，通过对违法行为的投诉举报，加强了政府的监管效果，促进市场正向机制的形成。行业协会是独立于政府的一种社会中介组织，对本行业企业之间的经营行为起着协调作用，对本行业的产品和服务、经营手段等发挥监督作用。媒体发挥重要的舆论监管作用，而专家与科研机构则是国家食品安全技术能力的重要支撑。

(二)食品安全社会共治的政府行为体系

在社会共治的新型管理理念下，政府行为除了传统的行政立法、行政审批、行政执法等，至少还应包括：一是行政委托、授权。传统监管模式中，政府的压力巨大，监管力量不足，常常疲于应付，捉襟见肘，也常常决策错位和越位，习惯于包办本该由企业承担的责任，因此，政府为了减轻监管压力，提高监管效率，完全可以通过行政委托购买服务的方式，或者授权其他社会主体承担一定的监管职能。二是行政指导。充分发挥食品监管的职能作用，利用掌握的信息，通过行政指导行为，采用提示、引导等方式，主动服务于经营者及消费者，帮助经营者有序进入或退出市场，引导消费者形成科学合理的消费习惯与消费行为。在日常市场监督管理工作中，通过教育、沟通、建议、提示、规劝等行政指导方式，规劝经营者依法经营，指导其建立健全相关管理制度、规范经营行为。三是行政奖励、补贴。食品安全治理问题具有一定的“负外部性”，政府有必要通过行政奖励、补贴行为，规范引导其他社会主体尤其是消费者及经营者参与到食品安全社会共治的体系中来。

(三)食品安全社会共治的责任体系

在了解了社会共治模式下的主要参与主体后，还应明确不同主体所承担的责任。政府是食品安全管理的主导者，食品企业则是法律明确规定的第一责任人。企业要以诚信为本，从生产环节、员工教育、内部制度等多方面入手，确保食品质量安全，承担食品安全的第一责任。另外，明确其他社会共治主体定位。其他社会主体的地位与责任，是依法参与食品安全社会共治，享有权利并承担相应的主体责任。尽管我国食品安全法对食品安全共治主体的责任做出了总体规定，但缺乏明确具体的责任，只有对社会共治主体的法律责任做出制度上科学的明确的设计，才有可能实现食品安全的社会共治。

(四)食品安全社会共治的制度体系

制度体系是食品安全社会共治机制的法治化、规范化。明确的职责划分后，还需要完善的制度措施保证各个主体履行相应的责任。除了政府良好的有效的监管机制外，整个社会共治体系必须建立政府、社会与市场的协同治理机制，具体包括良好的食品经营诚信机制、生产经营者的自我控制机制、公众参与机制、社会监督机制、食品安全信息交流机制。因此，一个完善的食品安全社会共治制度体系至少包含以下八项制度：食品行业诚信与信用制度、食品企业质量安全控制制度、媒体监管法律责任、食品安全公众参与制度、食品企业黑名单制度、食品安全举报奖励制度、食品召回制度、食品信息公开制度。

三、食品安全伦理

伦理是维持正常社会秩序的标尺，在生命伦理方面，食品安全体现出的是对生命的呵护和尊重。食品安全的伦理内涵包括以下两个方面的内容：一是人的生命权利，这是从数量角度的理解。即要提供足够多的食品来满足公众的需求，满足生活的基本需要，吃穿的问题必须得到解决，这也是人的需求中最基本的。二是人们对食物营养价值的需求，这是从质量的角度来理解。要求食品对人的身体不造成任何伤害，并具有一定的营养价值，人们能通过食用获取营养，这是较高层次的需求。

目前，法律和行政手段是解决我国食品安全问题的两种手段，但是仅仅通过这两种手段是不能达到完全解决食品安全问题的目的的，毕竟法律对人们的约束是有限的，要想使人们从内心真正做到对问题食品的抵制，还是要通过社会伦理机制对人们的行为进行约束。法律是外在的他律，道德是内在的自律。要维护食品安全，仅从法律法规层面上强调是不够的，对企业产品的安全性更应该从道德上进行规范。为了更好地维护食品安全，企业、政府、消费者都要尽到自己的责任。为使食品安全问题能得到更好的解决，从伦理的角度进行研究是十分必要的，食品企业在市场经济条件下，生产优质食品是其生存的基础，企业盈利的方式有很多种，但是保证食品的质量是企业盈利的前提。而现在，获得最大利润还是大部分企业的目标，这种社会不良现象是必须要扭转的，要从本质上解决食品安全问题，就要构建企业伦理，使目前企业伦理缺失的严重问题得到填补。

解决我国食品安全问题的伦理路径，首先应该加强食品生产企业的道德建设。企业是食品的制造者，在食品安全中起到关键性的作用。如果企业不生产有问题的食品，那食品安全问题就不会发生。要想解决食品安全问题，首先，必须加强企业的道德建设，从源头上杜绝问题食品的产生，这是解决食品安全问题的重中之重。其中包括，增强企业的责任意识、加强对企业员工和领导者的道德教育及发展企业文化。其次，要加强政府对食品安全的责任制及问责制。国民经济的重要支柱产业之一就是食品，人民群众的身体健康和生命安全与食品安全直接相关。食品安全问题不仅严重危害公共健康，也直接影响社会的和谐与稳定。针对我国食品安全监管总体水平不高的现状，作为食品安全监管主体的政府一定要加强对食品安全的监管，完善监督机制，切实保障食品安全。再次，要加强消费者对食品安全的认识与监督。食品安全与每一个人都息息相关，尤其对消费者影响巨大，消费者是保障食品安全的出发点和落脚点，是食品安全事件的重要参与者。面对食品安全问题，消费者要从自身做起，了解食品安全的相关知识，主动参与到食品安全的监督中来，维护自己的合法权益。最后，要加强对食品安全的媒体监督和道德引导。许多关于食品安全的信息消费者都是通过媒体获得，它也是消费者知情权的重要保障。媒体应引导消费者树立正确的食品安全观，并起到监督威慑的作用。对问题要有多角度、全方位的分析，才能为解决问题提供更好的方案。

本章小结

本章主要对近年来国际上新型的食品安全管理理念进行了总结与归纳。重点阐述了“系统论”、“风险分析”、“市场失灵论”及“社会共治”的现代管理理念，对本书提出的工程化管理理念的产生背景及重要意义进行了充分说明，为读者展现了未来食品安全管理的发展趋势。食品安全具有阶段性的特点，随着未来食品安全形势的不断变化，食品安全管理理念仍需进一步地完善与创新，为国家的食品安全建设提供切实有效的理论保障。

参考文献

陈君石. 2009. 风险评估在食品安全监管中的作用. 农业质量标准, (3): 4-8.

陈君石. 2017-01-03. 以政府部门为主导　建立食品信息交流机制. 中国医药报(食品安全版), 002.

陈彦丽. 2012. 市场失灵, 监管懈怠与多元治理——论中国食品安全问题. 哈尔滨商业大学学报(社会科学版), (3): 59-64.

何继善, 陈晓红, 洪开荣. 2005. 论工程管理. 中国工程科学, 7(10): 5-10.

李宁. 2017. 我国食品安全风险评估制度实施及应用. 食品科学技术学报, 35(1): 1-5.

刘宏. 2005. PDCA 循环推进持续的质量改进. 电子质量, (7): 41-42.

罗云波. 2015. 食品质量安全风险交流与社会共治格局构建路径分析. 农产品质量与安全, (4): 3-7.
熊继宁. 1986. 法学理论的危机与方法的变革. 社会科学, (12): 26-28.
张莉. 2010. 加强诚信建设落实食品安全. 食品工业科技, 6: 003.
张彦楠, 司林波, 孟卫东. 2015. 基于博弈论的我国食品安全监管体制探究. 统计与决策, (20): 61-63.
A. V. 菲根堡姆. 1991. 全面质量管理. 杨文士译. 北京: 机械工业出版社.

第四章　食品安全管理工程“赋能催化博弈论”

改革开放以来，在政府职能转变的大背景下，国家的食品安全监管模式经历了数次调整。对政府职能的重新认识和定位有助于理顺政府、市场和社会的关系。2015 年 4 月，新修订的《食品安全法》首次提出了食品安全社会共治的概念，强调应当充分发挥生产者、消费者、新闻媒体、行业协会、其他社会团体与个人在食品安全社会共治中的作用，即多元主体共同参与的治理理念。

由于食品安全治理涉及众多的利益相关团体，因此，实现社会共治的前提条件之一，即是利益相关方通过充分的博弈达成动态平衡。然而，在食品安全管理实践中发现，由于各相关方认知水平和所能获取的社会资源的差异，这个博弈过程通常是漫长的，不平衡、不合理的博弈常常效率低下且成本高昂，严重影响社会共治治理理念的落地实施。

本章提出了全新的“赋能催化博弈论”理论，并运用该理论分析了食品安全管理相关问题，探讨通过“赋能”来“催化”管理者(政府及食品安全监管部门)和各参与方(食品生产企业、消费者、新闻媒体、消费者协会和其他消费者组织、食品行业协会、食品检验机构和认证机构及专家学者等)之间的“博弈”行为、提高“博弈”效率，旨在为日后逐步完善食品安全工程管理理论提供支撑。

第一节　“赋能催化博弈论”的概念和内涵

一、赋能

“赋能”一词由“empowerment”翻译而来，其中“power”是指动力或能量，而“empower”意味着注入动力，赋予能量。赋能理念于 20 世纪 80 年代提出，属于积极心理学中的一个名词，旨在通过言行、态度、环境的改变给予他人正向的暗示，可以应用于管理学、社会工作和教育领域。

食品安全管理工程体系里的“赋能”，强调的是一种管理者和各参与方尽快达成共识的途径，其目的在于以科学、理性、高效的方式实现社会共治，是当代食品安全管理的重要途径。对“赋能”的理解可以由组织内的管理行为逐渐转向心理层面的动机状态，因此食品安全管理工程体系里的“赋能”包括两个层面的内涵：其一，“赋能”是一种组织层面的行为，通过体系构筑、知识传播、能力扶持、教育培训、风险交流等形式传播科学与技术，赋予食品安全管理系统工程里各参与方以保障食品安全的知识、技能、机会、资源、能力；其二，“赋能”是一种心理层面的感受，使各参与方从心理上达到“赋能”，即被赋能者感知到被赋予了能量、控制力和影响力，积极发挥主观能动性和创造性，充分承担起保障食品安全的责任，最大限度地参与到社会共治之中。

二、催化

“催化”一词来自化学领域，是指一种改变化学反应速率而不影响化学平衡的作用，通过催化剂的作用，实现加速反应进程、降低能量消耗的目的。

食品安全管理工程体系里的“催化”强调的是加速对关键节点、关键矛盾的客观认识和选择的过程，加速多方博弈并达成意见共识的过程，加速食品安全管理日趋完善的过程，以期达到“四两拨千斤”的效果。“小政府、大社会”一直是改革的理想，“催化”就是加速核心工作推进，加速重点工作完成，实现最低限度、最高效率的支持、引导与干预的“小政府”作用的途径。

三、博弈论

博弈论，又被称为对策论，是现代数学的一个新分支，同时也是运筹学的一个重要学科，主要研究行为主体相互作用及均衡状态。改变了传统分析方法中的个人孤立策略，更侧重多个利益主体行为所产生的相互作用和影响，目前在证券学、生物学、经济学、金融学、计算机科学、政治学、国际关系、军事战略等其他很多学科都得到广泛应用。

食品安全管理工程体系里的“博弈论”，强调的是博弈各方的行为互动。其中，“赋能”理论里的管理者(政府及食品安全监管部门)和各参与方(食品生产企业、消费者、新闻媒体、消费者协会和其他消费者组织、食品行业协会、食品检验机构和认证机构及专家学者等)构成了“博弈主体”。

四、赋能催化博弈论

“赋能催化博弈论”建立在上述食品安全管理工程体系里“赋能”、“催化”和“博弈论”三个概念的基础上，笔者根据食品安全管理的发展规律提出了“赋能催化博弈论”并与食品安全管理的发展规律相契合，其中“赋能”被视为是激活各博弈方潜能的关键，并在赋能的“催化”作用下博弈各方加速达成共识的进程，并通过“博弈”逐步达到一种食品安全管理工程体系渐趋完善的状态。因此，“赋能催化博弈论”有“三板斧”：一是制定战略方向，确定监管模式；二是建立与战略适应的组织体系，建立监管系统；三是激发人的潜力，提升执行力与参与度。该理论中“赋能”、“催化”和“博弈”三者的关系可以概括为“赋能”为“催化”和“博弈”奠定基础，“催化”为“赋能”提供支点，“催化”为“博弈”插上翅膀，“博弈”的结果符合“赋能”的导向，“博弈”的动态过程会“催化”共识、达到和谐。

从政府及食品安全监管部门、食品生产企业和消费者这三个博弈主体来进行简要的分析：政府的监管不力为不法行为留出了空间；食品企业在信息不对称现象带来的机会主义下主动进行违法生产活动是食品安全问题的根源；而消费者的不及时监督举报或进行不实举报也给政府监管和生产企业带来了困扰。可见，任意博弈方的行为失措都会对其他方造成巨大的影响。但是，通过充分的“赋能”，在科学引领和理性认知下实现更为平衡的信息对称，这些失措行为将会得到纠正，整个食品安全管理工程体系也将得以完善。因此，形成以“赋能”来“催化”“博弈”的格局，将会成为一条加速形成各博弈方良性互动、加速完善食品安全管理体系的新途径。

第二节　“赋能催化博弈论”的实践策略

“赋能催化博弈论”的实践策略分为赋能策略、催化环节和博弈主体三个方面，将各种赋能策略在各博弈主体上有针对性地贯彻落实，就会催化食品安全管理体系各关键环节日趋完善的进程。

一、赋能策略

赋能不是一个动作，而是一种体系，其基础是共享意识，关键点则是找到赋能的平衡点。在这个过程中，赋能者和被赋能者都学会了在他们的目标和如何实现他们的目标之间建立更紧密的联系，并掌握了他们的努力和实际结果之间的关系。从组织层面来看，赋能策略主要包括体系构筑、知识传播、能力扶持、教育培训、风险交流等。

1. 体系构筑式赋能

随着食品产业分工的日益细化，食品交易范围的不断扩大，加之科学技术在食品生产工艺中的运用，食品安全日益成为专业技术性很强的领域，而且变化迅速，需要一种专业的、持续的监管。在目前法律体系不完备的情况下，为实现法律对扰乱市场的行为的遏制作用和对市场失灵的矫正作用，政府及有关监管机构的首要任务就是根据法律制定相应的规范、实施细则、标准，赋予食品安全管理体系以可操作性。通过科学管理为监管者自身“赋能”，帮助管理者从纷繁复杂中总结完善监管模式、构筑相应的管理体系，实现从农田到餐桌每个环节的精细化控制。

2. 知识传播式赋能

《食品安全法》规定：“各级人民政府应当加强食品安全的宣传教育，普及食品安全知识”，这赋予了政府部门在食品安全知识普及方面的职能。与此同时，还规定“鼓励社会组织、基层群众性自治组织、食品生产经营者开展食品安全法律、法规以及食品安全标准和知识的普及工作，倡导健康的饮食方式，增强消费者食品安全意识和自我保护能力”，这是对各社会主体和经济主体的引导，将食品安全知识“赋能”到消费者，并激发消费者在食品安全管理中的理性参与，实现全面监管。

3. 能力扶持式赋能

政府及各食品安全监管部门依据企业守法和诚信状况实施企业分类监管，依法调整执法检查和监管重点，对诚信企业给予重点“赋能”。只有诚信体系建设中的各项措施特别是奖惩措施落到实处，才能切实制约食品安全失信行为。在政府采购、招投标管理、项目核准、技术改造、品牌培育、行政审批、科技立项、融资授信、社会宣传等环节参考使用企业诚信相关信息及评价结果，对诚信企业给予重点扶持，鼓励社会资源向诚信企业倾斜，这种能力扶持式“赋能”有助于“催化”良性的“博弈”环境。

4. 教育培训式赋能

通过教育培训对食品安全管理人员、专业技术人员和从业人员进行“赋能”，内容应涉及食品安全法律、条例及配套法规，各类从业人员食品安全管理规范，各类企业食品安全生产经营规范，食品生产经营领域、食品流通领域中食品安全管理的科学与技术，以及应对处理突发性食品安全事故的方式与方法等。教育培训是提高相应博弈主体食品安全知识水平和管理能力的最直接的方式。

5. 风险交流式赋能

根据“风险管理为基础、集中监管综合协调为核心”(一基础一核心)的食品安全管理策略(罗云波和吴广枫，2008；罗云波等，2011)，其中风险管理的一个重要环节就是风险交流。它是现代政府履行食品安全监管责任的重要手段，体现了食品安全监管从末端控制向风险控制、由经验主导向科学主导的转变。社会共治只有在风险交流达成共识之后才能彰显其强大的正向能量，如果各行其道、彼此消耗，并不能把风险的消极影响降到最低，并不能最有效地积极防范风险。可见，有效的、形成共识的风险交流是食品安全社会共治的重要基础，如果政府相关部门受限于固有的“维稳”思维定式，将会阻断风险交流预防、预警和教育功能的实现。因此，保证信息透明公开、加强风险交流、把有效的科学信息“赋能”给公众，可以充分地维护消费者的权益和食品市场的良性运转。

要想实现“精准赋能、定点催化”，并不局限于上述几种赋能策略，但凡根据博弈主体的特点赋予其知识、技能、机会、资源、能力和力量的方式都可纳入其中。

二、催化环节

催化环节集中于赋能关键点上，主要涉及催化战略方向与监管模式的制定、催化组织体系与监管系统的构建及催化各博弈主体潜力的激发。

1. 催化战略方向与监管模式的制定

短短 20 年来，中国的食品监管体制经历了五次重大变革，经历了从“垂直分段”向“属地整合”的转变，这种变革在“博弈”中的存在是合理的，也是顺应历史发展规律的。这种制定决策时的稳健、实施决策时的利落，以及坚持不懈地完善战略方向与监管模式的决心，都体现了经“赋能”后的“催化”作用。

2. 催化组织体系与监管系统的构建

在制定了战略方向与监管模式以后，需要构建与战略适应的组织体系与监管系统。2015 年 10 月 1 日新的《食品安全法》实施后，经过对食品安全法规和标准的梳理，中国食品安全管理体系已经取得长足发展。然而，在解决食品安全具体问题和食品工业健康发展方面还是存在一些问题，这是个不断完善的过程，也是在赋能后“催化”的重点环节。

3. 催化各博弈主体潜力的激发

食品安全管理是系统工程，不是一招两式就能完成的，必须多方发力、多措并举才能实现，也就是必须依赖社会共治。在政府进行大刀阔斧的行政体制改革的背景下，简政放权可以理解为“小政府，大社会”在食品安全领域的具体实施，而社会共治则体现了培育社会主体活力的决心。然而，食品安全的社会共治也需要一定科学素养的支撑，通过“赋能”使得各大主体更积极、更友善地发挥主观能动性，“催化”大家形成共同参与管理、面对风险、迎接挑战、解决问题的局面，形成同心携手、全民参与、人人有责的强大合力。

三、博弈主体

自 2009 年起，尤其是 2013 年以来，各界对食品安全社会共治的必要性、重要性逐渐形成共识。所谓社会共治，就是各利益相关方的协同合作，大家的任务、责任要分清，食品安全治理不再是政府某个部门大包大揽。也有学者开始探讨食品安全社会共治体系中的各大主体，进而出现了“三主体”、“五主体”和“七主体”之分，这也构成了“赋能催化博弈论”中不同范围的博弈各方，其中“三主体”主要是指食品监管部门、食品生产企业及消费者(张彦楠等，2015)；“五主体”主要是指食品安全监管部门、食品生产经营者、消费者、食品安全行业协会与新闻媒体(孙效敏，2014)；“七主体”主要涉及政府及其食品安全监管部门、生产经营者、第三方认证和检测机构、消费者、媒体、行业协会及专家(邓刚宏，2015)。在本书中，“博弈主体”包含了“赋能”理论里的管理者(政府及食品安全监管部门)和各参与方(包括上游的农民、食品生产企业，中游的食品检验机构和认证机构，以及下游的消费者，还有贯穿产业链始终的媒体、专家学者和行业组织)。

1. 政府及食品安全监管部门

政府及食品安全监管部门作为消费者与食品企业间的重要纽带，依然是食品安全社会共治的主导者，规范引导鼓励其他主体参与社会共治。政府及食品安全监管部门的食品安全监管不同于一般的执法，它是政府行政部门为确保食品安全，基于法律制定相关规范、标准，对市场主体的食品生产、流通、销售等行为进行规范和控制的过程。政府及食品安全监管部门的主要职责是：制定和执行食品安全法律法规；建立监管体系和制度；监测国家食品安全的状况、评估和分析食品安全整体风险；承担食品生产和流通的安全监督和管理的责任。

在赋能催化的博弈过程中，既包含共同价值观、战略目标、系统结构、机构部门等系统要素，也涉及历史背景、文化心理、生活水平、教育水平、自然环境和国际环境，有时候确实让政府及食品安全监管部门左右为难。此时，就只能求助于科学管理来为监管者自身“赋能”。

除了自身“赋能”，政府及食品安全监管部门还要通过对博弈各方进行“赋能”，在软硬件配置、科学传播、风险预警等方面开展系列帮扶行动，更像是传、帮、带的过程，通过“赋能”释放各博弈方潜能是关键，在赋能的“催化”作用下，食品安全博弈各方将会以最小能耗、最大加速度达成共识，在理性的“博弈”中不断完善，臻于完美。

2. 食品生产企业

食品生产企业作为整个食品链条最直接的参与人，同样也是第一责任人。在利益最大化的驱动下，食品企业会为了利益铤而走险，生产不合格或不安全食品；或者用利益诱使政府监管者对其违法行为放松监管，如果任由其发展，食品安全很难实现。但是，在“赋能催化博弈”的体系中，食品企业变被动为主动，成为食品安全治理的主动参与者。一方面，基于法律法规的要求，食品企业会对自己的行为进行严格自律；另一方面，食品企业之间也存在着相互制约和相互监督，防止低价恶性竞争，营造具有矫正功能的行业风气。在这种良性“博弈”之下，形成积极的市场氛围与和谐的社会氛围。

3. 消费者

消费者是食品安全事故的主要受害者，在食品市场上，他们处于信息的劣势。为获取安全的食品，消费者作为被保护对象享有许多权利，如获取食品安全知识的权利、改善食品安全环境的权利、获取食品安全风险信息的权利、食品安全标准建议权、委托食品检验权、举报权等。因此，在“赋能催化博弈论”中消费者也是食品安全管理的重要参与者，在监督举报、积极维护合法权益方面得以“赋能”。同时，也要通过学习食品安全知识的“赋能”避免不实举报、避免造谣传谣，以科学的手段减少政府监管和企业生产的困扰。

4. 新闻媒体

在资讯发达的社会中，个别小概率事件经媒体报道就会让公众感觉是普遍性事件。非常遥远的事件经媒体报道后老百姓就会感觉像发生在身边，如德国豆芽中检出大肠杆菌让中国老百姓也跟着担心。如何让公众理性看待食品安全问题、如何提高公众的食品安全科学知识，是新闻媒体“赋能”的立足点。新闻媒体发挥着重要的舆论监督作用，在食品安全方面应当承担两项社会责任：一是开展食品安全法律、法规及食品安全标准和知识的公益宣传；二是对食品安全违法行为进行舆论监督。需要在履行舆论监督和开展科学传播方面做好平衡。对于专业的食品安全问题，在报道过程中应该加强与监管部门和食品行业专家的沟通联系，既保证如实地揭露食品违法犯罪行为，又可以做到基于科学事实的专业报道，避免不必要的社会恐慌。

5. 消费者协会和其他消费者组织

消费者是保障食品安全的关键力量，通过对违法行为的投诉举报，加强了政府的监管效果，促进市场正向机制的形成。消费者协会和其他消费者组织是依法成立的对商品和服务进行社会监督、保护消费者合法权益的社会组织，对侵害消费者合法权益的食品生产经营行为依法进行监督是其法定职责。对违反《食品安全法》规定、损害消费者合法权益的行为，依法进行社会监督，有助于彰显消费者的合法权利不可侵犯，维护良性的消费市场环境。

6. 食品行业协会

食品行业协会是独立于政府的一种社会中介组织，对本行业企业之间的经营行为起着协调作用，对本行业的产品和服务、经营手段等发挥监督作用。与政府监管部门相比，行业协会具有信息优势、监管动力、专业技术特长和成本优势。因此，发达国家历来重视发挥行业协会的作用。例如，美国的行业协会，可以代表业内企业与消费者和政府对话，制定行业规则，清除行业当中的“害群之马”，也可以在行业出现危机的时候，救助行业。在产品要涨价的时候实施救助措施，在行业发展过程中起到举足轻重的作用。中国食品行业协会还需通过“赋能”促进自身发展，为行业代言，发挥关键作用，推动行业建设，维护行业信誉和公信力。

7. 食品检验机构和认证机构

食品检验机构和认证机构是经国家认可的第三方机构，既不属于食品生产经营者，也不属于政府监管部门，其所进行的检验由独立检验人完成，出具的报告应当客观公正，以便确认食品生产经营者的相关责任。在“赋能催化博弈论”中食品检验机构和认证机构作为中立的第三方，应利用其客观、专业、高效、灵活等特点，弥补政府食品安全治理资源的不足，激活政府所遗漏的“治理盲区”，提高食品安全管理的效率，通过客观、真实的数据提供仲裁依据，对博弈各方负起责任，肩负起可判罚、可诉讼的社会共治大旗。

8. 专家学者等

专家学者与科研机构为食品安全管理提供重要的理论和技术支持。在“赋能催化博弈论”中专家学者应发挥在食品安全科普宣传、风险交流中的特殊作用，让谣言止于智者，让科学深入人心，让共识尽快达成。当食品安全事件发生后，专家要掌握尽量多的信息，真相需要透明，需要全方位来观察，只有信息量充足的风险交流才能获得消费者的信赖。这个时候，专家就是搭起企业和消费者之间、监管部门和企业之间、媒体和企业之间的桥梁，让各方都能够做到心中有数，不盲目夸大，不讳疾忌医，平复各方沸腾的情绪，大家齐心协力一起解决问题。除了事后的应急之外，还要能够根据食品安全管理工程学的内在逻辑，前瞻性地回答，什么样的经济发展时期、什么样的食品生产经营模式、什么样的博弈状态，应该采用什么样的管理方法，而不是任由管理者通过高成本试错的方式被动选择管理模式。

除了上述主要的博弈主体外，在一些特殊情况下，还有国际组织、非政府组织、农民暨原料生产者参与到博弈之中。这些主体都是在达成“共识”的前提下才能促进社会“共治”，这两个“共”，是劲往一个方向使，心往一个方向想，充分有效的“赋能”才会在关键环节发挥“催化”活力，使多方“博弈”的进程加速形成积极的合力，共同推动食品安全管理的完善。

第三节　“赋能催化博弈论”在食品安全管理工程中的实证

科学的理论是从客观实际中抽象出来的，又在客观实际中得到了证明，反映着客观事物本质及其规律。在食品安全管理中灵活运用“赋能催化博弈论”，可使食品安全管理工作井然有序地推进，并日趋完善。运用“赋能催化博弈论”的分析方法有“两两交互博弈分析”和“多主体博弈逐一分析”两种方式，本节以转基因食品标识管理体系和草甘膦风波为例，分别阐述、论证该理论在实践中的科学性与实用性。

一、关于转基因食品标识管理体系的“赋能催化博弈论”

就转基因食品标识管理体系而言，其发展历程涉及政府管理者、技术研发者、生产和加工者及消费者等多个博弈主体的两两博弈，经历了一个从不均衡到均衡的过程，其中不断的“赋能催化博弈”构成了转基因食品标识管理体系变迁的反应动力。

（一）国家政策间的赋能催化博弈

转基因食品管理中是否需要标识，以及如何标识是国家转基因政策的重要组成部分。从目前世界上主要的标识管理类型可以看出，各国对转基因食品的态度和接受程度不尽相同。美国是世界上转基因作物种植面积最大的国家，也是转基因农产品的出口大国。美国政府代表了技术资本的利益，同时考虑了国家在未来对技术的优势地位及选票民意等因素，由于美国政府的大力鼓励，其转基因技术研发、相关技术和检验体系也比较规范和健全。但对于欧盟大多数国家来说，粮食问题并不是很紧迫，因此为了维护其在国际农产品贸易中的地位和利益，保护欧盟各国农民的利益不受冲击，对转基因食品持小心谨慎的态度。巴西是发展中国家中转基因作物种植面积最大的国家，虽然采用转基因食品强制标识制度，但由于公众接受度高，强制标识并未对转基因食品销售产生任何负面影响，超市里到处可见标有转基因食品标识的包装食品。而中国，作为最大的发展中国家，政府采用零容忍定性标识制度，目前中国消费者对转基因食品接受度较低。这场世界舞台上各国间的“博弈”，体现了政治、经济和文化上的差异，可以通过风险评估等形式的“赋能”来减少差异、催生科学的“博弈”。

(二)政府与企业间的赋能催化博弈

政府可以决定哪些信息必须在标识上提供，尤其是当市场并未提供足够的信息使消费者按照其喜好做出消费选择时，或者是当个人的消费决策以市场上未反映的某种方式影响到社会福利即外部效应时，最可能发生这种情况。但是政府在做关于标识的相关决策时，其相关的成本和收益会比企业涉及的更为广泛。其中，成本可能包括政府的行政费用、更高的消费品价格及行业的合规成本等。因此政府决策必须平衡标识的收益和成本及收益和成本的分配，从而来确定标识是否为一个具有成本效益的政策选项。但有时某种关于标识的决策收益超过了成本，有可能也不是最好的决策选项，这时政府可以动用政策工具来矫正信息不对称并控制外部效应，包括税收、教育计划和生产管制等。在“赋能催化博弈论”中，这种演化过程经常被看成是一种“赋能”的过程，博弈主体会在过程中尝试各种不同的行为策略以获得经验或教训。在转基因食品标识管理体系中，充分体现了政府与企业之间通过“赋能”得以“催化”更为良性的“博弈”的特征。

(三)政府与消费者间的赋能催化博弈

消费者的知情权、选择权和健康权需要政府在制度设计上给予充分的尊重和保障。从这个角度来看，欧盟采用强制性标识体系，认为消费者对食品的知情权是消费者所享有的基本权利，因此必须使消费者知晓市场上出售的食品是否由转基因技术制造，并做出是否购买的自主决定。同时还对转基因食品标识的形式规范性有着极高的要求，如标识位置应当标在“食品成分”栏内，如没有“食品成分”栏，则必须在商标上清晰标出。生产成本的高低最终都会反映在产品的定价上，政府的决策一方面要最大限度保障消费者知情权和选择权，另一方面也要促进转基因技术的推广和应用，使消费者最终从技术的进步和发展中获取最大利益。这种政府与消费者间的“博弈”最终将在充分调研与风险交流等“赋能”策略下达到均衡。

(四)企业与消费者之间的赋能催化博弈

对食品生产企业来讲，与标识决策相关的成本和收益会直接反映在其资产负债表中，因此不难想象，一家企业为试图实现利润最大化，只需将每条额外信息产生的费用计入成本，而这条额外信息可以产生收入，企业就一定会给产品包装添加更多的信息。企业会为值得付出成本的所有正面属性提供相关信息。同时，消费者的怀疑及企业间的竞争都有助于揭露产品的许多负面属性。所以即使没有政府干预，大量的产品信息也会被企业披露。但是企业有时无法让消费者相信标识信息的有效性，在这种情况下，标识的价值就被削弱，有时甚至还造成不正当竞争，扰乱市场秩序。比如“非转基因花生油”等产品的标识和宣传就造成不公平竞争，也会给消费者造成一定困扰。实际上并没有转基因花生商业化种植，转基因花生油就更无从谈起。由于目前消费者对转基因食品实际不是很了解，有些甚至带有一些负面情绪，因此导致部分企业会认为转基因食品带有负面属性，从而不主动提供相关信息。只有在强制性标识体系中，才会对转基因食品按照相关要求进行标识。但是随着转基因技术和新的生物技术的开发应用，消费者在通过知识传播等途径得到“赋能”后，会对生物技术产品的认知发生改变，当负面情绪转向正面情绪时，企业甚至会对转基因成分等相关信息进行积极主动的标示，使这场“博弈”趋于理性。

综上所述，利用“赋能催化博弈论”对转基因食品标识管理体系中不同博弈主体进行有针对性的“赋能”，有利于规范管理政策、减少博弈主体冲突、避免市场不公平竞争、降低消费者困扰、营造和谐社会氛围，不断地完善和发展食品安全管理体系。

二、关于“草甘膦风波”的“赋能催化博弈论”

自从 1974 年孟山都公司推出除草剂 *Roundup* 以来，人类使用草甘膦已有约 44 年的历史。在 2015 年之前，作为一种有较长使用历史的农药，草甘膦并未引起大众的注意。但在 2015 年 3 月被国际癌症研究机构划分为 2A 级致癌物后，草甘膦就成为媒体和民众关注的焦点。

（一）博弈

草甘膦安全之争的“博弈主体”涉及较多，主要有研究及监管机构、新闻媒体、草甘膦生产企业、转基因育种企业、反草甘膦组织、草甘膦的直接使用者——农民及各国政府，属于多方博弈现象。

研究及监管机构：这场风波起始于 2015 年 3 月，草甘膦被国际癌症研究机构划分为 2A 级致癌物。评估结果出台后，其他研究和监管机构及许多科学家均提出了质疑并迅速参与到这场博弈之中，欧洲食品安全局、联合国粮食及农业组织、欧洲化学品管理局、加拿大卫生部有害生物管理局、澳大利亚农药和兽药管理局、美国国家癌症研究所等相关研究机构或监管机构经过后续评估和研究发现，草甘膦对人体的影响远达不到“很可能致癌”的程度，而是“不太可能致癌”。

新闻媒体：路透社和福布斯等媒体对评估过程的揭露使国际癌症研究机构陷入造假丑闻之中，国际癌症研究机构的国际形象面临危机，其在媒体面前回避问题和模棱两可的态度使媒体和公众的看法发生倾斜。

草甘膦生产企业：国际市场上草甘膦原药和制剂的主要供应商是美国孟山都公司和中国草甘膦生产企业。美国孟山都公司是草甘膦除草特性的发现方，并最早将草甘膦作为除草剂投入生产。自2008年缩小生产规模以来，孟山都的草甘膦产量一直维持在20万～25万吨，约占全球草甘膦需求量的1/3。中国草甘膦生产企业数目众多，主要分布于江苏省、浙江省和安徽省。

转基因育种企业：拥有百年历史的孟山都公司被赞誉为转基因研究及应用领域的“微软”，以其先进的技术，几乎垄断了全球转基因种子市场。在全球栽培的转基因农作物种子中，约90%的生物技术来自孟山都或其授权。总部设在美国爱荷华州的杜邦先锋公司也进行转基因作物的研究，目前已经成功开发的转基因产品有转基因抗虫耐除草剂玉米、转基因耐除草剂大豆和转基因高油大豆。

反草甘膦组织：欧盟中的反对派主要是欧洲议会中的欧洲绿党-欧洲自由联盟，该机构委托相关团体进行草甘膦替代品的研究，并反对草甘膦欧盟执照的续期，呼吁欧盟委员会采取措施，在2020年12月15日之前逐步停用草甘膦产品。绿色和平组织旗帜鲜明地反对草甘膦，2017年2月8日组织发起了欧洲公民倡议，目的是禁止草甘膦使用，改革欧盟农药审批程序，希望欧盟制定减少农药使用强制性指标，还在官网上筹款和征集签名来反对使用草甘膦。

农民：他们是草甘膦的直接使用者，对草甘膦的暴露风险高，因此草甘膦的安全性与他们的健康息息相关。此外，草甘膦作为一种高效广谱的除草剂，对农作物质量和产量的提高均产生了积极作用，倘若被禁用，将使农民面临巨大的经济损失。国际癌症研究机构对草甘膦的致癌性评估结论导致了民众的偏见性判断，即使后来多家国际机构澄清了草甘膦的安全性，仍有相当一部分民众对正确的评估视而不见，存在对草甘膦的抵触情绪。

政府：对于政府而言，草甘膦不仅意味着成交量巨大的除草剂市场，背后还包含着抗草甘膦转基因作物的进出口贸易，对国家的农业经济产生着重大影响。政府在制定草甘膦进出口政策和决定其使用期限时，国际癌症研究机构评估结果的社会影响不可忽视。因此，政府的决策不仅决定了草甘膦在本地区的使用情况，也影响着国际社会对草甘膦的认可情况。

（二）赋能

在草甘膦风波中，“赋能”主要涉及风险评估式赋能、能力扶持式赋能、体系构筑式赋能及知识传播式赋能四个策略。

风险评估式赋能：截至2018年2月（图4-1），多家国际权威机构（欧洲食

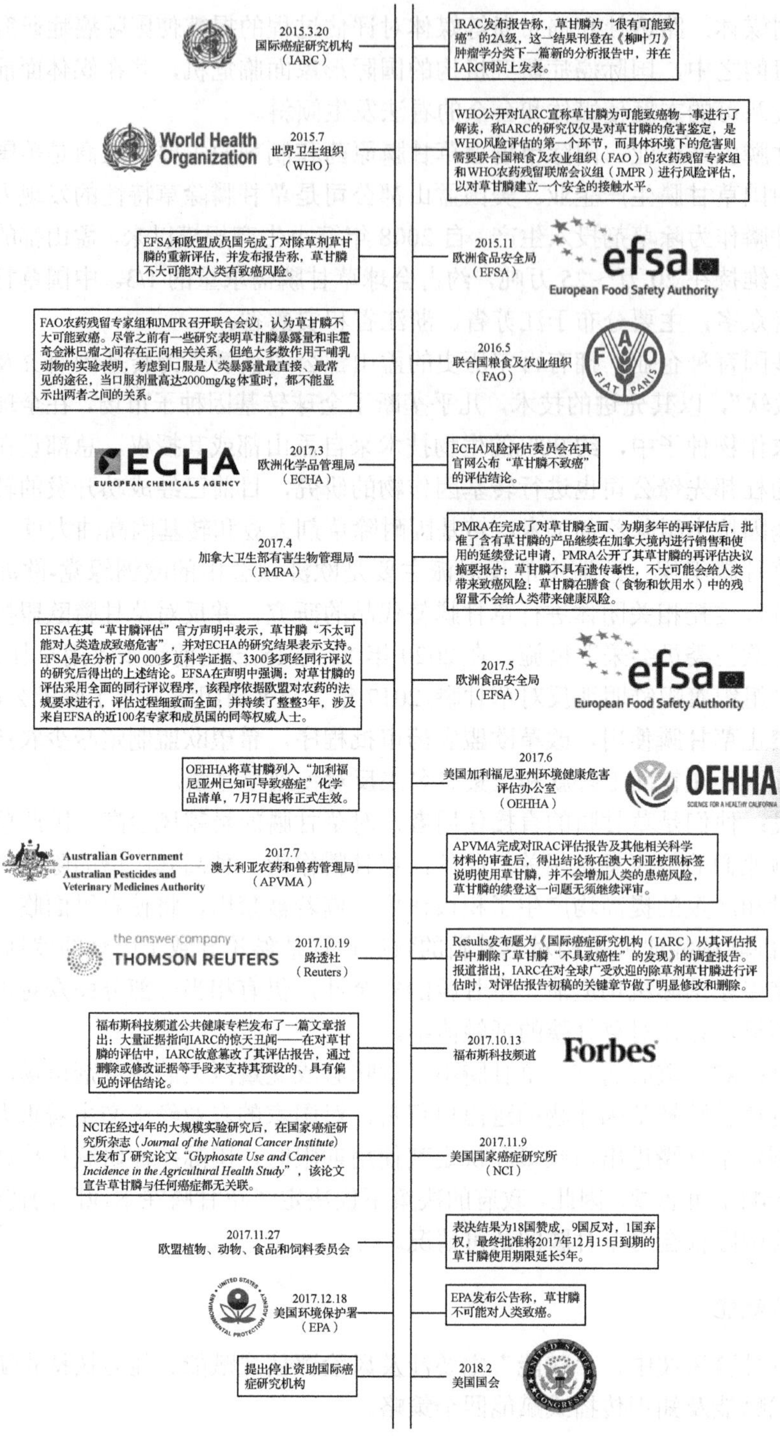

图 4-1 案例回顾（袁子青，2018）

品安全局、联合国粮食及农业组织、欧洲化学品管理局、加拿大卫生部有害生物管理局、澳大利亚农药和兽药管理局、美国国家癌症研究所）陆续发布与国际癌症研究机构相反的评估结果。通过“风险评估式赋能”，草甘膦的“不致癌性”逐渐得到明确并达成共识。

能力扶持式赋能：国际癌症研究机构于2015年3月发布了有争议的裁定，同时也被路透社和福布斯等媒体持续追踪报道、揭露了篡改丑闻，这些不科学、不诚信的行为需要通过“能力扶持式赋能”等方式加以纠偏。

体系构筑式赋能：2017年11月，欧盟植物、动物、食品和饲料委员会表决结果为18国赞成、9国反对、1国弃权，最终批准将2017年12月15日到期的草甘膦使用期限延长5年；2017年12月，美国环境保护署发布公告称草甘膦不可能对人类致癌，翌年2月美国国会提出停止资助国际癌症研究机构。这些管理者从完善监管模式角度出发的策略属于“体系构筑式赋能”。

知识传播式赋能：借助媒体平台宣传科普文章、讲座或相关纪录片，增加公众接触草甘膦事件真相的机会，消除公众对草甘膦的陌生感与恐惧感。

以上这些途径体现的就是在国际上各国政府、各科研组织及监管机构和新闻媒体通过多种途径使各博弈主体被“赋能”的过程。

（三）催化

在草甘膦风波中，“催化”作用可体现在加速“各国监管模式的制定与调整”、“组织体系与监管系统的构建与完善”及“博弈主体潜力的激发”这三个关键环节上。

第一，催化各国监管模式的制定与调整。在国际癌症研究机构将草甘膦划分为2A级致癌物后，包括欧盟各国、加拿大、美国、澳大利亚、巴西、斯里兰卡等多个国家政府都做出了回应，许多国家尤其是草甘膦使用量大的转基因作物大国开始重新评估草甘膦使用风险，并“催化”了一系列监管和贸易政策上的调整，如巴西国家卫生监督局于2015年4月宣布将着手对草甘膦的使用风险进行再次评估；2015年6月，斯里兰卡总统宣布禁止进口和销售草甘膦除草剂，已进口的草甘膦产品则被禁止销售；2015年9月，美国加利福利亚州环境保护署表示打算将草甘膦列入已知致癌物名单。

第二，催化组织体系与监管系统的构建与完善。国际癌症研究机构本身不做实验研究，而是把过去已经发表的文章评审筛选后，综合分析得出结论。在对草甘膦的评估过程中立场先行，以草甘膦可能致癌这一事先预设的结论为基础，进行实验数据的选取分析、实验结论的推导等，没有秉承客观公正的原则，通过删除或修改证据等手段来支持其预设的、具有偏见的评估结论。除此之外，国际癌症研究机构拒绝就外界对其的改写质疑进行回复，并警告参与专著报告撰写的科学家不应该对草甘膦专著报告相关的审议和改写问题发表评论，这些做法都是不负责任的行为。此次草甘膦事件暴露了国际癌症研究机构组织体系存在的问题及对其监管不足的弊端，既“催化”了国际癌症研究机构这种国际公立组织体系的完善，又“催化”了国际社会对这种公立机构的监管及信誉度的反思。

第三，催化博弈主体潜力的激发。使得各大博弈主体在面对草甘膦风波时，积极发挥主观能动性并形成了共同迎接挑战、解决问题的局面。路透社和福布斯等新闻媒体对评估过程的揭露引起了社会各界对国际癌症研究机构报告可信度的质疑；英国泰晤士报媒体也发布了信息，国际癌症研究机构草甘膦工作小组的外部顾问 Christopher Portier 在草甘膦评估过程及推导“草甘膦很可能致癌”的结论中扮演了重要的角色，而此人有因个人利益介入草甘膦评估过程的嫌疑。在这些媒体的披露声中，一些国际权威机构(欧洲食品安全局、联合国粮食及农业组织、欧洲化学品管理局、加拿大卫生部有害生物管理局、澳大利亚农药和兽药管理局、美国国家癌症研究所)陆续发布与国际癌症研究机构相反的评估结果。通过媒体对事实真相挖掘的助攻、国际上各科研组织与监管机构的科学评估，“催化”了这场“风波”的结束。

综上所述，利用“赋能催化博弈论”对“草甘膦事件”中不同博弈主体进行剖析，阐述了风险评估式、能力扶持式、体系构筑式及知识传播式系统“赋能”的过程，作用于“催化”各国监管模式的制定与调整、催化组织体系与监管系统的构建与完善、催化博弈主体潜力的激发等关键环节。其实，草甘膦风波并不是偶然事件，国际癌症研究机构也曾把肉制品和马兜铃酸列为致癌物引起了行业的不满和公众的恐慌，可同样采用“赋能催化博弈论”去分析和解决这些问题以及未来会出现的新问题，将会使食品安全管理日趋完善。

本章小结

本章所提出的“赋能催化博弈论”不仅适用于食品安全管理工程领域的现象和规律分析，对于其他涉及多主体博弈的管理工程体系，该理论也可以提供有益的借鉴。特别是在信息不对称的情况下，为保障体系正常运转，“赋能”显然是关键的一环，赋能不到位，则博弈主体无法做出理性的选择，博弈的过程漫长低效。“赋能催化博弈论”的提出及其在食品安全领域的实践，仅仅是一个开始，该理论的普适性和完备性，还需要通过在其他领域管理问题上的实践加以巩固和拓展。本章将“赋能催化博弈论”进行了明确的阐述、梳理和案例辨析，起到抛砖引玉的作用，希望在今后的深入研究中采取审慎的态度不断进行充实和完善，也希望学界贡献更多的智慧和力量。

参考文献

邓刚宏. 2015. 构建食品安全社会共治模式的法治逻辑与路径. 南京社会科学, (2): 97-102.

罗云波, 陈思, 吴广枫. 2011. 国外食品安全监管和启示.行政管理改革, (7): 19-23.

罗云波, 吴广枫. 2008. 从国际食品安全管理趋势看我国《食品安全法(草案)》的修改. 中国食品学报, 8(3): 1-4.

孙效敏. 2014. 食品安全社会共治及其对策//中国卫生法学会. 卫生法学与生命伦理国际研讨会论文集: 160-162.

袁子青, 李菁仪, 朱龙佼, 等. 2018. “草甘膦安全之争”案例分析. 生物技术通报, 34(5): 206-218.

张彦楠, 司林波, 孟卫东. 2015. 基于博弈论的中国食品安全监管体制探究.统计与决策, (20): 61-63.

第五章　我国食品安全监管体制的形成和发展

第一节　食品安全监管相关概念界定

一、食品

在内涵上，食品不同于食物。食物表达的是物质的外在属性色、香、味等基本特征并在功能上满足人体的需求，即能供人类食用、满足人体机能的需求并维持和延续人类的生命。而食品则强调食物的商品属性，并因为其商品属性用于交易而影响社会从而体现出社会属性。在功能上，食品不同于药品，食品无直接的治疗疾病的功能。因此，立法所界定的“食品”，必须既不同于“食物”，也区别于“药品”。

食品为人类的生存提供了最基本的物质基础，但是，由于历史传统、生活习俗的差异，从学理上诠释或者法律上界定食品却并不容易。就目前的立法而言，主要采用如下界定方式：直接式的界定，即直接界定其内涵，并强调其食用功能。比如，美国联邦 1938 年《联邦食品、药品和化妆品法》(*Food，Drug and Cosmetic Act*，FDCA) 定义“食品”为“人或动物食用或饮用的物质及构成以上物质的材料，包括口香糖”。2002 年 1 月，欧盟通过第 178/2002 号法规即著名的《食品法通则》(*General Food Law*) 定义“食品”为“任何的物质或者产品，经过整体或局部的加工或未加工，能够作为或可能预期被人作为可摄取的产品”。排除式的界定，尤其强调与药品的区别，典型的界定为日本《食品安全基本法》，规定“食品”为除《药师法》规定的药品、准药品以外的所有饮食物。综合式的界定，即既界定食品的内涵，又强调其与药品甚至化妆品及烟草的区别。典型的如国际食品法典委员会将“食品”界定为“用于人类食用或者饮用的经过加工、半加工或者未经过加工的物质并包括饮料、口香糖以及用于制造、制备或处理食品的物质，但是不包括化妆品、烟草或者只作为药品使用的物质”。我国亦采用此模式。我国 1994 年发布并于 2011 年复审确认的《食品工业基本术语》，规定“食品”为“可供人类食用或者饮用的物质，其中包括加工的食品、半成品以及未加工的食品，不包括烟草或者药品”。在我国悠久的中医药学传统及中医实践中遵循“食药同源”，食品与药品可能发生交集，所以，我国《食品卫生法》曾经将“食品”定义为“各种供人食用或者饮用的成品和原料以及按照传统既是食品又是药品的物品，但是不包括以治疗为目的的物品”。中国的《食品安全法》继续沿用该定义(张亚军，2012)。

综合上述之“食品”的界定，在形态上，食品既可以是固态，也可能以液态形式呈现；在来源上，食品并不局限于制造品，未经加工者也可以被视为食品；

在功能上，食品并不局限于果腹，休闲消遣乃至保健等亦属食品的功能。同样需要强调的是，由于人类饮食的变迁，食品的内涵还在不断变迁之中。

二、食品安全监管

(一)食品安全监管概述

“监管”一词源自英文regulation。1971年，美国经济学家George J. Stigler撰写出版了《经济监管理论》一书，把政府监管职能作为研究对象，提出监管经济学。自此以后，“监管”一词被广泛运用。监管从词意本身出发是指“某主体基于规则对某事物进行控制或调节，从而使其正常运转”。从实践出发，广义的监管就是社会公共机构或私人以形成和维护市场秩序为目的，基于法律或社会规范对经济活动进行干预和控制的活动，其中包含三大要素：第一，与典型的市场秩序不同，监管是对行为有意识地调整；第二，监管可以形成、组织、维护或支持市场，虽与经济活动和资源分配有关，但与市场的存在不矛盾；第三，监管的制度化不一定需要正式的法律支持，非正式的规范同等重要。而狭义的监管则是指通过法律法规干预和规范经济活动，来矫正和改善市场机制的内在问题。与广义内容相比，行业自律组织和私人监管主体及被监管者的内部控制不包括在狭义内容里。在本质上，狭义上的监管是国家公权力对市场主体的限制，但也是一种利益分配(赵学刚，2014)。

套用“监管”狭义上的含义，食品安全监管，或许可以简单地表述为，当食品市场本身无法提供安全保障或者市场的食品安全保障失灵时，政府通过对市场的适度干预，预防食品安全风险、矫正食品安全的市场失灵，从而通过外部的力量和制度供给维护食品安全和食品消费者的合法权益。当然，政府本身也应受到约束，尤其是承担不当食品安全监管的法律责任。需要说明的是，笔者所指的“政府”主要是指依法承担食品安全监管职责的各级人民政府及其相关的食品安全监管部门，因此，所谓的食品安全监管主要是指食品安全的行政监管，而且是法学(特别是经济法学)视野下的食品安全监管。

相对于食品安全的其他保障措施，食品安全监管具有自身的特殊性：首先，食品安全监管必须依法实施。食品安全监管是政府依据法律所赋予的食品安全监管职权及职责，依法矫正食品安全的市场失灵，因此，政府不仅必须适当履行其职权和职责，避免食品安全监管职权的缺位、越位和错位，而且必须依据法律规定的方式进行监管，同时，还必须依法承担食品安全监管不当的相关法律责任。其次，食品安全监管应当贯穿于食品“从农场到餐桌”的全过程。食品安全风险不仅发生于食品安全的生产环节，也可能发生于食品的原材料乃至食品的运输和保管环节。因此，食品安全监管也就不应局限于生产环节，食品原材料及其供应、生产加工、储存、运输、保管和销售等环节，也应当置于监管者的视野之下，实现食品安全的全程监管，才能够更有效地降低食品安全风险，最大限度地维护食品安全。再次，食品安全监管应贯彻“预防为主”的监管理念。现代社会的食品安全事件表明，食品安全风险的累积可能是一个漫长的过程，并且可能在食品供给的全部环节“富集”。而且，“应对式”的或者“灭火式”的食品安全事故处置所能够提供给消费者或者社会的救济非常有限。因此，食品安全监管不是简单的市场监督管理，更不应当仅仅是对食品安全事故的处置或者对不安全食品生产经营者的惩处，而是尽可能地防范和化解食品安全风险，预防食品安全事件的发生。

(二)食品安全监管机制

依据经济学中广义的监管概念，食品安全监管是指为了确保食品的安全，一定主体依据法律等规则，制定规格、标准，对食品的生产、流通、销售等进行管理的活动。机制从词意本身出发是指一个工作系统的组织或部分之间相互作用的过程和方式。机制的建立既要依靠体制也要依靠制度。其中体制指的是组织职能和岗位责权的调整与配置；制度指的是国家和地方的法律、法规及任何组织内部的规章制度。机制通常是在体制和制度的建立的实践中得以体现的。食品安全监管机制是整个食品安全监管系统的运作过程和方式，在整体上给予其运作的动力和载体。由于国情区别及具体运作过程差异，各个国家的食品安全监管机制的模式都不尽相同。虽然模式不同，但食品安全监管的经济学理论基础及法学理论基础对食品安全监管的重要意义及必要性是相通的。

(三)食品安全监管的意义与必要性

当前我国社会主义市场经济体制建立的时间不长，还没有形成公平有序、高度规范的市场环境，商品质量还存在着良莠不齐的现象。因此，在食品生产经营领域，保障食品安全仅仅依靠消费者的自我辨别和行业诚信自律是远远不够的，政府要起到不可替代的监管作用。由于食品安全既是经济问题也是政治问题，更是关系广大人民群众的重要民生问题，因此，在市场调节存在自发性、盲目性时，政府应该充分发挥看得见的那只“手”的调控作用。实行有效的监管是我国政府部门不容忽视的职责，对保障食品安全具有很大的意义。

今天工业化进程席卷了我们的社会和生活，食品也必将顺应工业化浪潮。工业化的食品给人们提供了方便、快捷和更多选择的同时，也不断面临着安全性的问题，因此积极有效的食品安全监管是非常必要的。第一，完善的监管体制是保证食品质量的一道重要关卡。虽然企业的自检可以在一定程度上避免问题食品流入市场，但食品检测涉及的范围非常广，对技术和设备的要求也比较高，多数企业不会投入太多资金，企业自检容易流于形式。政府监管与利益不挂钩，监管效果相对较好。第二，完善的监管体制是维护市场秩序的重要保证。在自由竞争的市场，质量较高的食品往往不具备价格优势，而且随着造假技术的提高，冒牌产品充斥着市场，这就容易造成市场秩序混乱，使正规生产厂家利益受损，严格的监管体制有利于维护市场公正。第三，完善的监管体制有助于提升我国国际竞争力和大国形象。食品贸易一直是我国对外贸易的重要组成部分，一旦向他国出口的食品质量出现问题对我国的国际形象是极为不利的，虽然国家对食品进出口的把关一直很严格，但因食品问题带来的纠纷、索赔事件依然很多，使国家和企业蒙受损失。此外，国际上以我国食品问题为借口而设置贸易壁垒也是一个不容忽视的问题，解决这些问题有赖于合理有效的监管措施。总而言之，食品安全是一个大问题，对食品的监管不能放松，对食品安全监管体制的研究不能中断。

第二节　新中国成立至改革开放初期食品安全监管体系的演变

随着人类历史的发展，食品不再以果腹为唯一功能，人类对食品功能的需求越来越受到食品安全的威胁。在食品原料、生产、加工、储运、销售至消费的整个过程中，很多不安全因素都可能对食品造成污染，从而影响食品安全及人类健康。不过，食品安全问题的解决并不是一开始就需要借助政府监管予以保障的，政府只有在“除非社会感到自己被个人的行为侵害或必须要求个人协助，否则社会无权干涉个人的行动”情况下才承担食品安全监管的职责。也只有当食品安全超越个体和团体能力所能承担的范围时，政府的监管才显得必要。因此，在经济发展、社会变革和政治变迁中，食品监管成为保障食品安全的重要手段。本节将从历史和经济的视角介绍我国食品安全监管体系的演变。

古代时期的食品生产主要以家庭为主，较为简单，食品安全规则更多的是道德责任的萌芽。中世纪时期，食品生产与市场交换的迅速发展，社区责任成为食品安全规则的主要道德基础。紧接着，食品供给体系日趋成熟，食品生产和销售日益分散，传统的道德责任和社区责任虽然得以维持，但不足以保障食品安全。此时，食品规则开始更多地依赖于合同责任，食品作为一种公共物品，其严格的产品责任开始形成。

现代社会的食品安全保障则更多体现了对食品安全监管的依赖。从古代食品安全的规则可知，食品安全规则机制的发展与两个经济条件密切相关：第一，食品供给的分散程度；第二，食品供应链上各个生产经营者被消费者所了解的程度。当食品行业并不分散、生产经营者也被消费者所了解时，食品安全保障主要依靠道德责任。而古代到近代再到现代，食品经营分散程度不断提高、生产经营者被消费者了解的程度日益降低，食品安全的保护经历了社区责任、合同责任和严格产品责任。

随着食品交易的日益发达，陌生人之间的交易逐渐取代熟人之间的交易而成为食品的典型交易形态，消费者越来越远离食品生产经营者，以熟人之间的信任和责任为基础的食品安全保障机制和传统民法的规制也就难以有效地发挥作用。而且，由于技术的发展并普遍运用于食品行业，食品安全的风险已经难以被消费者察觉，甚至消费者根本无法分辨。各国的经验表明，市场本身无法提供安全的食品，反而可能加剧食品的安全风险。传统的食品安全保障机制已经难以应付新的食品安全风险，不仅消费者的生命财产安全受到威胁，整个食品行业的正常发展也受到威胁。因此，不仅消费者寄希望于政府的食品安全监管，食品生产经营者也渴望政府强化食品安全监管，且由于商业的规模和影响力急剧膨胀，对商业的监管应该由政府执行，因为政府是唯一一个在必要的情况下能与商业抗衡的组织。

我国食品安全问题历经从数量到质量的演变。在食品匮乏时代，不管是“三年困难时期”，还是改革开放前后，我国食品安全问题集中表现为食品短缺，因为食品短缺而导致的饥饿曾经严重困扰国民。历经近 30 余年的发展，我国食品数量已经极大丰富，食品安全问题也日益得到重视。改革开放以来，我国的食品供给大幅度改善，食品消费结构逐步优化，居民健康程度得到较大改善，同时，国民的食品安全意识也大幅度提升。随着我国食品安全监管体制的改进，尤其是《食品安全法》实施以来，食品安全状况得到明显的改善。但是，进入 21 世纪以后的一系列食品安全事件，反映出我国食品安全取得明显进展的同时，也暴露出我国食品安全监管尚存在短板，尚有待进一步改进(王耀宗，2006)。

食品安全行政监管从不同的视角可划分为不同的模式，如从监管主体数量和权力配置的视角出发，可以划分为独立监管模式和多部门联合监管模式，多部门联合监管模式从监管主体分工方式视角出发，又可以划分为分段监管和品种监管两种模式。新中国成立以来，我国食品安全行政监管体制经历了从无到有、从有到精多次演变。本节主要是对新中国成立以来的食品安全监管历程进行回溯梳理，大致经历了改革开放前及改革开放后两个时期(张露，2013)。

一、改革开放前的监管制度变迁

(一)萌芽时期(1949～1964 年)

新中国成立前夕，由于受经济发展水平的限制，人们考虑的是吃饭问题，对于食品是否安全，相对来说考虑得少一些。当时政府更多关注的是如何推动发展食品行业，提高食物供给量，使公众的食物需求得到满足，食品的生产经营政策目标优于食品安全管理目标。20 世纪 50 年代我国进行资本主义工商业的社会主义改造后，私有食品企业产权逐步转变为国有。国有企业以非营利为目的，人为因素所导致的食品假冒伪劣问题较少，政府部门的管理工作重心放在食品卫生问题引发的疾病等问题之上(颜海娜和聂勇浩，2009)。

新中国成立初期，食品安全监管工作处于起步阶段，我国对食品安全的监管工作主要集中在对食品卫生和消费环节的中毒突发事件进行监督管理，食品安全几乎等同于食品卫生。1950年全国食品卫生管理主要由卫生部门管辖，我国第一个食品检验机构——食品药品检验所在卫生部下设立了，我国行政机关开始主持制定食品标准并展开食品化验工作。1953年，经国务院批准，全国由省到县都建立了卫生防疫站，设食品卫生科(组)开展食品卫生监督管理和检验工作，卫生防疫站行使我国地方食品卫生的管理职权被确立。同时，商业、轻工等食品生产经营部门和单位也建立了一些相应的卫生检验和管理机构。由于当时零散分布的食品工商业不算是独立的产业，食品卫生的主管部门来自各自隶属的部门。1956年，中央机关实施第二次机构精简与整合，卫生部、农业部、轻工业部、国家基本建设委员会、国家科学技术委员会、外贸发展局和第二商业部等部门按各自分工管理食品卫生。1959年后，大部分公社卫生所建立卫生防疫组，我国基本形成了初具规模的食品卫生监管网络(倪楠和徐德敏，2012)。

1959～1961年，受到“三年自然灾害”及国家政治、经济政策的影响，卫生防疫站、卫生行政机构和医疗保健机构合并为所谓的“三合二”，卫生防疫机构工作大面积运作不良或停顿，直至1964年卫生部颁布《卫生防疫站工作试行条例》，卫生防疫体系才得以恢复正常工作。《卫生防疫站工作试行条例》首次明确了卫生防疫站作为食品卫生监管的主体机构，明确了它的主管部门性质和工作任务。同年，国务院转发《食品卫生管理试行条例》，正式确立以主管部门管理为主、卫生行政部门管理为辅的监管体制。这一阶段是我国食品安全监管的萌芽阶段，对食品安全的监管比较简单，没有形成食品安全监管体系，食品安全的监管重点在单向管理、单渠道管理的食品卫生管理工作上。因此，没有形成食品安全监管体制。这一阶段的食品卫生管理工作主要由卫生防疫部门负责，卫生防疫机构的工作重心侧重于卫生防疫，卫生监管处于次要地位。从卫生监管的内容上看，包括劳动卫生、环境卫生和食品卫生等多项内容，使得食品卫生专项监管工作长期处于边缘化。由于食品企业大多是政企合一的形式，食品企业违规造假现象并不严重，政府监管部门主要采取思想教育和行政处罚等监管方式，重视程度不高(黄岩等，2012)。

(二)集中监管阶段(1964～1978年)

1964年卫生部、商业部、第一轻工业部等五部委发布新中国成立以来第一部综合食品卫生管理法规《食品卫生管理试行条例》。该法规明确规定了在我国食品生产、加工、采购、运输、销售等环节的监管措施，扩大了食品安全监管范围和层次；确立了卫生部在食品安全监管体制中的主体地位，明确了监管主体的监管职权及各部门的关系；明确执法职能部门为卫生部门和生产经营部门，同时卫生部门应当负责食品卫生的监督和指导，对生产者及主管部门的食品安全工作提出了明确要求。另外，还初步明确了卫生部门主导，食品生产、经营主管部门共同辅助食品卫生执法的食品安全监管格局。该条例的发布标志着我国食品卫生管理开始从单一管理体制和单一管理渠道向全面管理、多渠道管理过渡。

1964 年，国务院转发了《食品卫生管理试行条例》，再次强调加强食品卫生管理的重要性。由此，中国逐渐进入食品安全系统化监管阶段，由于计划经济时期的主要问题是食品供给不足，当时的食品安全监管关注最多的是加工、运输和保存过程中的不“卫生”因素，更多的是卫生监管。1965 年年底，全国食品安全卫生监管系统共包括 2499 个各级各类卫生防疫站，822 个专业防治机构，77 179 名工作人员。

但这一时期也出现了一些食品质量问题和中毒事件，其主要原因是受到生产经营、技术条件限制和缺乏必要的饮食卫生知识，而企业为谋取商业利益进行人为造假造成的食品安全事件较少。从管理对象上看，计划经济时期政企合一的体制使得企业的生产经营依附于各个主管部门，在财务、物资、生产、价格、供应等方面都受到主管部门的控制，企业的生产经营行为更多是以政治升迁导向而非利润导向，因而计划经济体制下主管部门与所属企业之间在食品安全方面目标较为一致，食品生产经营的道德风险问题不凸显。

从监管机构设置来看，这一阶段我国食品安全监管体制以主管部门监管为主、卫生部门监管为辅。由于各部门都有自己的食品生产经营部门，所以各部门也都设立了自己系统内部的食品卫生管理部门，如粮食部、农业部、轻工业部、商业部、水利部、供销合作社等行业部门都建立了一些食品卫生检验和管理机构，体现了计划经济体制的特征。由轻工业部门直接监管食品加工企业，商业部门直接监管食品经营和流通行业，食品主管部门和卫生部门的管理工作及其他职能混杂在一起，没有独立出来。

从管理方式上看，计划经济时期食品安全管理权限是按照食品企业的主管关系来划分管理职责的，政府部门与企业生产的关系是部门内部上下级的行政管理关系，在监管方式上多采取教育、质量竞赛、行政任免等控制手段，而不是通过法律、经济和专业化标准等手段来监管，该阶段监管手段行政色彩强烈，奖惩机制非常薄弱，司法机制介入少，多是简单的表扬、教育、惩罚或行政处分。

1949～1979 年的计划经济时期，经济发展相对缓慢，食品安全监管的政府职能较弱，专门的食品安全监管机构设立不足，主要依托行业实施管理。由于各部门都有自己的食品生产和经营部门作为执法部门，因此，食品卫生监管职能分散在各个食品生产领域和各个管理部门，食品安全工作实质上由食品生产的各主管单位负责。所以，计划经济时期食品卫生监管最大的问题是管理部门职能设置重叠。

二、改革开放后的监管制度变迁

(一)过渡时期的制度安排(1979～1992年)

这一阶段是经济转轨时期，食品工业快速发展，所有制和食品生产经营方式发生了较大变化，食品工业也推行国营、集体、个体等多成分、多形式的原则，这种多种所有制形式并存发展模式使得计划经济时期以“主管部门监管为主、卫生部门监管为辅”的食品安全监管体制无法应对新时期的食品安全监管工作。此阶段大量的集体的和私营的食品生产企业及新生食品行业迅猛发展，超出了主管部门及卫生部门的监管能力，难以满足人民生活水平提高的要求。食品工业迅速发展，出现大量违法食品生产经营活动，市场机制在促进食品数量快速增长的同时，也出现了食品市场风险，为应对环境变化带来的需求，加强食品安全监管、保护民众的切身利益进入了政策议程(张芳，2007)。

1982年第五届全国人民代表大会常务委员会通过了《中华人民共和国食品卫生法(试行)》，这是新中国成立以来在食品卫生方面颁布的第一部内容比较完整、比较系统的法律，宣示了国家食品卫生监督制度的正式建立。该法明确规定了与食品有关的概念，规范了食品卫生标准，对食品卫生管理和监督、法律责任等都进行了翔实的规定，同时该法还新增食物中毒、食源性疾病的法律责任，对食品添加剂、食品容器、包装材料和食用工具、设备等都进行了监管约束，涉及食品从生产到储运的各个环节。卫生法的颁布使食品监管制度从法规层面上升到国家法律，且体系更加完整，标志着我国食品安全监管的法制化与规范化。该法确立了卫生防疫站的监督执法主体地位，另外，还规定了卫生部的食品卫生独立监管职责，县以上食品卫生监督检验所或卫生防疫站独立行使食品卫生监督的职责。

1978～1981年，我国陆续组建中华人民共和国国家工商行政管理局、食品添加剂标准化技术委员会、卫生标准委员会和食品卫生标准技术分委会。1983年，进一步明确各部门的食品监管工作范畴，如出口食品检验、监管由国家进出口商品检验部门负责；城乡集市的食品卫生管理工作由工商行政部门负责。地方政府中，食品质量监管权赋予食品卫生监管、工商、标准计量、环保、畜牧兽医、环卫6个部门。初步形成了多部门协同监管的混合型食品安全管理体制。

《食品卫生管理条例》的出台是我国食品安全监管逐渐迈向法制化准备阶段的标志。该条例首次规定了食品安全中惩罚责任和办法，使监管工作迈向正轨。与计划经济时期的食品安全监管一致，在食品安全监管机构设置上，卫生部门在食品卫生管理中仍起主导作用。由于各级卫生行政部门领导食品卫生监管工作，县级以上各级卫生防疫站或卫生监督检验所同时又是食品卫生监督的执法机关，在执法中出现两个机构行使食品卫生管理权，管理主体产生一定的矛盾和冲突，造成执法过程的不协调问题。从管理工具来看，计划经济时期的思想教育、行政命令等管理方式还在继续发挥作用，但其效果已经明显减弱。随着食品工业的迅速发展，政府有意识地通过立法、行政执法、司法审判和经济奖惩等方式来补充食品卫生监管的内容。因此，这一阶段是介于计划经济与市场经济间传统管理工具与现代监管模式相结合的过渡时期。

（二）市场化改革时期的制度安排（1993～2006 年）

这一时期，我国食品安全监管体系及其工作不断适应社会主义市场经济改革的要求，提高食品安全监管水平，加强食品安全监管体系的建设，不断地将食品安全监管工作纳入法制管理，与国际接轨，适应在新形势下的更高要求。

1992 年 10 月，中国共产党第十四次全国代表大会正式提出建设有中国特色的社会主义市场经济。市场经济理念下，“实行政企分开，落实企业自主权”，成为食品安全监管机构改革的思想基础。1993 年 3 月，第八届全国人民代表大会第一次会议通过的《国务院机构改革方案》撤销了纺织工业部、轻工业部等 7 个部委，其原因是市场机制调节下价格已放开，无设置的必要。这标志着与食品有关的制造企业包括粮食、酒水、肉制品、水产品、乳制品等企业在体制上与轻工业主管部门分离。食品领域的政企合一模式基本上实现了政企放开，政府不再过多地干预食品企业生产经营行为，转而只对食品质量和安全进行监管。

在机构职能设置方面，《食品卫生法》明确了卫生行政部在食品卫生监管中的主体地位，并赋予其 8 项食品卫生监督职责。该法更加明确食品卫生监管体制，由国务院卫生行政部门主管全国卫生监管工作。与前一时期不同的是，过渡时期食品相关行业主管部门共同享有食品卫生执法权，而《食品卫生法》规定县以上卫生防疫站或食品卫生监管所为唯一的食品卫生监督机构，负责本辖区食品卫生监管工作，虽然没有完全将食品卫生监督管理权限授予卫生行政部门，但废除了过去政企合一体制下主管部门的相应管理权限，形成以卫生部门监管为主导，相对集中、统一的食品卫生监管体系。至此，以卫生部门为主导、其他相关部门协管、地方由卫生行政部门进行监督执法的一元化食品安全监管格局正式形成。1995 年 10 月，第八届全国人民代表大会常务委员会第十六次会议通过将试行法调整为正式法律，将事业单位执法修订为行政执法，解决了过去卫生监督所或卫生防疫站执法主体资格的合法性问题，从而避免了作为事业单位的卫生监督所或卫生防疫站从事行政执法的尴尬境地。在监管实施方面改变了执法主体，理顺了监管体系，行政处罚更加明确具体，标志着我国食品监管进入一个新阶段。

在市场经济改革中，涉及食品行业的部门及职能也发生了改变。1998 年国家技术监督局更名为国家质量技术监督局，开始介入食品安全领域。原来由卫生部承担的食品卫生国家标准的审批和发布工作，以及原来由国家粮食局研究制定粮油质量标准、检测制度和办法的职能分别交由国家质量技术监督局执行和行使。2001 年，国务院批准将国家出入境检验检疫局和国家质量技术监督局合并，成立国家质量监督检验检疫总局，食品加工环节的食品安全监管职能归属于国家质量监督检验检疫总局。至此，中国食品安全监管部门按职能合并划分完成。为了强化诸多监管部门的协调，2003 年中国政府机构改革在国家药品监督管理局的基础上成立了国家食品药品监督管理局，食品药品监管部门的介入，显示出国家有意将食品、药品、保健品等产品进行整合的意图，反映了此类产品属性日益模糊的现实。这一举措也在一定程度上改善了多部门分段监管中存在的各自为政、协调不力的局面，从理论上讲，对食品安全各监管部门形成监管综合治理具有重要意义。我国成立国家食品药品监督管理局，标志着国家向建立独立的食品安全监管职权体系迈出重要的一步。然而，国家食品药品监督管理局直属国务院，地位与其他食品安全监管部门无高低之分，履行综合监管职责的过程中，一旦遭遇不配合的部门，则会心有余而力不足，因此，综合协调的功能发挥有限。

2004 年国务院下发《关于进一步加强食品安全工作的决定》，对食品安全监管职能进行第四次调整，重新调整和划定相关食品安全监管部门的监管权限和职责范围，将监管权限授予农业、卫生、工商、质检、环保、科技、法制等部委。在监管体制上，明确了“一个监管环节由一个部门监管”的原则，形成“以分段监管为主、品种监管为辅”的多部门共同监管模式。至此，中国食品安全监管政府机构职能进一步明晰，“全国统一领导，地方政府负责，部门指导协调和各方联合行动”的监管体系形成(张芳，2007)。

(三)服务型政府时期的制度安排(2006～2012 年)

中国共产党第十六届中央委员会第六次全体会议正式提出建设服务型政府的理念，服务型政府是一个为全社会提供公共产品和服务的政府，更加关注民众的利益、需求。在服务型政府理念下，提出了转变政府职能，工作重心从经济建设向社会服务转变。政府食品安全监管机构及其职能顺应市场经济体制改革的需要，对食品安全监管工作进行一系列改革探索，政府干预企业经营的职能逐步弱化，市场服务和市场监督的职能日渐强化，从行业管理职能向安全管理职能转变，拓展了监管主体，发挥了食品企业、消费者等的监管作用，建立多元化主体监管体制，以提高食品安全监管政策的执行效率。

随着现代化建设的持续发展和深入，食品安全、生命健康、环境污染等外部性问题趋于复杂化。在政府干预市场过程中，会出现政府失灵的困境，急需对各部门进行一系列的改革，减少政府监管的利益集团分化、寻租现象等的滋生和蔓延。与此同时，食品产业已经延伸到食品工业、农业、农产品加工业、食品经营业及餐饮业等整个产业链环节，局限于餐饮消费环节的食品卫生概念逐渐无法适应食品产业外延扩大化的需要。笔者也从这个关键节点开始，为我国适应经济社会发展的新状况出谋划策。2007年，笔者为胡锦涛、习近平等中共中央政治局委员第41次集体学习作题为《我国农业标准化和食品安全问题研究》的报告，提出适当集中管理机构数量和职能；建立高层议事机构以加强各部门的综合协调；在食品安全监管中引入风险评估机制；明确食品安全标准制定的责任主体4点明确建议，为我国第一部《食品安全法》的制定奠定了框架基础。2009年第十一届全国人民代表大会常务委员会第七次会议通过《食品安全法》，完成了对《食品卫生法》的全面修改，取得了多方面的突破：一是立法理念实现从“食品卫生”上升为“食品安全”问题，与国际接轨，扩大了其监管范围，法律适用主体进一步扩大；二是规范食品生产、规定生产经营者为食品安全第一责任人，规范生产、运输和销售等环节，强调食品种植、养殖、生产、加工、流通、销售、消费等环节的食品安全，这更加符合社会公众对食品安全的需求；三是该法规定国务院卫生行政部门承担食品安全综合协调职责；四是建立食用农产品生产记录制度，加强对食品广告的监督，加强食品添加剂和保健品的监管；五是民事赔偿责任方面取得了突破，提高了赔偿标准，建立食品安全惩罚性赔偿制度；六是监管模式变事后监管为主动全程监管，统一食品安全标准，解决了此前食品安全标准太多、重复、层次不清等问题；七是“食品安全”包括食品卫生、食品营养、食品质量等立法要素，涉及生产、流通、消费等立法环节，更加全面、宏观和系统。

在机构设置方面，监管部门职责更加明确。在多部门分段监管的基础上，增设食品安全委员会，由卫生部门承担综合监督职责和食品安全标准的制定，消费环节由食品药品监督管理部门负责，生产环节由质量监督检验检疫部门负责。从法律上进一步明确各个部门职能权限，对于理顺监管体系、提高行政执法效率能起到至关重要的作用。同时，卫生行政部门的综合协调职能减少了职能交叉、多头食品安全执法检查存在的“管理打架”现象，建立了相对科学、合理、高效的食品安全监管机制。

《食品安全法》确立的食品安全监管机构设置既节省了重新设立单一监管体系的立法成本和行政成本，亦符合我国食品安全监管的实际需要，同时，建立并完善食品安全监管部门之间的协调机制、加大机构之间的协调力度，虽是无奈的次优选择，但具现实性和可操作性。卫生部门综合协作一定程度上缓解了多部门监管之弊端，进而减少了部门之间的摩擦和合作困境的发生。

2010年成立国务院食品安全委员会，有15个部门参加，其主要职责是研究部署监管计划，统筹安排食品安全活动，对食品安全监管相关部门进行整合协调。至此，明确了食品药品、卫生、工商、质检等部门的职责范围，各部门分工配合构建了一个“分段监管与综合协调相结合”的监管模式。从食品安全监管机制来看，国务院食品安全委员会作为最高议事机构，引入超越部门利益之上的机制来协调食品安全监管工作，很大程度上避免了监管部门之间的错位现象。国务院食品安全委员会的设立，进一步标志着国家对笔者2007年报告中第二条建议“建立高层议事机构以加强各部门的综合协调”的认可。

在政府监管权力配置方面，综合协调职能由国务院卫生部门承担，质检、食品药品、工商等部门分别对食品生产、流通、消费环节实施监管。各监管部门权责清晰，全程分段无缝监管。在地方政府层面，作为地方性议事机构的县级以上地方政府，统一协调本辖区内食品安全监管活动，本级卫生部门、质监部门、农业部门、食品药品监督部门、工商部门分别对食品生产、流通、消费环节承担监管职责。

第三节　政府在食品监管中的职能及角色转变

一、政府角色与政府角色转变

研究经济发展中政府角色的转变过程，首先必须明确政府角色的内涵。目前关于政府角色的定义尚未统一，彭澎(2002)认为政府角色是将政府人格化来定位其功能作用，与政府的性质、地位、权利、功能、职能等紧密相关，这个定义较为明确但没有说明与政府职能有什么不同。成锡军等(2002)认为政府角色是经济体制的一种实现形式，这个定义更多阐明的是政府角色的特点。王晓娟(2006)认为政府角色是指政府在履行行政职能过程中所体现出来的身份、地位和行为模式，这一定义比较局限于行政职能阐述。从这三种政府角色的定义来看，政府角色的内涵仍然是模糊或者是碎片化的，如与政府职能混为一谈、只涉及政府行政职能等。

与政府角色常常相提并论的是政府职能，在经济学和公共管理学领域使用频率很高。当前经济生活中，不管是专业学者还是普通民众有时候都是将政府角色、政府职能不加区别地使用，这二者是否有区别呢？究竟有什么样的区别？根据辞典词源释义，政府职能是指根据国家形势和任务而确定的政府的职责及其功能，反映政府在一定时期内的主要活动的内容和方向，是国家本质的外部表现。从社会学的角度来看，不论角色的客观性还是角色的主观性，角色一旦形成，主体就必须进行相应的角色扮演，在角色扮演的过程中，主体必须承担相应的责任和履行相应的职能。从这个角度上来看，政府职能是政府角色的衍生物，是由政府角色派生出来的，政府扮演什么样的角色，就要承担相应的责任，履行相应的职能。从英文翻译角度来看，政府角色在英文里对应的词汇是“the role of government”或“the role of state”，也可指政府的作用，而政府职能通常翻译为“government function”，政府职能主要包括政治职能(或称为阶级职能)、管理社会经济和公共事务的职能。从国内现有的研究来看，这两个词并没有太大区别，用词区别更多地取决于研究者的视角。简单来说，政府职能就是政府应该“做什么”，因此，行政管理学领域多用“政府职能”来研究政府的职责和作用的发挥，而经济学领域大多研究也沿用了这一词汇。出于利益相关者理论的研究视角，本节使用“政府角色”主要探讨政府在经济发展方式转变中的经济角色和社会角色(戴鸿达，2014)。

政府角色转变是指政府在一定时期内，根据经济社会发展的需要，对其应担负的职责和所发挥的职能、作用的范围、内容、方式的调整与变化。这里的政府包括中央到地方的各级政府，政府角色的转变既可由政府制定的各项规则制度的变化体现出来，也可以由政府间关系以及与企业、社会等相关利益主体间的关系的变化表现出来。改革开放以来，我国以政府主导的经济增长模式取得了巨大的成就，政府在我国经济飞速发展的进程中发挥的作用功不可没；但是目前发展中也出现了不少不平衡、不协调的因素。政府角色转变提出多年，但至今仍然进展缓慢。究其根本原因就是当前政府角色并没有很好适应当前市场经济的发展，政府与政府、政府与市场、政府与社会的关系都还没有理顺，导致目前经济发展方式难以顺利转变。

二、政府角色的类型

从不同的角度，政府角色有不同的类型。从社会经济发展角度来看，政府是制度的制定者，也是社会发展、经济增长的推动者；从改革角度来看，政府既是改革的组织者，也是改革的对象；从政府在经济中作用的方式来看，政府在某些领域是裁判员、掌舵者，在有些领域又是运动员、颁奖者，等等。本节从政府在经济社会中的作用的角度，综合经济学家们的观点，将政府角色简要分成 4 类。

一是“守夜人”型政府。“守夜人”角色理论源于洛克的自由主义政府观。这种理论建立在市场万能理论上，该理论主张充分发挥市场机制，政府不要过多干预，否则会对经济发展产生消极的影响。洛克认为，政府的主要任务是保护个人自由和财产，保障社会不受侵略等。后期“守夜人”角色理论不断受到质疑和责难，但其影响深远。至今，新自由主义经济学家还在其基础上发展出当代“守夜人”理论。

二是“干预者”型政府。凯恩斯等经济学家们认为政府干预对经济发展有着积极的促进作用。第一次经济危机期间(1933 年)，凯恩斯认为政府干预可以帮助经济实现复苏，刺激经济发展。他在自己的论著里否定了“守夜人”理论，认为政府不应该仅仅扮演社会秩序的消极保护者，而且还应该成为社会秩序和经济生活的积极干预者，特别是要有效地利用政府的财政职能影响经济的发展。

三是“市场增进”型政府。青木昌彦等经济学家认为政府政策的作用在于促进或补充民间部门的不足。他们认为由于受信息处理能力等因素的制约，政府不是负责解决协调失灵问题的全能机构，而应被视作是经济的一个内在参与者。“市场增进”角色理论里政府对经济的干预应该根据国家经济发展情势的变迁而进行改变，即政府与市场的边界要适时调整。以萨缪尔森为代表的新古典综合派的观点吸收了自由市场主义和国家干预主义的优点，提倡为了保障经济的良好运行，市场价格机制与政府干预必须进行有效的结合，即为了对付“看不见的手”的机制中的缺陷，政府必须承担其应有的责任。斯蒂格利茨认为政府应该把自己看作是市场的补充，采取一些措施使得市场能够更好地实现其功能，同时纠正市场失灵。尤其是在市场失灵时，政府扮演着很重要的角色，这是信息不完全和市场不完全的任一经济体的一般性特征。政府适当的管制、行业政策、社会保护和福利等方面都有很重要的作用。他认为，在某些情况下，政府是一种有效的催化剂——其措施可以帮助解决社会创新不足的问题。但是一旦政府发挥了其催化剂的作用，就需要有退出机制。

四是“管理机构”型政府。这种角色理论来源于马克思、恩格斯的设想，在社会主义社会，国家已经消亡，政府将不再具有政治性，会是一个单纯的“管理机构”。这个“管理机构”的主要任务和职能是制订生产计划，组织社会生产。管理机构必须管理的包括社会生活的个别方面和一切方面。根据马克思、恩格斯的设想，社会主义政府更像是一个“小政府”。随着生产力的发展、社会的进步、管理水平的提高，政府的许多职能和角色将逐步移交给社会，由社会逐步承担起自己管理自己的职能，扮演自己管理自己的角色。

从以上对政府在经济发展中扮演的角色或发挥的作用的讨论来看，政府在经济发展中非常重要这一点已经为事实所证明。但是历史也告诉我们，政府行为也可能造成大量的损失或危害，如错误的规则会阻碍财富的创造。通过扭曲价格，政府会削减私人财富，即使规则本身是良好的，也可能被公共机构及其职员以一种有害的方式来进行。因此，简单认为政府应是“守夜人”还是“干预者”，都是不科学的，也是不符合实际的。“市场增进”角色的观点更符合实际情况，因为政府干预和市场调节都会存在失灵，一方面，市场失灵需要政府干预，而另一方面，政府失灵需要约束政府本身的干预。换句话说，政府和市场在经济发展中应该是互为补充的关系，而不是非此即彼互相替代，即政府干预主要在市场长期失灵的领域进行，而不是因为市场短期的或暂时的失败进行干预。总之，利用市场机制来实现干预的目的是政府行为的最好方式(刘金科，2012)。

三、政府在食品安全监管中的角色地位变化

在中国，深入到政府内部的组织变革，从政府内部的监管组织及其职能演变的角度去分析，大致可以将政府在食品安全监管中的角色地位变化分为以下 4 个阶段。第一阶段：1949～1979 年，卫生部门为主导的分块式的纵向综合管理阶段；第二阶段：1979～2003 年，多部门分段监管体系的形成阶段；第三阶段：2003～

2009年，分段监管基础上的综合协调模式构建阶段；第四阶段：2009年至综合监管建立及完善阶段。其中值得注意的是，2009年国家成立国务院食品安全委员会时，预示着我国将进入到综合监管阶段，2013年国家组建国家食品药品监督管理总局标志着我国由分段监管迈向综合监管。本节我们将针对每个阶段，来描述政府在中国食品安全监管体系中所承担的角色变化(赵学刚，2014)。

(一)第一阶段(1949～1979年)：卫生部门为主导的分块式的纵向综合监管

新中国成立初期，由于当时的基本国情所限，人们对食品主要还在于数量意义上生存的满足，公有化改造后，食品的供给也不依赖于市场，而供应食品的生产经营者也仅仅是执行国家计划。因此，在政府的直接参与下，食品质量问题并不明显，而政府及其相关部门所关注的是食品卫生问题。1952年全国共有147个卫生防疫站，作为全国包括食品卫生在内的多项卫生安全工作的负责机构，由此奠定了我国食品安全监管最初的框架。这一时期，食品安全监督管理方面的事务和技术指导工作主要由卫生部门负责。

总体而言，新中国成立后的较长一段时期里，我国食品问题突出表现为食品普遍短缺，并且计划经济下的食品企业只是国家安排社会分工的一个场所，因此，食品方面的关注重在保障食品数量，并兼顾食品卫生。我国计划经济时期，食品产业发展缓慢，解决温饱成为最基本的选择，所以食品需求简单，食品的供给并不依靠市场，而是依据计划手段。在这种背景下，由于食品的供给涉及多个行业，食品卫生也就选择了行业管理体制，并分散到各个食品生产领域和各个管理部门。因此，计划经济时代，食品安全的监管并没有被看作是一个具有特殊意义的政府职能，但是，这为我国后来较长时期里的食品安全监管体制的演变提供了初始条件(陈宗岚，2016)。

(二)第二阶段(1979～2003年)：多部门分段监管

改革开放以后，市场经济逐步确立，食品市场产权多元化。此时的食品安全监管模式逐渐过渡到分段监管的模式。1979年，国务院颁发了《食品卫生管理条例》，明确规定各级政府和有关部门主抓的仍是食品卫生管理工作，对食品的安全问题仍未做出规定，换句话说，食品卫生监督是食品安全监督的主要部分。1989年的《中华人民共和国进出口商品检验法》规定进出口方面的食品安全监管由进出口检验检疫机关和海关部门负责。1993年，国务院进行了旨在适应市场经济的机构改革，撤销了轻工业部和纺织部等部门。与此相适应，原来由这些部门所承担的食品卫生监管职能进一步分化，1993年的《中华人民共和国农业法》规定食用农产品的安全监管工作主要由农业行政部门负责。1995年颁布的《中华人民共和国食品卫生法》将食品卫生监督的职责由县级以上卫生防疫站或食品卫生监督检验所调整至县级以上卫生行政管理部门，并明确了各级卫生行政部门的食品卫生监督职责。1998年，国务院进行行政体制改革，把卫生部承担的部分职责如食品安全标准建设及相关的职能交由国家质量技术监督局行使，专门负责食品质量安全标准建设和检查监督工作。

本阶段，起综合协调作用的卫生部的食品安全监管职能定位仅限于餐饮消费环节，监管职能逐渐弱化，此时其他专业部门的监管实力和监管能力逐渐增强，中国食品安全监管基本形成分段监管模式。由于食品安全监管种类和监管内容的不断扩大，食品安全监管机构的数量也随之增加。众多机构分散管理，各部门之间监管行为难以协调的现象也随之出现，从而导致“龙多不治水”“十几个部门管不住一头猪”的监管乱象出现。

（三）第三阶段（2003～2009年）：分段监管基础上的综合协调模式构建

国家食品药品监督管理局于2003年正式挂牌成立，主要负责综合监督和组织协调食品安全管理，试图通过这种方式加强食品安全的综合协调职能。但这个监管模式管理阶段出现的阜阳奶粉事件，凸显了分段监管中的责任不清和职能交叉的弊端。2004年国务院出台文件（国发〔2004〕23号），明确了我国“分段监管为主、品种监管为辅”的食品安全监管模式，并细化了各个监管部门的监管环节。2009年出台的《食品安全法》，将食品安全风险评估、标准及检验规范等贯穿于食品安全整个过程的职能赋予了卫生部，明晰了卫生行政部门的综合协调职责。同时我国成立国务院食品安全委员会，进一步完善食品安全监管的综合协调职责，形成了在分段管理基础上新的综合。

（四）第四阶段（2009年至今）：综合监管阶段的建立及完善

2009年6月，我国食品行业的基本法《食品安全法》正式实施，该法对我国目前存在的许多食品安全方面的问题做出了具体规定，包括废除免检制度、确立惩罚性赔偿制度、建立食品安全委员会等，对改善食品安全现状有积极意义。但由于涉及部门利益和大部制改革，《食品安全法》并没有对监管体制做出突破，我国行政组织法体系仍然不健全。2013年3月，全国人民代表大会和中国人民政治协商会议（简称“两会”）召开，新一届政府保留了国务院食品安全委员会，新组建的国家食品药品监督管理总局将工商行政管理、质量技术监督部门相应的食品安全监督管理队伍和检验检测机构划转食品药品监督管理部门，具体业务方面整合了国务院食品安全委员会办公室的职责、国家食品药品监督管理局的职责、国家质量监督检验检疫总局的生产环节食品安全监督管理职责、国家工商行政管理总局的流通环节食品安全监督管理职责。国家食品药品监督管理总局同时加挂国务院食品安全委员会办公室的牌子。此次结构改革将分散于原工商、质检、药监等部门的食品安全监管职能进行整合从而使食品安全监管的权力更加集中，监管力度更加强化，整体而言这个阶段处于综合监管的逐步完善阶段。

继 2013 年国务院机构改革后，新一轮机构改革于 2018 年全面推进。3 月 13 日，第十三届全国人民代表大会第一次会议举行第四次全体会议，会议听取了国务委员王勇关于国务院机构改革方案的说明。《国务院机构改革方案》经全国人民代表大会表决通过后，3 月 17 日由新华社授权发布。根据该方案，本次改革涉及的食品相关监管部门主要变化有：将国家工商行政管理总局的职责、国家质量监督检验检疫总局的职责、国家食品药品监督管理总局的职责、国家发展和改革委员会的价格监督检查与反垄断执法职责、商务部的经营者集中反垄断执法及国务院反垄断委员会办公室等职责进行整合，以组建国家市场监督管理总局作为国务院直属机构；同时，组建国家药品监督管理局，由国家市场监督管理总局管理；将国家质量监督检验检疫总局的出入境检验检疫管理职责和队伍划入海关总署；保留国务院食品安全委员会、国务院反垄断委员会，具体工作由国家市场监督管理总局承担；国家认证认可监督管理委员会、国家标准化管理委员会职责划入国家市场监督管理总局，对外保留牌子；不再保留国家工商行政管理总局、国家质量监督检验检疫总局、国家食品药品监督管理总局。简图如图 5-1 所示。

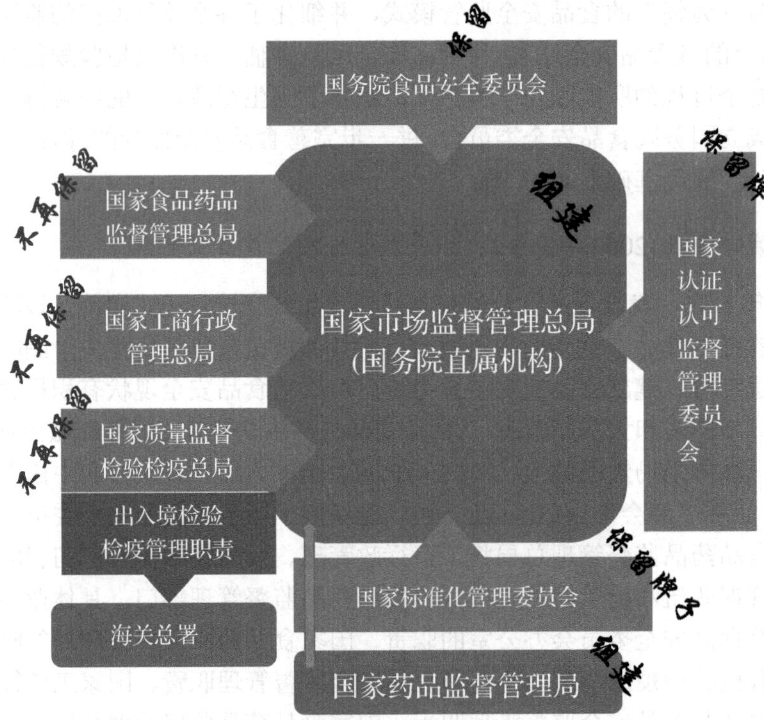

图 5-1　2018 年国家机构改革食品相关监管部门主要变化简图

此次机构改革，将国家工商行政管理总局、国家质量监督检验检疫总局和国家食品药品监督管理总局的食品安全监管职能进一步整合集中，综合协调，使我国的食品安全监管机制更加完善地高效运转。

第四节　大部制改革背景下的食品监管机构重组

一、食品安全监管大部制改革概况

2008 年 3 月，大部制改革拉开序幕，全国“两会”确定了大部门体制的改革方向，以期解决行政管理中“九龙治水”的弊病。大部制体制，是指在政府部门设置中，将那些职能相近、业务范围趋同的事项相对集中，由一个部门统一管理，首先指向的就是解决政出多门的问题。大部制的与众不同之处是，扩充单个机构所管辖的范畴，将其监督的事宜交由其一并管理，即合并权责。

大部制改革在中国食品监管机制中的实施是大势所趋。首先，中国食品监督长期以来实施分层监督的机制，这使得部门之间可能会出现重复监管或监管“盲区”，造成监管中出现推诿扯皮的现象，引发政府权责分配不均，多管或不管的现象。此外，分段监管的模式已不再适合食品安全问题层出不穷、经营主体自律性差为主要矛盾的食品安全环境，需要对当前食品监管机构实施组织的统一及权责的重新分配。大部制改革益于行政机构更顺利地践行监管作用，处理中国当下的食品安全难题(赵学刚，2014)。

二、大部制改革下的食品安全监管体制调整(重组)

根据国务院 2008 年《国家食品药品监督管理总局“三定”方案》规定，卫生行政部门与食品药品监管部门在食品安全工作中的职责对调，明确卫生部负责食品安全的综合协调，国家工商行政管理总局、国家质量监督检验检疫总局、国家食品药品监督管理局等部门各负其责，分段的食品安全监管仍然延续，更加强调食品安全监管的综合协调，如表 5-1 所示。

表 5-1　大部制改革前食品安全监管部门及其职能

部门	职能
卫生部	进行综合性的协调规范，标准的完善建立，重大信息的传播，对各大检测机构进行资格鉴定，对突发事故的处置
农业部	对农产品的安全性和可靠性及质量是否达标进行管控
国家质量监督检验检疫总局	加工、进出口贸易的管控和把关
国家工商行政管理总局	对于食品的流通环节的监督管理
国家食品药品监督管理总局	对全国范围的药品和化妆品及实时消费餐饮的环节的监管
基层县级政府	协调不同的区域内的具体监管事务

2009年出台的《食品安全法》第4条对食品安全综合协调机构做出了专门规定：国务院设立食品安全委员会，其工作职责由国务院规定。国务院卫生行政部门承担食品安全综合协调职责。国务院质量监督、工商行政管理和国家食品药品监督管理部门分别对食品生产、食品流通、餐饮服务活动实施监督管理。2012年，笔者受国务院委托主持了国家级重点规划《国家食品安全监管体系“十二五”规划》的编制。在2007年理论基础上，提出将“8部门分段监管”集中为以国家食品药品监督管理局和农业部为主的“两段式”监管模式。2013年3月，第十二届全国人民代表大会第一次会议审议通过了《国务院机构改革和职能转变方案》，决定组建国家食品药品监督管理总局，以期对食品药品实行统一监督管理，标志着笔者食品安全监管理论的进一步成熟。

2018年，“两会”期间，我国实施了新一轮的大部制改革。由于我国的食品药品监督管理体系还有进一步改革完善的空间，也在本次大部制改革之列。3月13日，国务院机构改革方案公布。方案里提到，考虑到药品监管的特殊性，单独组建国家药品监督管理局，由国家市场监督管理总局管理。市场监管实行分级管理，药品监管机构只设到省一级，药品经营销售等行为的监管由市县市场监管部门统一承担。并且不再保留国家工商行政管理总局、国家质量监督检验检疫总局、国家食品药品监督管理总局。

国家行政学院社会和文化教研部副教授胡颖廉认为，新一轮食品药品监管机构改革真正体现顶层设计，超脱部门搞改革，超越监管看安全，是新时代的新气象。此次机构改革“大市场-专药品”模式抓住了当前食药安全治理的两大关键：食品安全监管的协调力和综合性，药品监管的特殊性和专业性。事实上，从1998年国家药品监督管理局的成立，到2018年这一轮最新的机构改革，中国食药监管体制正在日趋完善。近20年来，食药监管体制几经变迁，总体经历了从“垂直分段”向“属地整合”的转变(李平，2017)。

(一)体制框架：“九龙治水”到“三位一体”

原先的食品安全监管体制，涉及国务院食品安全委员会办公室、农业部、国家质量监督检验检疫总局、国家工商行政管理总局、国家食品药品监督管理局、商务部、卫生部7个部门，这7个部门中国家食品药品监督管理局是唯一的副部级单位。长期以来，食品安全“分段监管”导致职责交叉和监管空白并存，“多头管理”“九龙治水”致使监管责任难以完全落实，因此资源分散配置很难形成合力，监管体制饱受诟病，整体行政效能不高。改革后，随着生产、流通、消费划归到一个部门管理，由国家食品药品监督管理局、农业部、新组建的国家卫生和计划生育委员会三部门为主的“三位一体”监管格局初步形成。今后不管食品在哪个环节出现安全问题，部门之间不会再出现相互推诿的情况。这种趋于一体化的食品监管体制，与当前国际惯例又接近了一大步(苏蒲霞，2014)。

(二)监管结构“橄榄型”到“金字塔型”

以前食品安全监管结构是两头小、中间大的“橄榄型”机构，真正到一线的执法人员少，镇街食品安全综合执法缺少一支专业队伍，基层执法力量薄弱。《国务院关于地方改革完善食品药品监督管理体制的指导意见》(简称《指导意见》)中明确指出，要进一步加强基层食品质量安全监管工作，可在镇街或社区设立食品药品监管派出机构。要不断充实基层监管和执法力量，提高食品安全监管的技术装备，保证食品监管能力在资源整合中得到加强。基层要进一步加强食品安全监管机构和队伍建设，在城镇社区和农村行政村设立食品安全监管协管员，承担协助执法、排查隐患、舆论引导、信息报送等职责。改革后，划转和下沉基层执法人员，基层执法力量比例上升。有些市、区(县)、街镇的食品安全执法力量已初步形成15∶25∶60的“金字塔”结构，夯实了基层监管的根基，建成一个相对合理的基层食品安全监管网络的制度性构架。

(三)监管方式“分段监管”到“全程监管”

过去我国食品安全监管职能分散在多个部门中。以农产品生产消费链为例，从农产品的种植到流通再到消费的过程来看，初级农产品归农业部门管，加工生产归质检部门管，市场流通归工商部门管，餐饮环节归食药监部门管，每个部门各司其职，各管一段。虽然4个部门都在监管农产品，但是一旦农产品出现问题，由于分段监管和多头监管，若要追究责任单位非常不容易。食品安全事件屡发不止，很大程度上是由于所涉及的监管部门和环节太多。食品分段监管体制存在许多监管缝隙和盲区，成为部门之间互相推诿的理由。

大部制改革方案“出炉”，对食品安全监管由过去的多个部门各管一段(分段监管)转变为由国家食品药品监督管理总局“集中执法”。并将工商部门、质检部门所涉及的食品安全监管职能过渡给食品药品监督管理部门。对食品生产、流通、消费等环节监管的部门重新整合，实行食品安全的“全过程监管”，有利于监管责任的具体落实，资源综合利用率不断提高，从而实现食品安全监管“从农田到餐桌”无缝对接。改革后食品安全标准由卫生部门制定，具体监管职责只归食品药品监督管理部门和农业部门负责。

(四)监管模式“垂直监管”到“地方监管”

从20世纪90年代末开始，质检、药监、工商三部门先后实行了省级以下垂直管理。这一模式起先被认为起到了遏制地方保护主义的作用，但在食品安全事故中，也出现了地方政府推卸责任的现象。2008年国务院机构改革取消省级以下食品药品系统垂直管理的做法，工商、质检仍然实行垂直管理。2013 年大部制改革，省级以下工商、质检行政管理体制由垂直管理调整为地方管理。

食品安全监管大部制改革中的一个重点，就是下放权力给地方政府，也反映了今后将强化地方政府责任。国务院公布的《指导意见》强调，地方政府对食品药品监管负总责。同级地方党委负责食品监管部门(食品药品监督管理部门或市场监督管理部门)领导班子的管理，主要负责人的任免应事先征得上级业务主管部门的意见。在“三定”方案中，明确列出下放的五项工作职责，这些职责是从国家食品药品监督管理总局下放到省级部门的，如下放了药品再注册和不改变药品内在质量的申请职责、药品委托生产许可职责、药品和医疗器械质量管理规范认证职责、进口非特殊用途化妆品行政许可职责，等等。同时，国家食品药品监督管理总局对行政许可审批方面进行了整合和取消。比如，将药品经营的质量管理规范认证与行政许可相整合、化妆品的生产行政许可和卫生行政许可相整合，将两个事项整合为一项行政许可，这也是强化地方政府责任的举措(陈七，2007)。

三、大部制改革的积极意义

从分段监管到集中监管的转变、从外部协调到内部协调的转变，食品安全监管机制的转变使相关部门的职责更加明晰，因而形成有效的监管合力。一方面，食品生产、食品流通及餐饮服务在食品安全链条上占据非常重要的位置。现在将这三个环节一并纳入国家食品药品监督管理总局的职能范围，使得食品安全监管责任更为明确，责任追究主体更为清晰，在体制层面上解决了以往分段监管模式中职责交叉所带来的推诿卸责问题。另一方面，国家食品药品监督管理总局与国务院食品安全委员会办公室共用“一套班子，两块牌子”的机制设置，跟以往单独设立国务院食品安全委员会办公室相比，将食品安全监管的“外部协调”机制变为“内部协调”机制，一定程度上减少了由外部协调带来的巨大成本和花费。

2008～2013 年的大部制改革，统一整合划归生产、流通、餐饮环节给一个部门监管，是我国逐步形成全程综合监管模式的一个重要标志。另外，大部制改革的首要问题是职能集中和边界的确立，重点应该探讨的是部门之间如何合作、如何进行综合协调。监管效率的提高更多地需要依赖横向部门之间的有效合作和充分协调，在日常的运作过程中不断增进联系和互信。

2018 年新一轮的大部制改革从纵横两个维度调整监管体制，一是科学划分机构设置和职责，在强化综合执法的同时，强调专业的事由专业的人来做，所以单独组建国家药品监督管理局；二是合理界定中央和地方机构职能和权责，解决上下一般粗的“权责同构”问题，所以药品监管机构只设到省一级，带有一定垂直管理的意义，与市场监管分级管理相区别。不过，需要注意的是，大市场不是大工商，药品监管也并没有回到2013年之前的模式。我们对改革的理解不要停留在机构拆分、合并、重组的狭隘视角，更不存在“谁并入谁”的问题，而是国家治理现代化背景下的机构范式革新。机构设置虽然变化了，但从食品安全监管理论层面来讲，监管的要素并没有改变，机构变化是为了协调和顺应政府国家治理的整体环境和大局，以便能够与国家体制的整体相契合，形成有机的整体。因此，国家食品安全监管机构的变化调整应该是一个动态、不断优化的过程(陈伟莉，2014)。

第五节　以风险评估为核心的风险管理机制的建立

一、风险的基本概念

“风险”(risk)，在东西方不同的文化范畴里的定义不完全相同：在汉语中，风险是指可能发生的危险；在英语中，风险有名词和动词两种词性，当风险作为名词时，指的是遭遇危难、受损失或伤害等的可能或机会；当风险作为动词时，是指暴露于发生损伤、损失等变化或产生不良结果的可能性。由此可见无论是在东方还是西方，风险都是与危险、发生不良后果等词汇联系在一起的，它与安全是相对的。人类生存在这个地球上，安全是最基本的需要。从某种意义上来说，安全就是指“防范潜在的危险”。风险更本质的含义是指某种特定危险事件发生的可能性和后果的组合。也就是说，风险是由两个因素共同组合而成的：危险发生的可能性(危险概率)和危险事件(发生)产生的后果(宋怿，2005)。

二、食品安全风险评估

食品是人类赖以生存的必要物质，在生存条件恶劣、食品匮乏的情况下，人们也有意识回避食用含有毒有害物质的食物。当食物量充足时，食物的安全性则更加受到重视。食品安全风险无处不在，并且因为风险的发生可能造成难以弥补的损失。所以，为应对我国食品安全风险，保障食品安全从而保障公众的生命与健康，风险管理应该植入我国食品安全法律体系，并在食品安全监管中实现。

在人类数千年的演化过程中，风险始终伴随。随着科学技术的进步发展，人类社会在物质生活极大改善的同时，高科技又给人类带来或制造了众多前所未有的风险。因此，研究者认为人类社会已从“阶级社会”迈向了“风险社会”，社会发展的推动力也由“我饿!”转变为“我怕!”。在应对风险的进程中，风险预防理念走进人类视域，并日益受到高度重视。有别于传统的危害出现后再行动的原则，预防原则是在重大危险可能发生之前，便采取防护性措施。

风险预防(管理)最早出现于 1970 年的德国《空气法》草案。环境领域发端并日趋成熟的风险预防原则，在同样具有高度不确定风险性的食品安全领域逐渐受到重视。科学有效的风险预防(管理)，需要科学有效的风险评估及分析方法辅助。风险评估是指在特定条件下，风险源暴露时，对人体健康和环境产生不良作用的事件发生的可能性和严重性的评估。食品安全风险评估则是对食品加工过程中可能危害人体健康的物理、化学、生物因素等产生的已知或潜在不良影响进行可能性评估。可见，评估更强调对其潜在后果或者可能存在的不利影响的评价，评估针对食品链每一环节和阶段进行，即对食品的全面评估；评估也是一种系统地组织科学技术信息及其不确定性信息，并选用合适的模型对资料做出判断，来回答关于健康风险的具体问题，即对食品的科学评估(陈君石，2009)。

从实践来看，如果政府和相关机构出现没有进行风险评估、不及时进行风险评估、不科学的风险评估等情况，都会带来严重的后果。这就要求行政机关和专家运用科学知识，正确和客观地反映食品安全风险的严重性，及时和科学地进行食品安全风险评估，它是食品安全风险管理的基础，也是科学防范食品安全风险的重要前提(邓纲，2009)。

三、食品安全风险管理

风险管理是指根据风险评估的结果，同时考虑社会、经济等方面的相关因素，对备选政策进行权衡，并且在需要时加以选择和实施。风险管理的首要目标是通过选择和实施适当的措施，尽可能有效地控制食品风险，从而保障公众健康。风险管理更多的是一个纯政府行为，政府接到专家的评估报告以后，会在与各利益方磋商过程中权衡各种政策方案，根据当时当地的政治、经济、文化、饮食习惯等因素来制定政府的管理措施。具体包括制定最高限量，制定食品标签标准，实施公众教育计划，通过使用其他物质或者改善农业或生产规范以减少某些化学物质的使用等。

风险管理可以分为 4 个部分：风险评价、风险管理选择评估、执行管理决定及监控和审查。风险评价的基本内容包括确认食品安全问题、确定风险概况、对危害的风险评估和风险管理的优先性排序、为进行风险评估制定风险评估政策、进行风险评估及风险评估结果的审议；风险管理选择评估的内容，包括确定现有的管理选项、选择最佳的管理选项及做出最终的管理决定；做出了最终管理决定后，必须按照管理决定实施，执行管理决定；监控和审查指的是对实施措施的有效性进行评估，以及在必要时对风险管理和评估进行审查(詹承豫，2016)。

四、以风险评估为核心的食品安全监管机制

风险预防涉及科学上的不确定性，而科学上的不确定性容易导致政府决策的保守倾向，在经济和社会目标的冲突中倾向于选择理念的层面，为保障风险预防理念得以落实，还必须依赖完善的制度支撑，与风险预防相关的制度的完善与实施，才可以确保该理念得到真正的贯彻。

2006 年，《中华人民共和国农产品质量安全法》第六条规定："国务院农业行政主管部门应当设立由有关方面专家组成的农产品质量安全风险评估专家委员会，对可能影响农产品质量安全的潜在危害进行风险分析和评估"，标志着我国正式建立风险分析制度。《食品安全法》第二章相继对食品风险评估重要性做出说明，包括：①国家建立食品安全风险检测制度；②国家建立食品安全风险评估制度，对食品、食品添加剂中生物性、化学性和物理性危害进行风险评估；③食品安全风险评估结果是制定、修订食品安全标准和对食品安全实施监督管理的科学依据。笔者担任农业部农产品风险评估首席科学家期间，深度参与我国农产品质量安全监管工程、风险评估网络工程的设计与建设，大力倡导在农产品质量安全管理中建立以风险评估和风险管理为核心的管理创新，策划并推动了国家农产品质量安全风险评估实验室体系和转基因生物安全评价体系的建立，为我国农产品质量安全监管模式的形成助力。为进一步落实食品安全风险评估，2009 年组建第一届国家食品安全风险评估专家委员会。2013 年 3 月，根据"三定"方案，我国启动食品安全的大部制改革，国家卫生和计划生育委员会负责食品安全风险评估工作。为此，国家卫生和计划生育委员会设置评估处、风险监测处，并于 2013 年 7 月 15 日发布《关于进一步加强食品安全风险监测工作的通知》，对食品安全风险监测及评估的实施做出具体要求(张亚军，2015)。

五、以风险评估为核心的食品安全监管机制的积极意义及不足

俗话说"民以食为天，食以安为先"，根据世界卫生组织的定义，食品安全是指"对食品按其用途进行制作和食用时不会使消费者健康受到损害的一种担保"。因此食品安全是一个综合概念，包括了食品卫生、食品质量、食品营养等相关方面的内容，同时还具有社会、政治、经济、法律等意义。食品安全要求食品对人体造成的实际损害都应在社会可接受的水平范围之内，食品安全是相对的，不存在绝对的食品安全。

风险评估与风险管理的合理应用极大地降低了生活中方方面面的风险，以风险评估为核心的风险管理在我国乃至全球解决食品安全问题中发挥了极大的作用，实施食品安全风险评估工作，有利于推动食品质量安全管理由事后处理向事

前预防转变，由经验式处理向科学预防转变，极大地提升了人们对食品的消费信心，也为政府管理决策咨询提供技术指导。

（一）食品安全风险评估存在的不足

首先，食品安全风险评估的“科学性”可能难以保障。自韦伯以来，价值判断从经验科学的认识中剔除出去，划清科学认识与价值判断的界线是科学研究的一条基本原则，但是，现代社会已经进入风险时代，知识的不确定性表现得非常明显，而且在很大程度上食品安全风险评估是由相关领域的专家依据科学方法进行的，即便如此，专家也未必可以得出“确定无疑”的食品安全风险评估结论，这与科学、专家的局限性有关。

其次，食品安全风险评估的独立性可能丧失。我国《食品安全风险评估管理规定(试行)》中明确规定：“国家食品安全风险评估专家委员会依据本规定及国家食品安全风险评估专家委员会章程独立进行风险评估，保证风险评估结果的科学、客观和公正。任何部门不得干预国家食品安全风险评估专家委员会和食品安全风险评估技术机构承担的风险评估相关工作。”但我国首届食品安全风险评估专家委员会成员主要来自相关中央部委的下属机构，这些成员及由其组成的食品安全风险评估专家委员会是否能够客观公正地执行风险评估，或者说尽可能最小限度地受行政力量的影响，可能难以消除合理的怀疑。此外，也有人担心，尽管专家们拥有专业的知识和专门的技能，但“专业性”也往往容易导致“片面性”，失去公正性，尤其是在面临新科学技术时，往往多注重其贡献性而忽略其风险性，埋下隐患。

最后，在操作层面，我国食品安全风险分析还存在其特有的困境。《中国的食品质量安全状况》调查表明，我国欠发达地区的小规模食品生产作坊众多，覆盖的消费者众多，在实际操作中大大地增加了食品安全风险评估的难度。同时，《食品安全法》建立我国食品安全风险评估制度，食品安全风险分析亦需依赖先进的检测技术提供的数据作为支撑，显然，我国在设备、技术、资金和研究人员等诸多方面的储备还需要漫长的积累过程。

（二）食品安全风险管理存在的不足

如果我国食品安全监管仍沿袭传统的“事前许可、事中抽查、事后处理”模式，食品安全风险评估结果可能很难发挥实质性的作用。即使食品安全监管大部制改革完成以后，我国在生产、消费环节及流通领域实现了由国家食品药品监督管理局的统一监管，但是，农产品仍由农业部监管，食品安全风险评估和食品安全标准的制定则属于国家卫生和计划生育委员会的职权。而国家卫生和计划生育委员会实施的风险评估结果能在多大程度上影响到国家食品药品监督管理总局在流通领域的食品安全监管及农业部对农产品的监管，仍有待实践的考验和检验。

大数据背景下，在传统的食品供应链运作模式的基础上，又衍生出以互联网和物联网信息技术为基础的新型食品供应链模式，对食品安全监管提出了更高的要求。虽然 2018 年 3 月，新一轮食品机构改革，组建了监管职能更加集中、综合的国家市场监督管理总局，但若是不把风险管理提到基础性地位，新形势下的中国食品安全监管模式，将继续有待实践的考验和检验。

本章小结

由本章的食品安全监管体制的形成及发展历程来看，整个食品安全管理工程的形势、矛盾、重点及手段都是随着我国经济社会的快速发展而不断动态及渐进地演化着，这其中食品供求关系变化、国民经济中心转移、百姓健康关注日增、科学技术发展井喷、食品安全事件网络放大、民风民俗约束淡化等多股力量的博弈不断制约及推动着我国食品安全管理工程的更新。

参考文献

陈君石. 2009. 风险评估在食品安全监管中的作用. 农业质量标准, 3: 4-8.
陈七. 2007. 我国食品质量安全监管体系存在的问题和对策研究. 南京农业大学硕士学位论文.
陈伟莉. 2014. 我国现行食品安全政府监管体制创新研究. 河北师范大学硕士学位论文.
陈宗岚. 2016. 中国食品安全监管的制度经济学研究. 北京: 中国政法大学出版社.
成锡军. 任晓敏, 斯满红. 2002. 社会结构转型与政府角色变迁. 山东大学学报(人文社会科学版), (1): 132.
戴鸿达. 2014. 我国食品安全监管体制改革研究. 中国海洋大学硕士学位论文.
邓纲. 2009. 论风险预防原则对传统法律观念的挑战. 社会科学研究, 3: 107-110.
胡颖廉, 2018. 剩余监管权的逻辑和困境——基于食品安全监管体制的分析. 江海学刊, 2: 129-137.
黄岩, 蔡滨, 种波, 等. 2012. 我国食品安全监管格局的历史沿革与现状分析. 中国初级卫生保健, 6: 41-43.
李平. 2014. "大部制"改革视角下食品安全监管问题研究. 西北农林科技大学硕士学位论文.
刘金科. 2012. 经济发展方式转变中政府角色转变研究. 财政部财政研究所博士学位论文.
倪楠, 徐德敏. 2012. 新中国食品安全法制建设的历史演进及其启示. 理论导刊, 11: 103-104.
彭澎. 2002. 政府角色论. 北京: 中国社会科学出版社.
宋怿. 2005. 食品风险分析理论与实践. 北京: 中国标准出版社.
苏蒲霞. 2014. 中外食品安全监管体制比较研究. 北京: 中国政法大学出版社.
王晓娟. 2006. 论我国政府职能与角色的转变. 当代经理人(中旬刊), (21): 683-684.
王耀宗. 2006. 外部诱因和制度变迁: 食品安全监管的制度解释. 上海经济研究, 7: 62-72.
颜海娜, 聂勇浩. 2009. 制度选择的逻辑——我国食品安全监管体制的演变. 公共管理学报, 6(3): 12-25, 121-122.

詹承豫. 2016. 从危机管理到风险治理：具有理论、制度及实践的分析. 北京：中国法制出版社.
张芳. 2007. 中国现代食品安全监管法律制度的发展与完善. 政治与法律, 5: 18-23.
张露. 2013. 我国食品安全监管体制研究. 郑州大学硕士学位论文.
张亚军. 2012. 风险社会下我国食品安全监管及刑法规制. 北京：中国人民公安大学出版社.
赵学刚. 2014. 食品安全监管研究：国际比较与国内路径选择. 北京：人民出版社.

第六章　食用农产品质量安全管理工程

第一节　食用农产品

一、概念界定

农产品，根据《中华人民共和国农产品质量安全法》规定，农产品是指源于农业的初级产品，即在农业活动中获得的植物、动物、微生物及其产品。包括可食用的农产品，也包括非食用的农产品，如棉花和动物皮毛等。

食品，根据《中华人民共和国食品安全法》规定，食品是指“各种供人食用或者饮用的成品和原料以及按照传统既是食品又是中药材的物品，但是不包括以治疗为目的的物品”。根据《食品工业基本术语》规定，食品是“可供人类食用或饮用的物质，包括加工食品、半成品和未加工食品，不包括烟草和只作药品用的物质”。

食用农产品，根据《中华人民共和国食品安全法》规定，食用农产品是指供食用的源于农业的初级产品。根据《食用农产品市场销售质量安全监督管理办法》规定，食用农产品指在农业活动中获得的供人食用的植物、动物、微生物及其产品。农业活动，指传统的种植、养殖、采摘、捕捞等农业活动，以及设施农业、生物工程等现代农业活动。植物、动物、微生物及其产品，指在农业活动中直接获得的，以及经过分拣、去皮、剥壳、干燥、粉碎、清洗、切割、冷冻、打蜡、分级、包装等加工，但未改变其基本自然性状和化学性质的产品。

二、食用农产品的质量安全

2014 年，习近平总书记在中央农村工作会议上发表了关于农产品质量和食品安全的重要讲话，强调“用最严谨的标准、最严格的监管、最严厉的处罚、最严肃的问责，确保广大人民群众‘舌尖上的安全’”。

在国内学术界及商业界，食品安全一词被用来表述食品的质量安全，具体的概念定义也是经过了一系列的演变。1974 年，联合国粮食及农业组织首次在世界粮食大会中提出安全的概念“food security”，也就是现在所说的粮食安全。在此基础上，各国及各组织纷纷针对食品安全做出了相应的拓展及补充修订：美国在《联邦食品、药品和化妆品法》中提及“that no additive shall be deemed to be safe”，提出了“safe”，即“安全”一词；日本基于对“危害”(hazard)的对立提出了对食品安全的描述；世界银行通过定义不安全来界定安全，认为不安全的食品包含能够使人患急性或慢性病的风险；1984 年，世界卫生组织在《食品安全在卫生和发展中的作用》中提出，食品安全等同于食品卫生，定义为“生产、加工、储存、分配和制作食品过程中确保食品安全可靠，有益于健康并且适合人们消费的种种必要条件和措施”；随后在 1996 年，提出食品安全与食品卫生的不同，重新定义食品安全为“食品按其原定用途进行制作和(或)使用时不会使消费者受到危害的一种担保”；国际食品法典委员会对食品安全给出的定义是：“在按照预期用途进行制备或食用时，不会对消费者造成伤害”。它具有三个方面的含义：一是保证食品中不含有任何能够造成急性中毒的有毒、有害物质；二是保证食品中不含有能够造成慢性中毒的有毒、有害物质；三是防止商业欺诈和营养失衡。根据 WHO 相关文件，国内提出的食品安全定义是：“食品中不应含有可能损害或威胁人体健康的有毒、有害物质或因素，从而导致消费者急性或慢性毒害或感染疾病，或产生危及消费者及其后代健康的隐患”(刘先德，2010)。

2009 年，《中华人民共和国食品安全法》针对食品安全给出了正式定义：“食品安全，指食品无毒、无害，符合应当有的营养要求，对人体健康不造成任何急性、亚急性或者慢性危害。”也就是说，食品安全意味着食品应该是无害、有营养并保障供应的。食品安全性有绝对和相对之分。绝对安全性是指食品绝对没有风险，不会因食用某种食品而出现危及健康或造成伤害的现象。相对安全性是指正常摄入一种食物不会出现健康损害。其中绝对安全性是消费者的一个理想预期，现实中任何一种食物都存在一定的风险，只是风险发生的概率不一，绝对的零风险是不可能的。因此，从现实出发，保证营养和品质同时使风险降至最低(周应恒，2008)。

纵观食品安全的发展历程，经历了从量到质的变化，具体包含数量和质量两方面内容。“国以民为本，民以食为天，食以安为先”，食品数量上的供应不仅仅用于维持人民的生计，更决定了一个国家的命运走向。食品质量一直以来都广受关注，具体是指影响食品价值的营养、卫生、感官、享用等品质。随着生活水平的提高，食品的质量特性更多地被关注。从数量的角度来说，当食品供给不足时往往会出现各种污染问题。潜在的污染物会导致人类健康疾病，虽然是数量变化引发的问题，但归根结底都是质量上的风险。因此，食品安全更重要的还是质量上的安全。“食品，指各种供人食用或者饮用的成品和原料以及按照传统既是食品又是中药材的物品，但是不包括以治疗为目的的物品”。根据定义从逻辑上分析，“食品”可以认为是包含食用农产品的概念。食品质量安全的含义，从最初的食品卫生过渡到对食品营养成分、卫生标准、质量安全多种含义的综合。食用农产品既然属于食品，那么食用农产品安全的概念及解释应该与食品质量安全一致。

对于食用农产品质量安全仍然存在众多观点：一种观点是把安全看作一个指

标，质量安全就是在满足质量标准的前提下强化安全，这一观点与我国当前的食用农产品质量安全监管具有一定的联系性；另一种观点把质量安全看作整体，认为是食用农产品优质、营养、安全等指标的综合，这种观点虽然与我国当前的国家级行业标准制定理念相符，但是与国际上的通用说法存在分歧。还有一种观点认为质量和安全两者是独立的，质量是指食用农产品的内在品质及外在属性，也就是食用农产品的商品价值和使用价值，如营养、色泽、口味等；安全则强调的是食用农产品存在的风险，如微生物污染、农兽药残留、重金属超标等，而质量安全又是两者的有机结合(梅星星，2015)。这个观点与国际通行说法相符合，也正是我国食用农产品质量安全管理和发展的方向。《中华人民共和国食品安全法》第一章第二条提出“供食用的源于农业的初级产品(以下称食用农产品)的质量安全管理，遵守《中华人民共和国农产品质量安全法》的规定。但是，食用农产品的市场销售、有关质量安全标准的制定、有关安全信息的公布和本法对农业投入品作出规定的，应当遵守本法的规定”。《中华人民共和国农产品质量安全法》称“农产品质量安全，是指农产品质量符合保障人的健康、安全的要求”，这个定义与国际通行定义相一致。

三、食用农产品及其质量安全的一般特性

食用农产品的一般特性包含两个方面：强地域流通性和供需差异性(章力建和胡育骄，2011)。

食用农产品的原料种植及生产与环境密切相关，具有明显的地域性、季节性、气候性等特征。随着交通物流的发展，食用农产品在不同地域间相互流通，称之为地域流通性。总体来说，地域流通性是指在短时间内，食用农产品能够迅速流向远距离的区域。如此强大的地域流通性使食用农产品的质量安全问题也从产地拓展到了其他区域，因此，安全监管问题就需要不同区域政府的协调监管。

对供需差异性而言，同样分为两个方面。在供给上，生产经营食用农产品的生态、环境、社会、经济、政治、文化等因素具有很大的差异性，另外还有经营主体对质量安全信息掌握的差异性，使得同一种食用农产品因为产地、环境、物流不同而存在更大的差异；在需求上，食用农产品质量安全的差异性主要取决于消费者的饮食习惯，对质量安全的认知程度，以及消费者自身的经济实力状况。食用农产品质量安全存在供需差异，就导致政府部门的监管存在一定的差异性，在监管薄弱的地方许多不法经营者为谋取个人利益而牺牲消费者利益。

食用农产品质量安全的一般特性包含三个方面：信息不对称性，公共产品及外部性，易发性和隐蔽性(万俊毅和罗必良，2011；刘冬梅，2004)。

信息不对称性具体体现在不同群体对质量安全的信息掌握程度不一致。食用

农产品包含生产加工、生态环境、使用原料等多方面信息，但生产者、监管者和消费者之间权益的不对等容易造成信息的不对称性。这种情况下，对于消费者而言，由于没有完全掌握预购食用农产品的质量安全信息，就不能准确判断产品的内在品质及安全，因此消费者更倾向于购买低价食用农产品，最终容易造成市场中食用农产品的供求出现结构性偏差，发生“劣质食用农产品驱除优质食用农产品”的现象。同样，生产者、监管者对食用农产品的质量安全信息掌握的程度也不一样，关注的质量安全点也不尽相同，容易造成食用农产品质量安全监管失效，导致生产者的机会主义倾向和逆向选择现象频频发生。

公共产品是指某种效用扩展于他人的成本为零，而又无法排除他人参与共享的产品。食用农产品质量安全只有社会公共部门监管才能保证。对于公众消费者而言，不需要为食用农产品的质量安全保证提供任何成本，但是能共享安全。所以说食用农产品的质量安全具有公共产品性，而公共产品也是正外部性的极端情况。20 世纪，庇古和马歇尔均提出了“外部性”的概念，是指一个经济主体(生产者或消费者)在自己的活动中对他人的福利产生了一种有益影响或不利影响，而这种有益影响所带来的利益(收益)或不利影响所造成的损失(成本)，都不是生产者或消费者本人所获得或承担的“非市场性”的附带影响。根据定义，外部性分为正外部性和负外部性两种。正规的食用农产品生产者所生产经营的具有质量安全保证的食用农产品对消费者和非正规生产者而言，是具有正外部性的；而非正规的食用农产品生产经营者生产的不安全的食用农产品对消费者和正规生产者而言是具有负外部性的。在现实市场消费中，食用农产品质量安全信息的不透明性和不完全性导致正规生产者的生产对社会带来的正外部性小于非正规生产者的生产对社会造成的负外部性。

大多数食用农产品原料的种植处于开放的自然环境中，而土壤、水源、大气中存在的有毒、有害物质的成分及含量具有显著的不确定性。对于初级农产品而言，生长周期相对较长，种植或养殖过程中还会使用大量的农药、兽药、化肥、饲料补充剂等，容易存在农兽药残留、重金属超标等不确定的隐藏风险。对于生鲜食用农产品而言，在运输流通、消费货架期间极易发生腐败变质，使得经营者在采收、储藏、物流等环节大量使用各种保鲜剂、防腐剂、添加剂等，也容易出现食用农产品中非法添加物的质量问题。对于消费者而言，即使买到的食用农产品是安全的，但也可能出现非生产链中的安全风险问题，如烹饪过程中的食用风险。也就是说，食用农产品的质量安全隐患存在于生产、流通到消费的各个环节，随时都可能发生。同时也就说明了质量安全问题存在隐蔽性，也就是各环节都存在潜在的安全风险。食用农产品质量安全的隐蔽性是指对其中有害成分的识别不易通过色香味形等外在特质鉴别，需要借助相关的检测装备进行判断，并且依靠现有设备也并不能完全予以准确评估的一种特性。由于易发性和隐蔽性的存在，食用农产品的质量安全风险不容易被认知控制，使得供应链上的不同群体为降低成本谋取非法收益而故意制造风险，扰乱市场监管。

第二节　食用农产品质量安全管理工程体系的现状分析

一、食用农产品质量安全风险因子

“民以食为天，食以安为先”，随着科学技术的发展，人们对吃的追求不仅仅局限于吃饱，吃好，更趋于吃安全。随着生活水平的提高，未经深加工的天然初级农产品，也就是食用农产品越来越受到消费者的青睐。但是，这种天然的食品中同样也有潜在的风险。食用农产品中的危害物主要来源于外界生态环境的污染，也有小部分来源于原料自身。根据性质，危害物可以分为三大类：生物源危害因子，如致病性微生物及毒素、寄生虫及虫卵等；化学源危害因子，如农药、兽药、重金属等；物理源危害因子，如沙土、玻璃杂质、放射性污染等。

（一）生物源危害因子

生物源污染主要是指食用农产品受到微生物、寄生虫等的污染。食品是微生物生长的良好基质，在种植、加工、流通和消费等环节都可能存在污染问题和潜在的危害。根据世界卫生组织的估计，全球因食物污染而引发的病例中约有70%是生物性污染所致，每年受食源性疾病侵染的人数高达十亿。

微生物广泛存在于大气、水体、土壤等生态环境中，食用农产品原料中也含有多种多样的微生物，在加工、储藏、销售等环节中容易引发腐败变质，进而引起食物中毒。食品微生物是与食品相关的微生物的总称。按照微生物分类系统，可将其分为细菌、酵母菌、霉菌和病毒。按照作用可以划分为三类：发酵微生物、腐败微生物和致病微生物。其中能够引发食物中毒或是以食品为传播媒介的致病性细菌称为食源性致病菌。食源性致病菌是以食物为载体，导致人类发生疾病的一类细菌，如沙门氏菌、单核增生李斯特菌、金黄色葡萄球菌、大肠杆菌 O157等，是严重威胁人类生命和健康的常见的、重要的食源性和传染性致病菌。目前最常见的微生物污染是细菌污染，也是食品安全中最严重的问题。引发食品污染的细菌有很多，可以将其分为两类：一类是非致病菌，会降低食品的食用价值；另一类是致病菌，一定条件下可引发人类感染性疾病或食物中毒，是食品安全的最主要问题之一(徐瑗聪，2014)。

除细菌外，食用农产品中的生物污染还存在一些真菌及其毒素。对粮食作物来说，病原真菌的侵染最为严重。病原真菌常常产生一些对动植物有害的小分子次级代谢产物，被称为真菌毒素。常见的真菌毒素来源于曲霉菌属、镰刀菌属、青霉属等。真菌毒素是一类常见的食品污染物，由于其广泛的来源和较强的毒性，成为不可忽视的食品安全隐患，严重威胁着人类健康。据估计，世界上有 350 多种真菌毒素对人类和动物有毒。例如，赭曲霉毒素 A(ochratoxin A，OTA)，是由曲霉属和青霉属的某些菌属产生的次级代谢产物。由于具有多种毒理学效应，包括肝肾毒性、致畸性、发育毒性、神经毒性、免疫毒性和致癌性等，OTA 被认为是仅次于黄曲霉毒素的一种危险的真菌毒素，受到广泛关注。OTA 广泛存在于各种食品原料中，包括谷物、豆类、水果、茶、咖啡、可可、葡萄酒、啤酒等，禽肉、鱼肉、猪肉、鸡蛋、奶酪、牛奶、面包、调味品和婴儿食品中也曾检出 OTA(翟亚楠，2014；张博洋，2014)。

(二)化学源危害因子

化学源污染主要是指食用农产品受到农药残留、重金属超标、兽药残留等的污染。其中农兽药残留主要是由于种植及养殖过程中农药和兽药的不规范使用，重金属污染主要来源于工业“三废”。

农药是为保障作物的生长，所施用的杀虫、除草等药物的统称。主要是指用于预防、消灭或者控制农业、林业的病、虫、草和其他有害生物以及有目的地调节植物、昆虫生长的化学品。农药在保护粮食生产不受有害生物危害的同时，也影响农产品质量安全。农药残留是指大田施用农药防治病虫草等有害生物后，一个时期内未分解解毒而残留于收获物、土壤、水源、大气中的那部分农药及其有毒衍生物。农药残毒即农药残留毒性，是指食物或者环境中残留农药对人类的毒害，尤其是慢性毒性引起的毒害。农药残毒一般有“潜伏期长、危害面广”两大特点，特别是农药对农作物的直接污染。农药在田间喷洒后，部分农药就残留在作物上，可能黏附在农作物体表，也可能渗透到植物组织表皮层或内部，还可能被作物吸收传导而遍布植物各部分。这部分农药虽然受到外界环境的影响或植物体内酶系的作用而逐渐降解，但因农药本身稳定性的差异及作物种类的不同，这种降解或快或慢，故农作物收获时或多或少地带有农药残留，从而造成一系列农作物食用安全问题。农药的广泛使用给生态环境带来了严重的负面效应，特别是对土壤、水、空气和生物多样性产生不利影响，这些无一不对粮食安全构成威胁。农药破坏生物多样性，使得病虫草害抗药性大幅上升。农药残留的增加和病虫害的猖獗，成为世界性问题，导致综合治理难度增大，严重影响了农业可持续发展，威胁粮食食品安全(熊慧，2014)。

化肥是指用矿物、空气、水等作为原料，经过化学加工制成的无机肥料。在农业生产中，化肥能够补充农作物生长需要的养分，有效提高农作物的产量。但是，在不合理的过度使用情况下，会导致大部分化肥扩散到环境中，造成农业环境污染，出现水体富营养化、土壤中重金属积累等，进而导致农作物营养失调及重金属沉积等危害。兽药残留是指动物产品的任何可食部分所含兽药的母体化合物及(或)其代谢物，以及与兽药有关的杂质。养殖者对兽药的不当使用，容易导致兽药在动物体内的积累。过量摄入后，兽药会遍布动物所有器官，同时也能够通过泌乳和产蛋过程而残留在乳和蛋中。

重金属污染因其毒性非常大且不会被生物降解，对于人类来说是一个非常重要的担忧。随着经济的发展，我国的重金属污染问题也日益凸显，对人体有害的主要是汞、镉、砷、铅、铬及其有机毒物。重金属主要是通过工业废弃物、粉尘、废水等排放到环境中，使得环境中水体、空气、土壤等的重金属含量超标，动植物吸收后直接蓄积在体内，影响其品质、安全。重金属对人体的伤害，主要是因为重金属在人体内趋于和其他物质形成更复杂的复合物，尤其是与包含氮、硫、氧的生物配体。这些复合物形成后，会造成蛋白质的变性、氢键的破坏或者酶活性的抑制等问题。这些变化正是重金属的毒性和致癌作用的原因，如汞、铅、砷影响中枢神经系统，铜、镉、汞、铅影响肾脏或肝脏，镍、铜、镉、铬影响皮肤、骨骼或者牙齿(冉昕，2014)。

(三)物理源危害因子

物理源污染主要是指加工过程中机械操作带来的杂质，包括金属、放射性物质、机械碎屑、玻璃、首饰、碎石子、骨头碎片等。在食品安全风险评估的危害识别中，相比于化学性安全危害与生物性安全危害，物理性安全危害更容易进行风险分析和预防，通常不作为风险危害评估的重点。物理危害可造成划伤、割伤等机械损伤。对于放射性物质，其危害主要是通过水及土壤污染农作物、水产品、饲料等，经过生物圈进入食品，并且可通过食物链转移。放射性核素对食品的污染有三种途径：一是核试验的降沉物的污染，二是核电站和核工业废物排放的污染，三是意外事故泄漏造成局部性污染。

(四)自身存在危害因子

有些生物体中会存在一些天然毒素，在作为食用农产品时会因天然毒素导致消费者食物中毒。天然毒素是指生物体本身含有的或生物体在代谢过程中产生的某些有毒成分。可作为食品原材料的动物、植物和微生物中存在许多天然毒素，具体包括：苷类，存在于植物根茎叶花果中；生物碱，主要是指茄碱、麻黄碱等，存在于茄科、豆科等植物中；有毒蛋白或复合蛋白，如大豆中的胰蛋白酶抑制剂等，容易引发人类过敏反应或影响正常消化；非蛋白类神经毒素，主要是指河鲀毒素、石房蛤毒素等，多存在于河鲀、蛤类等水体生物中；毒蕈，也就是毒蘑菇，食用后能够引起中毒；其他有毒物质，如猪、牛、羊、禽等体内的某些腺体、脏器或分泌物，可扰乱人体正常代谢，甚至引发食物中毒(刘先德，2010)。

二、农产品质量安全法

《中华人民共和国食品安全法》第一章第二条提出“供食用的源于农业的初级产品(以下称食用农产品)的质量安全管理，遵守《中华人民共和国农产品质量安全法》的规定”。2006年《中华人民共和国农产品质量安全法》(简称《农产品质量安全法》)颁布实施以来已经运行了12年，为各级部门加强农产品质量安全管理、开展食用农产品质量安全监管提供了较为充分的法律依据，对提高我国食用农产品质量安全水平发挥了巨大的引领和推动作用。

(一)《农产品质量安全法》的立法理念

《农产品质量安全法》的立法理念，是贯彻于《农产品质量安全法》之中的，包括对立法的本质、宗旨、原则及其运作规律的理性认识以及由此形成的理论基础和指导思想。首先是以人为本的立法理念。要求在立法中树立以人为本的指导思想，实现以管理型立法向服务型立法的转变，在《农产品质量安全法》中体现在对公众健康保护和对农产品生产者权益保护两个方面，展现出法律对人的关怀与保护。其次是风险预防的立法理念。贯彻“风险预防”理念之前，我国农业立法的指导思想经历了“末端控制”和“末端预防”两个时期。本法标志着我国农业立法指导理念由末端防控到风险预防的变革趋势。在风险预防理念指导下，《农产品质量安全法》主张从源头对农产品质量进行管理和控制，将原本局限于流通领域的现实风险防控延伸到生产源头的潜在风险预防。该理论不仅具有理论价值，更具有实践意义，能够有效提升农业产业核心竞争力。最后是尊重客观经济规律的立法理念。法律的制定不能脱离事物的本质属性和社会发展规律。作为与社会经济生活密切相关的法律，《农产品质量安全法》在尊重客观经济规律的基础上，引入了经济学理论、信息不对称原理和“赋能催化博弈论”，来参与其规范体系的设计。这样的制度设计最大限度地实现《农产品质量安全法》的“保障农产品质量安全，维护公众健康，促进农业和农村经济发展”的立法宗旨(曾玉珊和吕斯达，2007)。

(二)《农产品质量安全法》的性质和适用范围

《农产品质量安全法》已于2006年11月1日正式施行，该法共8章56条，针对农产品质量安全标准、产地、生产、包装和标识以及监督检查、法律责任等方面做出了规定，基本实现“从农田到餐桌”全过程质量安全控制。该法以“农产品”为调整对象，填补了我国相关法律的空白。

《农产品质量安全法》实质上就是一部以农产品为调整范围的产品责任法，规范我国农产品的质量标准、质量监管及产品致人损害所承担的责任等内容。根据《农产品质量安全法》第二条的规定来看，采取了综合的立法体例，在一部法律中既确认和规范了政府对市场主体的质量监督权力，又对市场主体具体的农产品质量义务和责任做出规范，并综合运用民事、行政、刑事的手段调整政府和企业的行为。该法体现出立法者试图建立以质量安全管理为中心和以事前预防为主、事后惩戒为辅的思想。《农产品质量安全法》规定了大量关于农产品质量安全监管的内容，体现了国家对经济活动的管理，因此《农产品质量安全法》实质上兼具公法和私法的性质，它既是一部经济法，同时也是一部单行民法。另外，《农产品质量安全法》还顺应了国际产品责任立法的发展趋势。

（三）《农产品质量安全法》的缺陷

在《农产品质量安全法》颁布至今的12年时间里，我国农产品质量安全形势已发生了巨大的变化，经历了国内农产品质量安全监管制度改革最频繁和监管执行力度最强的时期，特别是2013年新一轮国务院机构改革对食用农产品质量安全监管职能做了重新划分之后，现行的《农产品质量安全法》与新的职能分工产生诸多不匹配之处，新建立的机构、管理办法和制度也迫切需要通过法律的形式确立其法律地位，《农产品质量安全法》的缺陷逐渐暴露出来。

第一，由于农产品的质量安全受其产地环境影响很大，《农产品质量安全法》中治理领域局限性大，应该加强对农产品产地环境的治理，规定农产品生产区域应不受污染源影响，有毒、有害物质含量限制在国家法律法规、强制性标准允许范围之内。禁止在产地周边建排污企业，禁止向农产品产地排放或者倾倒废水、废气、固体废物或者其他有毒有害物质，并配备相应惩处违法行为的条款，保证产地环境大气、农业生产用水水源、土壤等质量安全指标符合国家标准的相关规定。第二，《农产品质量安全法》中没有明确国家强制执行的农产品质量安全标准。比如，农产品质量安全相关的农兽药残留、重金属超标、微生物污染等风险的限量规定及检测方法，虽然在食品安全法中明确提出关于食品中的风险限量及检测，但是农产品与食品的差异导致标准不具有通用性。第三，没有体现农产品质量安全风险评估制度，尤其是针对农业投入品（农药、肥料、兽药、饲料和饲料添加剂等危害因子）的风险评估。食品安全风险评估制度评估的是危害因素，而非产品，危害因素可存在于食品中，也可存在于农产品中，建立专门的农产品质量安全风险评估制度是十分必要的。因此，本法中应明确建立农产品质量安全风险评估制度，但也需将与食品安全评估制度的关系明确化。第四，没有体现农产品质量安全管理的特殊性和创新性，我国鲜活农产品的时效要求、农产品生产主体分散、产销异地、产销分段监管等现状限制了农产品全程治理的效率和各项制度的实施，但本法中并没有考虑到我国农产品监管的特殊性。此外，农产品产销分段监管的状况对农产品质量安全的全程管理提出了不小的挑战。新《食品安全法》虽对农产品进入市场之后的相关经营主体——集中交易市场开办者、批发市场开办者、销售者的责任进行了相关的要求，但是进入市场的农产品质量安全的保障，不能仅仅依靠经营者的验收把关，监管工作仍是重点区域(李佳洁等，2016)。

三、食用农产品安全监管现状

以 2009 年《中华人民共和国食品安全法》、2010 年《国务院关于设立国务院食品安全委员会的通知》、2011 年《关于国务院食品安全委员会办公室机构编制和职责调整有关问题的批复》(中央编办复字〔2011〕216 号)为标志，我国食用农产品形成了现行的“分段式、多元化”的安全管理体系。其中“分段式”是指食用农产品产业链的种养(生产)、加工、流通和消费 4 个阶段分别由不同的部门进行管理；而“多元化”则是指同一阶段或同一事件将由多个部门共同负责。这种“分段式、多元化”的管理体系加强了对食用农产品安全的管理，但在实际运行过程中仍存在问题，诸如多部门管理造成监管成本高、协调性差；分环节管理下监管职能分散，难以实现无缝隙监管和责任追溯；安全监管工作面临边缘化风险，职能界定有待转变等。食用农产品安全监督管理涉及三个市场主体：监管方(负责食用农产品安全监管的政府部门)、被监管方[包括农用物资生产提供者、农产品企业(农户)、加工厂、批发零售企业等供应链的参与企业]及消费者(金海水和刘永胜，2015)。

为解决“分段式、多元化管理监督”方式的弊端，加强对食品产业安全生产的统一管理，依据 2013 年 3 月 15 日通过的《国务院机构改革和职能转变方案》，国务院组建了国家食品药品监督管理总局，以对加工、流通、消费环节的食品药品的安全性、有效性实施统一的监督管理。这种在国务院食品安全委员会的统一领导和协调下，主要由农业部、国家食品药品监督管理总局和卫生部门参与食品安全监督管理的新体系，减少了参与监管的部门，整合了部分监管资源，加强了流通环节的监管，明确和强化了部门职责，向统一的控制体系迈进了一大步。

从食用农产品安全监管的整体来看，不管是食用农产品供应链上哪个环节出现问题，只要在这个环节及之后的任何一个或几个环节中发现问题并进行处理，就可以避免问题食用农产品出现在消费者的餐桌上，而这也正是监管方的根本目的所在。因此，监管方不仅要重视加工环节，也应该在流通及销售环节上下足功夫，尤其是要在批发零售过程中加大监管力度，一旦发现问题食用农产品，就以足够大的力度处罚批发商。这样一来，监管方会比较方便操作。生产加工企业大幅度跨区域地销售其产品，一旦出现问题，问题发生地和产品生产地往往不一致，给监管方的追查也带来极大困难。而如果将工作重心放在本地的批发商，既可以降低监管成本，又可以提高监管收益，最终形成良性循环，不断增强监管方的执法水平。另外，批发商为避免大量罚金，自然会对进货渠道严格把关，对食用农产品进行严格检验。严格把关所产生的额外成本，批发商会将部分额外成本转移到生产加工企业身上，这将提高缺乏质量控制的中小食用农产品生产企业的运营成本，从而相对增强大型正规食用农产品生产企业的市场竞争力，有利于上游企业的优化整合；批发商也会将部分成本通过零售商转移到最终的消费者身上，导致食用农产品市场价格的提高，但由于多数食用农产品的需求弹性很高，这种转移将是非常有限的；转移不出去的成本只能在内部消化，进而对整个食用农产品批发和零售市场产生影响：小作坊式的企业将被大量淘汰，取而代之的是具有规模和质量控制优势的大中型食用农产品批发和零售企业；食用农产品生产加工市场得到整合；监督管理可以集中进行，更有效地提高了监管水平。供应链上游企业成本的加大和不法商家不合格产品没有了销路将从源头上掐断问题产品的来源，最终让非法商家在市场中没有立足之地(金海水和刘永胜，2015)。

四、食用农产品安全监管目前存在的问题

农产品质量安全问题是当前政府高度重视、社会广泛关注和全球极为瞩目的热点问题，其监管工作是一项长期、复杂、系统的工程，关系到人们的身体健康、社会和谐和国家形象，要调动政府、社会各界力量来关心和支持这项工作，才能防患于未然。要充分发挥行业自律、政府监管、社会监督的作用，齐心协力，共同做好农产品质量安全监管工作。当前，我国食用农产品安全监管存在的问题主要体现在6个方面(梅星星，2015；叶青，2014)。

(一)质量安全监管模式不平衡

当前，国内食用农产品质量安全监管以行业内政府监管模式为主，由于该监管模式是沿袭计划经济体制下的行政监管体制，属于被动型的政府监管。在实际监管过程中，监管活动的开展，受到行政部门利益影响，带有较为明显的“行政长官式”特点，致使每年从中央到地方政府投入到食用农产品质量安全监管的成本与其所取得的社会效益不成比例。而美国、日本等一些被公认为食品质量安全程度较高的国家地区，所采用的监管模式则是以企业主体监管为核心，以社会救助和保险救济为保障，以食品质量检测和安全风险评估为技术支撑的监管模式，侧重于以社会监管为主的主动型监管。因此，从监管模式存在的问题来看，国内的食用农产品质量安全监管重视行业内政府监管，轻视行业外政府监管，而以社会监管为主的主动型监管模式的构建与发展较为滞后。

(二)质量安全监管实施程度不够

从农田到餐桌各个环节都存在很多影响农产品质量安全的因素，因此，农产品质量安全监管工作是一个需要多部门联合，密切协作，全力以赴，尽心尽职的系统工程。中国的农产品质量安全管理分属农业、卫生、质监、商务、工商、食药局等数个部门，各部门各自负责本环节的农产品质量安全监管工作，但是由于各部门间缺乏信息共享平台，交流沟通不够，同时各环节之间不易区分，难以形成从“农田到餐桌”全供应链的统一质量安全管理格局。因此目前我国的农产品质量安全管理体系还是一个比较松散、缺乏高度统一协调机制和有待进一步完善的体系。

(三)质量安全检测技术不高

食用农产品质量安全检测技术是对食用农产品质量安全风险评价、农业行政执法、公平交易和市场秩序管理的重要支撑。自《农产品质量安全法》实施以来，农业行政部门作为食用农产品质量安全主管部门，对食用农产品质量安全检测进行两期规划建设，取得一定的阶段性成果，对全国食用农产品质量安全检测体系建设起到了“扫盲”的作用，但是对广大县乡镇级的质检体系来说仍处于空白阶段。随着科学技术的发展，农产品、食品、食用农产品等的安全检测技术逐渐走向快速、精确，目前发展较为成熟的快速检测方法有分子检测法、酶联免疫法、生物传感器法等，具有高灵敏度、高特异性、低成本等优势，适合在地方现场检测中大力推广，但我国先进的检测技术还处于实验室科研阶段，未能完全实现现场推广使用。

(四)质量安全监管部门之间的重叠与分割

为理清食品质量安全监管部门的职能职责，第十二届全国人民代表大会第一次会议批准并实施国务院机构改革和职能转变方案，对食品质量安全监管职责职能进行大调整，但新的改革也带来了新的职能问题。新的食用农产品质量安全监管体制下，不同职能部门之间出现新的职责重叠，由官僚组织理论下的劳动分工可知，不同部门之间政策领域越相近，因政策空间的争取、维持本部门利益而遏制部门间合作的可能性越大，进而监管效率就可能越低。2013 年国务院机构改革后，农业部负责食用农产品质量安全监管，但监管范围仅限于从种植养殖环节到进入批发、零售市场或生产加工企业前的供应链领域。同一类产品供应环节被人为分为两段。在国家相关法律、机制尚不具备可操作性的前提下，食用农产品质量安全监管出现新的真空地带，监管效率会大大降低而留下安全隐患。

(五)公众质量安全意识培养不足

目前我国全社会的食用农产品质量安全意识仍不高。表现为，部分农产品经营者质量安全意识淡薄，违禁化肥农药的使用禁而不止，农药、兽药等农业投入品使用安全间隔期等隐患仍然存在；部分生产经营者追求利益最大化，滥用添加剂、防腐剂等违法添加现象时有发生；农产品基地准出制度与市场准入制度建设有较大差距。同时，优质农产品的宣传力度不够，有机、绿色和无公害农产品与普通农产品的价格差没有形成，挫伤了生产经营者的积极性。在食品加工环节，我国很大一部分食品加工企业为小型企业，对食品利润的关注度远远超过了对食品质量的关注。部分不法厂商往往为了农产品的卖相、口味、成本不择手段地添加国家明令禁止的化学物质，同时小型企业安全培训力度不够，员工责任意识不强，质量意识淡薄，存在无规章制度或不执行规章制度现象；食品卫生环境差，添加剂使用不规范，原料和产品不经检验、不标注或乱标注生产日期进行销售等违法行为，更加重了食品的不安全因素，这也是造成我国农产品质量安全问题的很大一方面原因。

(六)质量安全网络媒体舆情应对机制滞后

网络媒体是一把“双刃剑”，维权途径网络化可以在一定程度上增强食用农产品质量安全监管的社会效果，凡是与公众生活、社会经济发展紧密相关的食用农产品质量安全事件，网络媒体已悄然走在食用农产品质量安全监管的前端，并且公众开始以网络媒体曝光率来作为评价食用农产品乃至食品质量安全的标准。因此，从公众的角度来看，网络媒体具有“排险者”的功能。然而，如果网络媒体缺乏相应的规制，对相关事件缺乏客观全面了解的网民在“宁愿信其有、不愿信其无”的从众心理下，往往是听一半、理解四分之一、零思考，却做出双倍反应，会使质量安全事件网络舆情急速恶化，其结果不仅使生产经营主体面临巨大损失，也会引发公众心理恐慌，进而对监管部门的公信力产生怀疑。在实际当中，面对非实质性的质量安全事件网络舆情监控，监管部门往往没有具体可操作的应对措施。

第三节　社会主义初级阶段农业生产方式与农产品监管的关系

一、社会主义初级阶段农业发展的特征

我国社会主义农业发展的初级阶段就是指我国农业生产力落后、商品经济不

发达、公有制和按劳分配不完全条件下建设社会主义农业必然要经历的阶段。这是对社会主义初级阶段农业经济发展特点的总体概括(刘传哲，1988)。

第一，社会主义初级阶段农业的公有制和按劳分配具有内在的不完全性。以集体经济为主体，多种经济成分并存，以按劳分配为主，承认非按劳分配是这一特征的具体体现。

农业实践中的社会主义集体所有制在我国已经有近30年的历史，当无产阶级夺取政权农民开始当家做主时，我国农业的第一个决定性的行动就是土地改革，即没收大地主的土地归农民所有。继而又经过初级社、高级社一直到人民公社，逐步实现了土地的公有制。排除了凭借私人财产来夺取经济权利和地位的可能性，提供了凭借自己的劳动享有经济权利和地位的可能，实现了社会按劳分配进行收益的可能。因此，没有实现马克思主义创始人对社会主义设想的运行效率和优化发展，且偏离我国初级阶段农业的公有制和按劳分配。问题在于，作为基础产业的农业，其发展水平有限，生产力落后，不能用超过生产力发展水平的纯粹公有制或按劳分配的生产关系机制来促进生产力的发展，相反只能阻碍生产力发展，这是社会基本矛盾规律作用的结果。

第二，社会主义农村的基本政治制度及与之相对应的农民意识形态已经在农村社会范围内占主导地位，影响农业发展的其他外部环境也相当程度地发挥着作用，但变革环境影响农业发展的过程还远远没有完结，社会主义初级阶段的人民民主还具有内在的活力和发展前景。

我国农村政治体制，是在以政治运动形式推行社会主义改造过程中形成，并随社会主义改造的深入而逐步强化和巩固起来的。这从某种意义上对农民走社会主义道路起了积极作用。社会主义经济不是私有制经济自然发展的产物，小农经济不会自发地成为社会主义集体经济，因此，农业集体所有制在实施中只能由政治力量赋予和维护。农村经济体制的改革，对原有的农村政治体制提出了挑战。农村政治体制从主要适应改造农民的政治需要转到适应农村经济发展的需要，由控制农民转到放手让农民自主上来，基本上形成了一个以政治促进经济发展的新环境。这一转变过程才刚刚开始，这是中国社会主义初级阶段农村社会的一次变革。

社会主义初级阶段农业面临的现实是，过渡时期农业的社会主义改造，决定了农业的社会主义性质，并为农业发展奠定了一定的生产力基础。中国共产党第十一届中央委员会第三次全体会议以来党的富民政策的实施给农村带来巨变，初步形成了一条适合中国国情的农业建设与发展的道路。但由此而带来的种种经济发展与改革的问题接踵而来，农业发展的种种阻碍也相继产生。每一次科技上的重大突破和改革，都将农业推上一个新台阶，进入一个新的历史时期，可持续发展的理念，以生物技术与信息技术主导的新的农业科技革命，使中国的传统农业迈上了建设现代农业的步伐，表现为农业产业结构的市场化、生产方式的集约化、经营形式的产业化、生产技术的智能化、生产管理的信息化。其中集约化是最基本的特征之一，是改变过去的粗放型、兼业化生产方式，向机械化、良种化、专业化、规模化融为一体的生产方式发展。然而我国农产品生产集约化程度低，质量参差不齐，并时常暴发农产品质量安全事故。

二、集约化农业对农产品质量的影响

集约化农业是指在有限的土地面积情况下，投入大量甚至是超量的资本和人力，最大限度地使土地产出更多的产品的农业。随着世界人口的不断增加和人类消费结构的不断变化，这种集约化农业生产将不断增强。农业是人类社会生存与发展的基础，同时也是社会发展的基础性产业，是生产部门生存与发展的必备条件。而农业集约化的经营是以产生社会效益和经济效益为根本性目的的，现代农业的发展趋势是以投入最小的成本来获得最多的回报。在当今时代的大背景下，推进集约化农业发展对转变农村经济发展方式有着重要的作用。然而，在推进集约化农业发展的过程中也存在一些问题。

新中国成立以来，随着农业生产的发展，为确保农产品有效供给，在农田基本建设、农用生产资料、农业机械及其他现代农业技术方面的投入逐年加大，农药、化肥、农膜等使用量不断增加。农药施用从20世纪50年代初开始，60～80年代农药用量逐步增加。自1983年国家禁止生产和施用有机氯农药以后，农药种类由过去汞、砷制剂和有机氯等高残留、高毒品种为主，改为以高效、低毒、低残留的菊酯类农药或生物农药为主。目前，无公害的生物农药已开始推广应用。化肥使用也始于50年代，起初只是作为有机肥的一种补充，自70年代以来，化肥生产量和施用量有了较快增长。随着设施农业和保护地栽培的迅速发展，塑料薄膜用量也有较大增加，每年覆盖面积达100万hm^2。农业集约化水平的不断提高和现代农业技术的广泛应用，极大提高了农作物单产，保证了农产品总产量的稳步增长，但这种集约化的农业生产由于投入了大量的化肥、杀虫剂等化学工业产品，势必对土壤、农产品和环境造成影响：一是造成农业生态环境污染和破坏；二是导致农作物产量降低，生产成本升高；三是导致农产品品质下降，部分农产品中有毒有害污染物残留量增加，造成农产品自身营养成分降低，口味变差、品质变劣。

农产品作为集约化农业生产的主要目标，是大量投入人力和物力针对的主要对象，这势必会对作物的生长发育及生态环境等产生直接的影响，最终影响农产品的质量安全，困扰安全监管。也就是说在利用集约化提高产量与农产品的质量监管之间是存在显著矛盾的(邵华为和芮玉奎，2013)。

三、组织化程度与农产品监管的矛盾

20 世纪 80 年代以来，国内学者开始结合中国特有的国情对产业组织理论进行研究，从而构建了一套比较具有中国特色的理论体系，形成了一个具有中国化产业组织理论思想。产业组织理论在中国的发展过程主要有以下三个阶段：第一阶段主要以引进和学习为主，并应用该理论对中国的产业组织问题进行了尝试性研究；第二阶段是结合我国国情，形成中国特色产业组织理论的阶段；第三阶段将“赋能催化博弈论”等新的分析工具加入产业组织理论的研究中，运用新的方法对中国的产业组织问题做出更深入的研究(万梅，2016)。

关于农民组织化，学术界存在不同的定义。第一种，认为农民的组织化至少包括两个方面的内容：一是指农民在生产经营过程中分工与协作的程度，它体现农民与农民、农民与其他经济主体之间的经济关系；二是指农民作为一个劳动者集团的社会组织化水平，反映着农民的社会政治地位、利益和权利。第二种，从政治学的角度限定农民组织化的内涵：村民参与由村民委员会主导的村级事务的过程，以及村民委员会动员和领导村级活动的过程。第三种，认为农民组织化是指农民在生产经营小(规模小)、散(经营分散)、弱(经济实力弱)、低(市场程度、科技水平低)的情况下，以政府有效引导、农民自愿为原则，运用新的经营方式，采取新的经营手段，把农民组织起来，为加入世界贸易组织后农民合力闯市场，提供载体。第四种，认为农民组织主要是由农民自发组织的，或者农民在政府的推动和支持下组织的，但参与主体主要由农民构成，目标在于更好地实现农民的政治、经济利益或完成某种社会保障功能而组建成的民间社团。它可以是农民的经济合作组织，也可以是农民的政治利益集团，但绝对不是国家机构的一部分。并认为中国农民组织化是指农民组成民间社团的行动和过程，而绝非要把农民组成某种正式的或官方的、国家机构的一部分(韩晓翠，2006)。

20 多年来中国农村组织制度变迁的过程实质上是市场经济体制确立、工业化步伐加快、农村组织整合、创新明确行动目标与构建行动条件的过程。就所有制来看，表现为集体经济、股份合作经济、合伙经济、合作经济组织形式并存；就农民组织化进程中重点合作的产业领域来看，表现为由生产领域的合作向加工与流通环节的合作转变的特征；从组织边界来看，体现出既有组织的调整，又有组织之间的合作行动，前者尤以农村双层经营组织结构性变迁为典型，一方面，集体统一层次沿用了过去体制中的成果；另一方面，农户家庭分散经营层次为重构中的社区合作经济组织注入了新的机制活力，进而受这一层次组织资源的影响，促进了专业性合作经济组织的形成。由此，在社区合作经济组织、专业合作经济组织与农业企业的推动下，形成了以契约为合作保障的农业一体化经营组织体系，在组织载体上有农工综合企业、合作社等。这种具备约束分工、协作功能的“自律机制”的农民组织化主体依据环境的变化进行多种形式的联合与合作(王勇，2004)。

我国农业以农户为基本的生产组织形式，生产加工企业也是以小规模企业为主，这已经成为农产品质量安全的一大隐患。没有农业生产的产业化、加工企业的规模化，就难以做到农产品生产的标准化，也难以切实提高农产品质量水平，影响农产品监管。作为农产品生产大国，积极开拓农产品国际市场，扩大农产品出口，对于促进农业结构调整和农业产业化经营，提高农产品整体质量水平和安全体系建设水平具有重要作用。但是，从国内来讲，农民组织化程度不高，农产品加工出口企业太散太弱，农产品出口总体上停留在“数量扩张”型，尚未转变到“质量扩张”型。近年来，我国农业标准化体系建设取得了很大进步，但与尽快提高我国农产品国际竞争力的要求尚远，构建我国农产品的质量保证体系，需要政府、行业和企业、农户的共同努力，协同作战，缺一不可，特别是必须充分发挥农产品行业组织的作用，提高我国农民和企业的组织化程度(曹绪岷，2004)。

四、社会服务体系对农产品监管的影响

随着农村改革的不断深化和现代农业的快速发展，农业经营方式不再是一家一户“单打独斗”“刀耕火种”，而是呈现出“集约化、专业化、组织化、社会化”的特点。面对农业发展的新形势，传统农业服务体系逐渐“失灵”，建立新型农业社会化服务体系已是形势所迫、大势所趋。20 世纪 80 年代初，为发展农村商品生产，我国初步提出发展农村社会化服务体系的概念，并对其内容、要求和途径进行了探索，重点是利用原有组织资源，转换原有农业服务机构的职能，发展新的服务组织。90 年代，明确提出了建立农业社会化服务体系的内容、形式及发展原则和具体政策，农业社会化服务体系建设的重点是大力发展专业经济技术部门。随后的重点是改革专业经济技术部门和扶持农民专业合作经济组织。

近年来，农业社会化服务发展较快，一个重要的原因就是扶持多种形式的农业社会化服务组织发展，初步形成了公益性服务组织、营利性服务组织和非营利性服务组织相互补充，农技推广部门、专业合作经济组织和龙头企业等多方参与的多元化发展格局。但是，农业社会服务化体系的建设仍然存在一些问题，导致农产品质量监控存在一定的漏洞(宋洪远，2010)。

首先，公共服务机构服务能力不强，尚不能成为农业社会化服务的依托力量。公益性农技推广体系建设虽有所加强，但基层农技推广管理体制依然不顺、队伍素质依然不高、设施条件依然落后、服务能力依然不强：部分地区县乡两级动物疫病防控机构不健全，难以及时发现、报告和有效控制重大动物疫情的暴发与传播；农产品质量监管体系尚未形成，省级以下农产品质量监管机构和公共质检机

构不足，对农业投入品和产地环境缺乏有效检测监管。其次，合作经济组织不健全，难以发挥基础性作用。部分农民专业合作社的农民参与率仍较低，自身发展困难，对农户带动能力不足。再次，龙头企业等营利性机构与农户缺乏长期稳定的利益连接，一些龙头企业在与农民签订的购销合同中，不少是“霸王条款”，农民的利益没有得到充分保护。最后，专业服务公司、农村经纪人等其他社会力量参与农业社会化服务过程中难以发挥有效作用。

目前，农民对农业服务的需求已经由单纯的生产环节服务向资金、技术、信息、加工、运输、销售、管理等综合性服务扩展，但现有的服务主体在产前、产中提供的服务较多而产后服务较薄弱。同时，因农产品市场竞争激烈、情况复杂，农民对农业社会化服务质量的要求越来越高，但由于服务收益较低、自身积累能力不足、基础设施较差、服务手段简陋等原因，公益性农业社会化服务发展相对滞后，无法提供高效优质的服务，特别是在公益性农技推广、动植物疫病防控和农产品质量安全监管等方面不能满足需求。此外，一些社会化服务组织在经营过程中违法乱纪，肆意定价，侵害和剥夺农民的利益，造成农民怨声载道。有的坑蒙拐骗，弄虚作假，不仅给农民造成了严重的经济损失，而且败坏了政府和社会化服务组织的形象。

五、土地流转对农产品生产的影响

土地是农业发展最基础的生产资料，对农业的现代化发展有着重要的不可替代的作用。实施土地流转是农村经济发展和劳动力转移的必然结果，有利于实现土地的规模经营和农业技术的产业化、标准化、水利化和集约化等，促进农业的现代化发展。同时能够促进第二、第三产业的发展并且有利于农村劳动力转移的加快。2013 年，中央提出了“以我为主、立足国内、确保产能、适度进口、科技支撑”的国家粮食安全新战略，并把加强土地流转、扩大经营规模作为提高粮食产量的重要措施。土地流转制度长期以来都是国内外研究的热点，并取得了丰硕的成果。农村土地流转规模不断扩大，一方面，对于充分利用土地资源、提高粮食产量发挥着积极作用；但是另一方面，流转土地非粮化、非农化现象日益严重，其对粮食安全的消极作用不容忽视(谢洪福，2014)。

(一)土地流转对农产品耕种的影响

土地流转促进了大型机械的运用，促进了新技术、新品种的推广。土地流转促进了传统机械向新型智能化机械的应用转变，提高了机械作业效率。土地流转前粗放的施肥方式已不能满足现代化生产的需要，流转后机械施用测土配方肥，大大提高了肥料利用效率，为粮食丰产打下基础。土地流转前种子品种杂、乱、多，不利于提高粮食产量及品质，流转后使用当地推广的新品种比以前的品种更适应当地的气候，有利于单产的提高；统一品种还可以提高粮食商品化率，增加收益，并且流转后农产品的安全和质量有了极大的保障。

（二）土地流转对农产品田间管理的影响

土地流转促进了田间管理方式的科学化。在病虫草害防治方面，流转后机械喷药比流转前的人工喷药大大提高了作业效率。土地流转前，田间管理松散，作物产量低；土地流转后，加强粮食生产显著提高单产。土地流转后对农药化肥的施用管理更加专业、更加科学，田间管理更加专业、科学，并且有农机专家对农业生产进行指导，有利于提高农产品生产安全和产品质量，对农产品安全有着十分重要的影响。

（三）土地流转对农作物收获的影响

土地流转可以促进机械化收获，大大提高劳动生产效率，解放生产力。土地流转前多采用人工收割方式；土地流转后，由于规模化生产，逐步实现机械收获、机械运输，劳动效率大大提高，并且促进了农业副产物的利用，进而提高下季作物产量和品质。土地流转前，农产品保存多采用人工处理，利用天然环境进行脱皮脱粒，容易混入石粒等杂物，影响粮食品质；而土地流转后，采用集中脱皮、存放风干、脱粒保存，对农产品的质量和安全影响甚大。

六、城镇化对农产品监管的影响

农业在国民经济中占有重要的比重，是非常重要的部分。城镇化在一定意义上代表着中国现代化发展程度。2012 年中国共产党第十八次全国代表大会提出“坚持走中国特色新型工业化、信息化、城镇化、农业现代化道路”。“四化”相互协调发展，可以使国民经济实现快速健康发展。农业现代化与城镇化的进一步融合更是加快了城乡实现一体化的进程。2014 年中共中央、国务院印发了《国家新型城镇化规划(2014—2020 年)》，指出了城镇化是现代化的必由之路，也指出了我国需要发展现代农业，构建城镇农产品市场流通网络格局。2015 年年末全国农业工作会议在北京召开，会议明确指出 2016 年我国要大力发展农产品加工业和农产品市场流通。在农业现代化与城镇化的关系上：第一，城镇化的进程会导致一部分农业人口向非农业人口进行转移，使得剩余劳动力转向农产品流通行业。第二，城镇化的进程也导致了一些基础设施的改善，这也使得农产品流通效率得以提升。第三，城镇化的进程也会导致人民生活水平提高，人民生活质量得以改善，使得农产品需求扩大到一个新的阶段(梁雯和王欣，2016)。

城镇化就是农村人口转化为城市人口的过程，其不仅表现为农村人口居住地向城镇迁移，还表现为农村劳动力向城镇第二、第三产业的转移。城镇化带动城市经济发展的同时，也为我国农业实现规模化生产提供可能。新城镇化是在社会快速发展、人口结构和经济结构调整的背景下提出的，其内涵从过去片面追求扩大规模、扩张空间的物质导向型，转变为提升城市精神文明建设、改善公共服务质量的精神导向型。建造更有品质、更有利于人类居住的新城市，用科学发展观统领新城镇化建设是主要宗旨。农产品质量决定居民生活质量，因此在新城镇化背景下，务必要处理好城市与农村的关系，解决好农产品供需矛盾，保障好农产品质量。

首先，新城镇化大部分农村人口转变成城市人口，对农产品质量要求提高。城镇化使得农产品的消费者群体发生结构性转变，城市居民更注重农产品的绿色无污染，在农产品质量方面有着高要求及较强的消费观念、法律意识、环保意识、品牌意识、维权能力。在这种情况下，整个部门需要加强对农产品质量安全的监管力度。其次，农村居民和土地减少，粮食等农产品的供给难以得到有效的保障，在供需矛盾前提下，农产品质量会随着市场调节出现问题。对农产品需求的增加是新城镇化要解决的必然问题，因此新城镇化建设要与农业现代化相辅相成，必要的时候适当增加进口。但是过度进口农产品来保证人民的需求将会对我国国家安全造成威胁，所以国家会严格控制进口农产品的数量，在这种供不应求的情况下，为了满足市场的需求，我国农产品的安全问题非常值得关注。市场调节存在一定的自发性和盲目性，因此需要国家干预保障农产品质量安全。

面对集约化、组织化、社会化、土地流转化、城镇化对农产品监管提出的新要求，我国农产品质量监管应重点加强以下几个方面(王亚楠和赵德升，2014)。

第一，丰富和完善我国的质量安全法律法规体系。《农产品质量安全法》作为我国农产品质量的重要法律，为其他相关法律的发展奠定了坚实的基础。但是关于农产品质量安全监管的专项法律法规明显缺位，这种情况就加大了监管的难度。唯有在《中华人民共和国药品安全法》《农产品质量安全法》等专门性法律的支撑下，结合我国农产品质量问题的实际情况，全面开展相关风险分析。不仅如此，还要加强对农产品生产过程的各个环节进行监控。农产品的质量问题是具有一定连带属性的，具体表现在从农业投资到农业销售的整个生产流程中，任何一个环节出现问题都会导致整个商业链的脱节。初级农产品有问题，深加工的农产品质量一定也不合格。因此需要建立明确的法律法规，对农产品的产出进行严格并且明确的规定，以使得生产者有法可依。确保相关部门能够明确自己的职责，做到有法必依，有法能依。

第二，确立明确的监管目标，定义有效的实施手段。明确的法律监管目标是法律监管成功的基本前提，而强有力的监管手段是实现监管目标的重要保障。我国农产品需求的高速增长迫使其产业结构快速转型，必须及时控制农产品的质量安全才能维持社会的稳定。农产品质量安全问题处于高发和矛盾凸显时期，特别是规模化、集约化的生产方式，会运用许多现代科技手段到农产品生产加工过程中，更加加重了农产品监管的负担，对技术上的要求提高，增加了监管的难度。所以我国农产品质量安全监管的专项法规中，要对监管的目标及监管手段做出明确规定。监管目标与监管机构相对应，遇到问题不至于相互推脱。对已经出现的质量问题，必须用强有力的法律手段予以处罚，将农产品质量问题的苗头扼杀在摇篮里。

第三，适时调整和修订法律法规。新城镇化背景下，伴随农村及城镇生产生活结构的变化，是否要规范或者提高农产品质量安全标准，以及对即将面临的现代化农产品生产方式，是否建立标准的生产体系，这些都要用新的法律法规来进行规范。借鉴国外经验，法律要根据社会的变化做出适时的调整，以适应和规范社会中新出现的问题。因此要在完善我国现有的综合性法律和相关性法律的同时，颁布新的法律法规来适应市场需要。整理我国之前法律相关规定，对于不适应社会需要的法律进行清理，将不利于农产品质量安全的法律法规废除、调整或者重新修订，建立不仅适合我国现代国情而且更加与国际接轨的新时代农产品质量安全监管法律法规体系。

第四，完善和落实农产品质量责任追溯制度。追溯制度在农产品质量法律法规中是一项独具特色的要求，其可根据农产品的生产流程，逐步对质量问题进行追查。但是该制度在现实实施中还存在很多问题。例如，质量责任追溯制度并未全面、强行推行，以至于很多地方的农产品质量责任追溯制度“徒有虚名”，因此应该从以下几个方面完善和落实农产品质量责任追溯制度：按照农产品差异，确定产品种类及实施地区；政府法律部门加大管控力度，并给予经济支持；通过市场机制，鼓励消费者参与农产品追溯机制；严格把关化学添加剂的使用门槛，把握滋生质量问题的根源。新城镇化的展开，人们的法律意识也会随之增强，在遇到农产品质量问题的情况下，追溯的途径比较明确，手段比较多样，可以通过销售者或者生产者，在这种背景下，农产品质量责任追溯制度相对以前更容易实施。

第四节　农产品质量监管的理念原则

一、农产品质量监管理念分析

现阶段，农产品质量安全监管已成为一项艰巨紧迫的任务，它关系到公民的生存与发展，关系到企业的发展与社会的和谐，还关系到社会秩序与公平正义的实现。因此，对我国农产品质量安全监管进行理性分析，可以有效保护我国公民的合法权益(李长健和韦冬兰，2011)。

(一)和谐发展理念

农产品质量安全直接关系到经济的可持续发展，关系到人与社会、自然和谐发展。农产品质量安全监管对人的全面发展及经济持续发展的重要性具体表现在：首先，经济的可持续发展要建立在社会的可持续发展基础上，而农产品质量安全问题引发的食品安全问题不仅损害个人利益，还损害了社会可持续发展的基点。可持续发展的目标就是以社会整体利益为主，实现社会、经济、生态协调发展，永续不断，最终实现人的全面发展。其次，经济的可持续发展应该是可循环的、长远性的经济发展。要实现可持续的社会经济平衡发展，则要实现将自然平衡与人为平衡结合、将市场调节与国家宏观调控相结合的综合平衡。最后，农产品质量安全的问题还会使其他生产经营者形成从众心理和行为。解决农产品质量安全问题，以点带面，既是对不法经营的否定和打击，也是对合法经营的认可和鼓励，保障了经济的持续发展。在农产品质量安全监管工作中要坚持以人为本，树立全面、协调、可持续的发展观，促进经济社会和人的全面发展。

(二)社会秩序与社会正义理念

所谓秩序，是指在自然界和人类社会运转过程中，事物之间存在着某种程度的一致性，事物发展变化具有某种程度的规律性，事物运动的前后过程呈现出一定程度的连续性，事物的性质在一定时间内具有相对的确定性。市场秩序是社会秩序最为重要的构成部分，市场秩序的基本要求表现为在市场经济中各种关系的稳定性、结构的有序性、行为的规范性、进程的连续性、事件的可预见性及财产和心理的安全性。农产品质量安全问题将影响到市场的有序性，影响经济的发展和社会的安定。

约翰·罗尔斯指出：所谓“作为公平的正义”，即意味着正义原则是在一种公平的原始状态中被一致同意的，或者说，意味着社会合作条件是在公平的条件下一致同意的，所达到的是一种公平的契约所产生的结果也将是一种公平的结果。法律是维护和促进正义的重要工具，正义是法的实质内容和根本宗旨。农产品质量安全立法的最终理念是实现社会正义，建立与完善农产品质量安全法律制度是为了保障广大消费者的权利，同时兼顾弱势农产品生产者的利益，促进农业产业共同发展，保障共同福利的基本法律形式。通过协调生产、流通、销售等环节，充分发挥各领域的管理职能，促进经济和社会发展，其终极目标必然被归结为实现正义价值。

(三)生存权与发展权并重理念

“民以食为天”，食品是人类生存的第一要素，是实现人类生存权与发展权的基本保障，农产品是食品原材料的直接来源，它与食品有天然的密切联系，因此重视农产品质量安全问题是维护基本人权的最根本的保障方式。生存权作为法律概念是基于特定物质生活条件而提出的，其不仅是指人的生命不受非法剥夺的权利，而且还包括每个生命得以延续的权利。而农产品质量安全与人的生存权、健康权天然地存在不可分割的联系，人类的基本生活离不开农业活动，其质量安全必然影响人的生存权与健康权。获取有足够营养和安全的食品是每个人的最基本权利，不因消费食品而使健康受到损害。要保证人们安全地消费食品和维护人们的消费权益，有效地控制农产品质量安全势成必然。

保障人权不仅要保障人的生存权，还要保障人的发展权。生存权与发展权相生相伴，发展权是一项人权，因为人类没有发展就没有生存。发展权作为第三代人权，其产生有着深刻的历史背景和现实基础。食品的最基本功能在于维持生存，安全则是食品的基本属性。在和谐社会背景下，发展权问题逐渐明显化，保障农产品质量安全成为实现发展权的一个重要内容。牢固树立“以人为本、安全发展”的理念，切实做好农产品质量安全工作，建立农产品质量安全保障体系，这样不仅保障公民的生存权和健康权，还为公民的发展权的实现提供现实基础，同时也成为经济持续发展的保障。

二、国内外农产品质量监管理念比较

(一)保护“公共利益”与保护“产业利益”

保护公共利益，维护消费者权益，是政府实施质量安全管控的出发点。同样，保护经济利益，确保产业发展，也是政府职能之所在。二者孰轻孰重，是放弃消费者利益，维护产业发展，还是保护公众利益，牺牲产业发展，这在发达国家已成为评判国家食品安全管控的重要标准之一。欧洲和美国等地区和国家都把保护消费者利益作为政府应尽的职责，政府制定和实施食品安全法的目的就是为了依法维护公共利益。例如，英国食品安全监管机构——食品标准署就是以保护消费者利益为导向，一方面向公众提供相关的食品质量信息和涉及质量安全的决策信息，另一方面让消费者代表常驻食品标准署，为各项食品安全政策的制定提供建议。此外，食品标准署还与消费者参与的咨询委员会和消费者顾问小组密切合作，以便让消费者获得专业的建议。

然而，中国不少地区的地方政府依旧将经济发展放在第一位，优先考虑地方产业发展。在此观念指导下，对当地农产品生产者和经营者的质量管理“睁一只眼，闭一只眼”，只要不出现大的安全事件就不去监管，或找种种理由阻碍落实管控政策。所以，中国消费者很少有机会参与质量安全的决策，在产业利益的压力下处于劣势的消费者只能成为被牺牲的对象。

(二)以“预防”为主与以“检查处理”为主

目前，指导发达国家质量安全管控的理念已由原来的“检查为主”转变为“预防为主”，如美国，从20世纪80年代开始就强调预防为主的食品安全管控。2011年美国颁布实施的《食品安全现代化法案》第一项内容就是对食品安全的预防管理。该法案要求食品生产和加工企业，以及为农产品提供包装和储存的企业必须制定基于风险的“食品安全体系规范”(Hazard Analysis and Critical Control Point，HACCP)。实施该计划的企业能够预先识别质量风险，安排好控制措施，监管出现质量隐患的关键点，有效预防农产品质量安全问题的发生。德国食品安全监管始终强调“预防为主”，在生产过程中尽可能采取一切积极有效措施，将发生食品安全的风险降至最低。

当前中国农产品质量管控更多的是以“处理为主”的事后监管。在这种管控理念指导下，质量安全管控部门疏于日常对生产、加工和流通的质量监管，一般是在重大质量安全事件发生后，在事故对社会造成负面影响或损失已经发生了的情况下，才自上而下、自后而前地进行检查和行业整顿。这种管控方式，一方面会产生高昂的成本，如“三聚氰胺事件”对消费者的直接赔付约11.1亿元，为确诊三聚氰胺可能导致的相关疾病进行的医疗检查投入约3亿元；另一方面，还会导致农产品生产经营主体疏于对生产过程和流通过程中常规的质量控制，缺乏安全农产品供给动力，未能有效预防农产品质量安全事件的发生(李长健和韦冬兰，2011)。

三、食用农产品质量监管基本理论

(一)全面质量管理理论

1961年，美国的菲根堡姆在其《全面质量管理》一书中首次提出“全面质量管理”(TQM)概念。他认为，全面质量管理是为了能够在最经济的水平上，并考虑到充分满足客户要求的条件下进行生产和提供服务，把企业各部门在研制质量、维持质量和提高质量的活动中结合为一体的一种有效体系。这个理论被世界广泛接受和运用，得到了进一步的扩展和深化，其含义远远超出了一般意义上的质量管理领域，成为一种综合的、全面的经营管理方式和理念。全面质量管理的任务是在行政管理、技术管理和法制管理的基础上，发展健全一套完整的全社会质量管理体系，通过社会质量管理体系对质量进行有效的监督和管理。全社会质量管理体系的建立，不仅在思想、理论和体制上有明显突破，同时也使企业对质量的自我约束转向社会的法制约束，在强制规范中合理竞争，并使消费者得到保护。应用到食用农产品质量安全监管上，要求政府、行业组织和企业、农户、消费者共同努力、齐抓共管，形成监管合力，有效保障食品安全。

(二)系统理论

系统理论是研究系统的模式、结构和规律的一门科学。现代系统论认为任何事物都是一个系统，系统是由若干相互联系的基本要素构成的，是具有确定的特性和功能的有机整体。食用农产品质量安全系统根据影响食用农产品质量安全的要素性质，可以分为三个子系统：一是物质类要素质量系统，由农作物种子、农兽药、肥料、饲料、土壤、水及大气等质量要素组成；二是非物质类要素质量系统，由生产的农艺过程标准、检验检疫方法、加工包装、保鲜储存运输、流通销售、质量监督管理措施等要素质量组成；三是农业辅助类要素质量系统，由农业工程、环境保护、农业机械等质量要素构成。食用农产品质量安全监控是一个复杂的系统，必须对它进行系统分析，找出影响质量安全的关键要素，进行重点控制，才能有效保证食用农产品的质量安全。

(三)控制理论

控制理论是研究各类系统的调节和控制规律的科学，包含了调节、操纵、管理、指挥、监督等多方面的含义，是研究如何利用控制器，通过信息的变换和反馈作用，使系统能自动按照人们预定的程序运行，最终达到最优目标的学问。控制的基本类型主要有事前、事中、事后控制及直接控制和间接控制。控制理论在食用农产品质量安全管理上的应用，主要表现为对食用农产品实施产前、产中和产后质量安全控制。食用农产品质量安全监控有三个要素：一是明确的食用农产品质量安全标准或目标；二是充足且及时的食用农产品质量安全相关信息；三是找出关键控制点，实施重点控制措施。对食用农产品质量安全进行监控，首先要制定明确的质量安全标准或目标，然后利用各种监测手段对农产品生产全过程及其最终产品进行监测，及时分析监测结果，根据结果采取有效措施进行调控。

(四)HACCP 理论

HACCP 管理体系是一个预防性的、不同于传统质量检验的质量保证系统，用于保护食品，防止产生生物、化学、物理危害的食品安全控制体系。国家标准 GB/T15091—1994《食品工业基本术语》对 HACCP 的定义为“生产(加工)安全食品的一种控制手段：对原料、关键生产工序及影响产品安全的人为因素进行分析，确定加工过程中的关键环节，建立、完善监控程序和监控标准，采取规范的纠正措施”。食品加工行业用 HACCP 体系来分析食品生产的各个环节，找出具体的安全危害关键点，并通过采取有效的预防控制措施，对各个关键环节实施严格的监控，从而实现对食品安全危害的有效控制。HACCP系统是以预防为主的质量保证方法，可以最大限度地减少产生食用农产品质量安全危害的风险，已成为世界公认的有效保证食品安全的质量保证系统(张志波，2014)。

四、提升食用农产品质量监管的建议

(一)强力推进体系建设，全面落实目标责任

对于体系建设不足的现象，各地区政府机关应当及时落实属地的管理职责，相应的农产品质量安全检测部门也应当增加机构编制，并加大对农产品质量安全监管部门的投入力度，在经费等方面给予保障，设立专项管理资金，对农产品的质量安全标准及检测手段要加强；同时，要提升队伍的总体素质和工作能力，落实监管职责。

(二)深入开展源头治理，着力解决突出问题

对于农产品的源头管理，应当加强执法监督力度，治理与监管相结合。政府等部门也应当加大潜在问题的排查和检查工作，对农药应当实行专项管理，成立蔬菜农药超标整治办公室，采取专项专治的原则，加强重点问题的监测力度。积极推行连锁种植与经营模式，建立长期的规范化经营模式，建立起农资产品的准入制度，加强对农产品主体的管理，建立诚信档案，建立起售后服务监督举报电话业务，使农产品的生产经营能够追根溯源，有据可查，有法可依。加大农资打假力度，强化案件的曝光，增强执法部门的执法力度。严格按照科学的标准使用农药；鼓励绿色农业的发展，加强各地重点农业种植区域的重金属检测力度，避免环境污染影响农业的发展，整体推进标准化农业生产的发展，实现农产品产销全程监控模式。

(三)完善监测预警机制，增强风险防范能力

加强各地政府的舆情监测预警制度的建设，健全农产品质量安全应急制度，便于快速处理农产品安全事件，通过专业科学处理，可以最大限度地减少损失，保护消费者的生命安全。强化各地质量监测力度，扩大监测范围，加大检测力度和检测次数，尤其是农药在农产品中的使用，要经常进行检查和化验，加强农产品监督力度和监管手段。强化各级抽查职能，加大执法力度，对违法违规的农产品和行为，要进行科学的处理，积极做好“米袋子”工程。

(四)不断创新工作方法，着力推进长效机制建设

根据目前农产品质量安全检测的实际情况，政府在常规监管工作过程中要树

立起创新意识，积极建立起农产品安全质量监管制度和监管模式，要把工作落到实处，积极探索有关农产品质量安全检测的成功模式，全面保障农产品质量安全管理工作的积极开展。要加大经费的投入，加强设备的投入，建立健全检测与化验室，制定长远规划，着力推进农产品质量安全检测的管理工作，建立长效机制，实施农药定点经营及实名购买制度，构建放心农业体制，责任到人，落实到位，实施分片包干的网络化管理，对于工作不达标的，采取一票否决制度；同时，还要提升整体队伍素质，执法人员实行全岗位轮训，增强防范意识(刘翠兰，2014)。

本章小结

“民以食为天，食以安为先”。食用农产品质量安全管理是长期以来我国政府公共管理和公共服务的重要内容，而监管体制建设是保障食用农产品质量安全的重要组成部分，是实现“从田间到餐桌”全程质量管理的主要抓手。《食品安全法》《农产品质量安全法》的出台及修订，逐渐明确了生产经营者、地方政府、各监管部门的食品安全责任体系，成为食品安全工作的重要保障。食用农产品的安全管理从集约化程度、组织化程度、土地流转等，发展至今与各质监部门之间逐渐建立了一种扩展赋能催化博弈模型。对食用农产品建立有效的质量安全监管机制、制订相关策略和构建现代食用农产品具有一定的指导意义。

食用农产品问题关系到城乡居民身体健康、农产品市场竞争力与社会稳定和谐。食用农产品质量安全问题涉及国计民生，更是社会关注的焦点。但是随着我国农村经济的迅速发展，食用农产品的供给量、多样性都在不断增长，但食用农产品质量仍然存在安全隐患，现实状况不容乐观。因此如何积极探索一种适合我国国情的、面向食用农产品全产业链的质量安全管理模式与策略，不断创新监管制度，提高质量安全水平具有重要的现实意义。

参 考 文 献

曹绪岷. 2004. 提高生产企业及农户的组织化程度——构筑农产品质量安全保障体系. 对外经贸统计, (3): 20-21.

韩晓翠. 2006. 中国农民组织化问题研究. 山东农业大学博士学位论文.

金海水, 刘永胜. 2015. 食用农产品供应链风险识别及其安全监督管理研究进展. 食品科学, 36(13): 265-271.

李长健, 韦冬兰. 2011. 关于我国农产品质量安全监管体系的探究. 湖南工程学院学报(社会科学版), 21(2): 58-66.

李佳洁, 李楠, 任雅楠, 等. 2016. 新《食品安全法》对《农产品质量安全法》修订的启示. 食品科学, 37(15): 283-288.

梁雯, 王欣. 2016. 城镇化与农产品流通关系研究——以安徽省为例. 物流科技, 39(6): 1-5.

刘传哲. 1988. 社会主义初级阶段农业发展的特征及面临的任务. 农业经济, 3: 001.
刘翠兰. 2014. 农产品质量安全监管存在的问题及工作思路. 北京农业, 30: 3.
刘冬梅. 2004. 农产品质量安全管理对策研究. 西北农林科技大学硕士学位论文.
刘先德. 2010. 食品安全与质量管理. 北京: 中国林业出版社.
梅星星. 2015. 食用农产品质量安全监管理论与实践问题研究. 华中农业大学博士学位论文.
冉昕. 2014. 试纸-仪器联用快速定量检测重金属汞镉铅铜铬镍的研究. 中国农业大学硕士学位论文.
邵华为, 芮玉奎. 2013. 集约化农业生产中玉米籽粒大量元素含量分析. 安徽农业科学, 41(22): 9413-9417.
宋洪远. 2010. 新型农业社会化服务体系建设研究. 中国流通经济, 24(6): 35-38.
万俊毅, 罗必良. 2011. 风险甄别、影响因素、网络控制与农产品质量前景. 改革, (9): 78-85.
万梅. 2016. 产业组织化程度对农业技术推广效率的影响分析. 海南大学硕士学位论文.
王亚楠, 赵德升. 2014. 新城镇化对农产品质量的法律要求. 赤峰学院学报(汉文哲学社会科学版), 35(10): 67-68.
王勇. 2004. 中国农民组织化问题研究. 东北农业大学博士学位论文.
谢洪福. 2014. 关于土地流转和农业现代化的思考. 中国农业信息, 3: 195.
熊慧. 2014. 利用乙酰胆碱酯酶抑制法检测农药残留试纸片的研制. 中国农业大学硕士学位论文.
徐瑗聪. 2014. 食源性致病菌核酸分子标识库及 LAMP 快速检测技术的研究. 中国农业大学硕士学位论文.
叶青. 2014. 我国农产品质量安全监管对策研究. 西南大学硕士学位论文.
曾玉珊, 吕斯达. 2007.《农产品质量安全法》立法理念探析. 经济研究导刊, (7): 140-142.
翟亚楠. 2014. 赭曲霉对水稻种子萌发的影响及水稻赭曲霉毒素 A 的脱除. 中国农业大学硕士学位论文.
张博洋. 2014. Lonp1 在赭曲霉毒素 A 诱导的肾细胞毒性中的保护机制研究. 中国农业大学硕士学位论文.
张志波. 2014. 食用农产品质量安全管理研究: 以寒亭区为例. 山东农业大学硕士学位论文.
章力建, 胡育骄. 2011. 关于农产品质量安全的若干思考. 农业经济问题, 32(5): 60-63.
周应恒. 2008. 现代食品安全与管理. 北京: 经济管理出版社.

第七章　食品安全监管成效评价

第一节　国家食品安全状况及监管成效的评价

食品安全监管是一项系统工程，高效的监管制度、机制应建立在对食品安全状况客观综合评价的基础之上，如何科学、客观地评价食品安全状况一直是食品安全监管工作中的难题。长久以来，食品抽检合格率是评价食品安全状况的主要指标，但是由于抽检过程的复杂性，如样品的代表性、抽样过程的规范性、检验过程的科学性等对抽检结果影响较大，使得不同时间、不同地点抽检的结果可比性较差。另外，食品抽检合格率属于结果类指标，难以反映食品安全监管过程的整体状况。因此，相关各方对食品合格率指标并不完全认可。实践证明，一个国家或地区的食品安全状况由多种要素构成，除了较为直接的产品不合格率、食物中毒人数及死亡人数等狭义食品安全状况外，企业生产经营安全状况、政府行政能力等过程类要素也从不同方面深刻地影响着当地的食品安全状况。在我国，影响食品安全的不确定过程要素很多，如法规标准正在清理整合、监测评估体系尚不完善、追溯召回体系亟待规范等，甚至企业持证经营等基本要求仍不能完全满足(吴广枫和苏保忠，2011)。这些不确定过程要素的任何变动都会影响到最终的食品安全整体状况，只有将各要素综合考虑、有效整合，才能够接近客观地描述食品安全整体状况。

近年来，国内各级政府部门陆续组织开展食品安全考核工作，通过客观、公正地考核评价各地食品安全状况和工作成效，推动落实食品安全监管责任制，并将食品安全工作纳入科学发展综合考核指标体系中。在这些考核评价活动中，食品抽检合格率仍然是重要甚至是唯一的指标。针对这种情况，目前亟须对考核指标开展系统性的梳理和提炼，建立符合我国现阶段实际情况的食品安全状况及监管成效的考核体系和评价方法。

一、我国现有食品安全状况评价方法存在的问题分析

我国现有食品安全状况评价指标以食品抽检合格率为主，即以随机抽取的样品为检测对象，以产品的相关质量安全标准为参照，根据检验结果判断产品是否符合标准的要求，完全符合就是合格品，有一项或多项不符合即为不合格品，再根据批次产品中不合格品的数量计算得到某批产品的合格率。在我国食品安全监管实践中发现，这种食品抽检合格率的获得方式通常存在以下问题。

（一）食品质量或安全标准的局限性

食品质量或安全标准中列出的指标，一方面是根据食品加工工艺的要求而设立，另一方面则是根据已知的风险因素而设立。因此，指标的设定不可能面面俱到，特别是对于未知的风险因素，不可能通过预先设定检测指标的方式来规避。由于食品质量和安全标准的这种局限性，一些符合标准要求的产品也可能为缺陷产品。例如，根据原有产品标准和检验方法标准，牛奶中蛋白质含量的测定采用国际通用的凯氏定氮法，这种方法并不区分氮元素的来源是蛋白质还是其他含氮物，那些添加了三聚氰胺的乳制品即使蛋白质含量不达标，经这种方法检验后，结论仍然可以是“合格”。“地沟油”的合格判定也存在类似的情况，原有植物油检测指标无法将“地沟油”从合格食用植物油中区分出来。更为重要的是，无法通过事先增加标准检测指标的方式防患于未然，就像人们不能每天住防震棚以预防地震的发生。

（二）抽检过程的不确定性

农产品质量安全抽检数据的质量首先取决于其抽样过程，抽样方案要综合考虑农产品种类覆盖面、检验项目覆盖面、地域覆盖面、人群覆盖面及企业类型和规模覆盖面等。我国人口众多、地域辽阔、城乡差别和区域差别巨大、农产品种类繁多，农产品质量安全监管对象极其复杂。相比之下，我国的食品安全监管支撑体系薄弱，无论是抽检还是监测，覆盖面窄和代表性差的问题都有可能直接导致抽样过程的不确定性增加，进而影响到数据质量。另外，检验和数据分析过程的科学性对抽检结果的判定也存在较大影响。在这种情况下，单一合格率指标评价犹如“把鸡蛋放在同一个篮子里”，不但没有回旋的余地，而且对合格率波动的原因分析也难以追根溯源。

（三）百分比抽样方案的局限性

在食品安全监督抽检工作中，通常按照百分比抽样方案确定抽样量，其过程大致如下：假定某批食品的批量为 N（袋），批中的不合格品数为 D（袋），则不合格品率 $P=D/N$。从该批产品中随机抽出 n 袋产品作样本，并规定样本不合格品容许袋数为 c，如果样本中的不合格品袋数为 d，当 $d<c$ 时，判定该批产品合格，当 $d>c$ 时，则判定该批产品不合格。

统计学中通常将 n 和 c 组成的方案称为抽样方案 (n, c)，把某批产品按规定的抽样方案“判断为合格”而接收的概率称为接收概率。显然，当 (n, c) 一定时，接收概率是该批实际不合格品率 P 的函数，记作 $L(P)$。另外，即使该批产品的实际不合格品率 P 不变，接收概率 $L(P)$ 也会随着 (n, c) 的变化而变化。例如，某批产品 N=1000，D=80，分别用 4 个抽样方案(1, 0)、(6, 0)、(10, 1)、(16, 2)进行检验，接收概率计算如表 7-1 所示。

表 7-1　不同抽样方案下的接收概率

(n, c)	$L(P)$
(1, 0)	0.920
(6, 0)	0.606
(10, 1)	0.812
(16, 2)	0.869

从上例看出，(6, 0)方案最为严格，而采用(1, 0)方案，不合格品逃脱检查的可能性增加。反过来，对于不合格品率 P 不同的几个批次产品，如果采用同一种抽样方案，也会导致不合理的结果。例如，某批产品 N=30，抽样方案(2, 0)，则对应于不同的不合格品率 P 的接受概率如表 7-2 所示。

表 7-2　不同的不合格品率下的接收概率

P(%)	5	10	15	20	25	30	35
L(P)	0.90	0.80	0.72	0.64	0.56	0.49	0.42

当不合格品率 P=5%、10%时，其接收概率 $L(P)$ 都是比较合理的，但当 P =30%时，却仍有近 50%的可能被接收，这时再采用方案(2, 0)是很不合理的。

批量大小也会影响百分比抽样的准确度。即使是同样的百分比抽样方案，由于交检产品的批量不同，抽样数量就不相同，进而导致抽样特性曲线不一致。交检产品批量越大，抽样方案显得越严格。

由此可见，抽样方案对抽检结果的最终判断至关重要，可以说抽样方案直接关系着抽检工作有效与否。食品安全抽检，特别是市场监督抽检，不同于生产流水线抽检，批次总量 N 及实际不合格品率 P 都无法准确预判，每次的差异都很大。在这样的情况下，虽然每次采用的抽样百分比都相同，但实际的严格程度是不一样的，这些结果会严重影响监督抽检工作的科学性、公正性和权威性。特别是当 P 较大时，合理确定抽样方案的难度很大，进而导致抽检结果的不确定度增加。

(四)合格率指标所反映的食品安全信息量有限

信息经济学家 Nelson(1970)、Darby 和 Edi(1973)根据产品的信息特征，将商品分成三类：搜寻品、经验品和信誉品。搜寻品是指消费者在购买之前就能够获得充分的信息，确定商品品质，如购买鲜花。经验品是指只有在购买使用之后才能判断其质量的商品，如食品品尝后才知道滋味。信誉品是指消费者即使在消费之后也不能判断其品质，必须借助其他的信息才能决定其品质，如产品的安全性。按此分类，食品品质多有经验品特性，而食品安全多具信誉品特征。按照搜寻品、经验品、信誉品的顺序，信息不对称的程度呈递增趋势。食品市场上的信息不(或不完全)对称是造成市场失灵和食品安全问题产生的原因之一。一些食品安全特性，如农药残留、微生物污染，甚至不当操作，都不能被轻易地识别。为缓解食品安全信息需求与供给之间的矛盾，让消费者获取更充分的信息，世界各国在实施食品安全管理时，都十分重视食品安全信息的有效供给，因此，公众对食品安全的接受度高而关注度低，单一评价指标能够满足公众对食品安全状况信息的需求。

我国食品安全信息的有效供给不足。近几年，由于食品安全事件频频见诸报端，公众对食品行业及政府食品安全监管的信任度下降，政府口径的食品抽检或监测合格率信息不被认可，相反，公众对食品安全负面新闻却抱着“宁信其有”的态度并津津乐道，加之不良新闻媒体的推波助澜，导致目前我国公众对食品安全的接受度低而关注度高。公众不能接受“食品安全不是零风险”这一客观事实，并希望能够获得尽可能全面的食品安全信息。在这种情况下，单一的结果类指标要么让公众将信将疑，要么让公众更加恐慌。

二、食品安全状况综合评价研究现状

鉴于单一合格率指标评价的局限性，近年来国内外陆续开展了对食品(农产品)安全状况综合评价的研究(孙春伟和周士琪，2012)。这类研究可大致分为两类：①对原有合格率数据的深度挖掘；②综合食物数量安全和质量安全的评价体系。

(一)基于抽检数据的食品安全状态评价方法

当前，国内对食品安全状况综合评价的研究主要建立在对食品抽检原始数据再挖掘的基础之上。例如，从产品安全的角度出发，设计食品安全状态评价指标体系，包括项目指标、食品种类指标和整体状态指标三个层次(李聪，2006；刘於勋，2007)。项目指标是整个评价指标体系的最底层和基础指标，主要根据食品检验标准和法规中危害物的含量指标计算得出，如某种食品中某类危害物的监测平均值就可以作为项目指标。食品种类指标包括食品的合格率和食品的不安全度(食品中某类危害物超标的程度)。整体状态指标则是综合考虑危害物超标状况和人体耐受量得出，计算公式如下：

$$\mathrm{IFS} = \left(\sum \mathrm{IFSc}\right)/n \quad (c=1 \rightarrow n)$$

式中，IFSc 表示食品中某危害物质 c 对消费者健康影响的单项食品安全指数，n 表示危害物质的总数量。

$$\mathrm{IFSc} = (\mathrm{EDIc} \times f)/(\mathrm{SIc} \times \mathrm{bw})$$

式中，SIc 为安全摄入量，根据不同的危害物可采用 ADI(每日允许摄入量)、

PTWI(每周可耐受摄入量)、RDI(推荐日摄入量)或 PTDI(每日可耐受摄入量)数据；bw 为平均体重(kg)，缺省值为 60；f 为校正因子，如果安全摄入量采用 ADI、RDI、PTDI 等日摄入量数据，f 取 1；如果安全摄入量采用 PTWI 等周摄入量数据，f 取 7；EDIc 为物质 c 的实际摄入量估算值。

可以预期的结果是：IFS＜1，所研究消费人群的食品安全状态很好；IFS=1，或 IFS＞1，所研究消费人群的食品安全状态为不可以接受，应该进入风险管理程序。在上述计算公式中，项目指标和食品种类指标的准确程度完全依赖于标准的完备程度。同时，IFS 的具体数值很难给出，因此上述公式仅是一个概念公式。

除此之外，还有综合考虑不合格频率和不合格幅度的食品安全指数计算方法。这种方法针对不合格产品，充分考虑产品类别、超标的检测项目及超标事件的地域空间和时间分布，该方法数据简单易得，无须引入主观评价，提供了比合格率更多的有效信息，能够回答“为什么不合格？”以及“不合格到何种程度？”等问题。该方法仍然着眼于抽样合格率而忽视过程类要素，虽然非常有助于深度挖掘检测合格率数据，但是，对认识和反映复杂的食品及农产品质量安全状况仍有巨大的局限。

(二)综合性食品安全状态评价方法

有学者参照 FAO 的分析框架，将食品安全分为食品数量安全、食品质量安全和食品可持续安全，并以此三项准则构成食品安全综合评价指标体系，建立了计算模型，见表 7-3(李哲敏，2004)。

表 7-3　食品安全综合评价指标体系

食品数量安全指数	人均热能日摄入量
	粮食储备率
	低收入阶层食品安全保障水平
	粮食自给率
	年人均粮食占有量
	粮食总产量波动系数
食品质量安全指数	优质蛋白质占总蛋白质的比重
	脂肪热能比
	动物性食品提供热能比
	兽药残留抽检合格率
	农药残留抽检合格率
	食品卫生监测总体合格率
食品可持续安全指数	森林覆盖率
	人均水资源量
	水土流失面积增加量
	人均耕地面积

国外的食品安全综合评价研究更多的是针对食品的数量安全。FAO将食品安全分为数量安全、质量安全和可持续安全(FAO，1996)。可持续安全是指一个国家或地区，在充分合理利用和保护自然资源的基础上，确定技术和管理方式以确保在任何时候都能持续、稳定地获得食品，使食品供给既能满足现代人类的需要，又能满足人类后代的需要。具体见表7-4～表7-6。

表 7-4　食物数量安全评价指标

宏观层次指标	基础性指标	粮食储备率
		人均食物占有量
		恩格尔系数
		人均热能日摄入量
	公平性指标	基尼系数
		消费水平差异指数
		生活无保障人口比例
		人均食物量标准差
	可靠性指标	粮食产量增长率波动系数
		粮价波动系数
		人均收入水平
		外汇储备量
		食物自给率
		市场发育度
微观层次指标	家庭食物消费和能量摄入类指标	家庭人均热能日摄入量
		人均食物消费量
	家庭收入及贫困类指标	家庭及个人实际可支配的收入水平
		食品收入需求弹性
		价格需求弹性
		食品与非食品之间的交叉弹性
	遇到粮食不安全问题时采取的对策手段及运用这些手段的频率	反粮食危机对策
		对策的频率
其他指标	粮食分销能力	
	粮食获取能力差距	
	家庭间收入差距	

表 7-5　食物质量安全评价指标

食品卫生指标	食品卫生监测合格率
	致病病原菌抽检合格率
	工业源污染物抽检合格率
	真菌毒素类抽检合格率
	海藻毒素类抽检合格率
	食物质量安全标准达到国际标准的比例
	某些植物毒素抽检合格率
	食品添加剂抽检合格率
	化学农药残留抽检或普查合格率
平衡膳食结构指标	热能适宜摄入值
	脂肪提供的热能占总热能的比重
	动物性食物提供的热能占总热能的比重
	优质蛋白质占总蛋白质的比重
	各种微量营养素的适宜摄入量
营养及病理类指标	儿童营养不良发生率
	低体重儿出生率
	身体健康体检指标

表 7-6　食物可持续性安全评价指标

经济发展指标	经济总量指标	GDP 总量
		消费水平
		农业产值
		工业产值
	经济结构指标	人均 GDP
		人均消费水平
		城乡收入比例
	基础设施指标	交通条件：公路密度
		农业基础设施
社会人口发展指标	人口压力指标	人口密度
		单位耕地面积承养的人口
	人力资源支持能力指标	义务教育普及率
		大专以上人数占总人口的比重
	科技进步指标	研发经费占 GDP 的比重
		科技成果转化率
		技术升级带来的效益占 GDP 比例

续表

资源状况及其消耗指标	资源状况指标	人均水资源拥有量
		人均耕地面积
		人均林地面积
		水浇地占耕地总面积的比重
	资源消耗指标	单位粮食产量消耗的水资源量
		单位粮食产量使用的耕地面积
生态环境及其治理指标	反映环境水平的指标	人均废气排放量
		人均废水排放量
		人均 SO_2 排放量
	反映生态水平的指标	受灾率
		水土流失率
		荒漠化率
	反映治理保持的指标	环保投资占 GDP 的比例
		“三废”处理率
		森林覆盖率
		人均造林面积

上述 FAO 的评定模型从数量安全、质量安全和可持续安全三方面综合评定食品安全(food security)状况。在上述框架的指引下，英国《经济学人》智库每年发布一次《全球食品安全指数报告》(*The Global Food Security Index*，GFSI)。通过各个国家的食品承受能力(affordability)、供应充足程度(availability)、质量与安全(quality and safety)、自然资源及复原力(natural resources & resilience)4 个指标计算得到综合的粮食安全指数。中国 2016 年和 2017 年的排名(名次/得分/参评国家数)分别为 42/64.9/113 和 45/63.7/113。

值得注意的是，FAO 的评定模型更加关注食品数量安全，对我国农产品质量安全问题的针对性不强。我国当前食品安全问题主要表现为食品的质量安全，如果将食品的质量安全与数量安全和可持续安全并列考虑，反而弱化了对食品质量安全的关注。不过，FAO 的评价框架摒弃了仅仅用简单的粮食产量来描述评价粮食安全，而是采用多维度综合评价的方法值得借鉴。

第二节　食品安全指数的建立

由于我国食品安全监管对象复杂、监管体系薄弱、公众食品安全意识强烈，当前，单一结果类指标的评价方法不适用于我国的国情，只有采用综合评价指标才有可能接近客观地反映食品安全的整体水平。食品安全综合评价是指通过建立一系列指标及相应指标的度量标尺来分析和评价一个地区的食品安全状况。通过对食品安全综合评价指标进行量值归一、权重计算和累加，可得到食品安全综合指数(吴广枫等，2014)。

一、食品安全综合评价及食品安全指数的作用

建立科学的食品安全综合评价指标体系，定期综合、客观地评价食品安全状况，有利于获知食品安全发展态势、找出食品安全监管的薄弱环节、加强社会资源在食品安全方面的合理分配，有效地提高食品安全水平。具体来讲，食品安全综合指标体系和食品安全综合指数的作用如下所述。

(1)食品安全综合指标体系和食品安全综合指数从不同角度反映食品安全状况，可以简化和改进社会各界对食品安全的了解，缓解公众对食品合格率等单一评价指标的抵触和恐慌。

(2)食品安全综合指数避开使用单一合格率数字，综合定性、定量指标，并对数据的不确定性给予充分重视，为政府的风险交流活动留下余地。

(3)食品安全综合指标体系可以引导政策制定者和决策者以相应指标为目标，使各项政策相互协调，不偏离保障食品安全的轨道。

(4)食品安全综合指标体系可以使决策者关注那些与食品安全相关的关键问题和优先发展领域，同时也使决策者掌握这些问题的当前状态和进展情况，有针对性地进行政策调控或系统结构的调整。

(5)通过食品安全综合指标体系计算得到的食品安全指数能够较为科学、客观、全面地动态反映食品安全状况。

二、食品安全综合评价的工作原则和一般评价步骤

我国现有的、与食品安全评价相关的各类基础数据包括：食物中毒数据、食品抽检数据、食品监测数据、产地环境数据、企业或产品认证数据、投诉举报数据、行政处罚数据、食品安全犯罪数据等，这些数据从不同角度、不同层次反映了食品安全的状况。构建食品安全综合评价指标体系的过程，就是分析各类数据的价值和相互关系的过程，在这个过程中应遵循以下工作原则(焦鹏，2008)。

1. 系统性原则

指标体系不是一些指标的简单堆积和随意组合，而是根据相关的科学原则，通过广泛征求食品安全生产、流通、监管、消费等各个方面的意见，经深入细致的研究而构建起来并能反映一个地区食品安全状况的指标集合。

2. 先进性原则

指标体系的建立应充分借鉴发达国家、地区及国际组织已有的经验，并结合

我国或本地区实际情况，保持指标体系的先进性。

3. 客观性原则

构建指标体系应摆脱部门利益的干扰，从全局出发，科学地归纳制定各类指标，确保指标的构成能够客观反映食品安全监管状况和食品安全水平。

4. 代表性原则

指标体系作为一个整体，应当能够基本反映食品安全的主要方面或主要特征。从科学的角度准确地把握食品安全监管的实质。

5. 指标之间相互独立原则

在指标体系中，各指标之间必须保持独立，尽量减少和避免重复、交叉及覆盖，否则易造成打分困难和数据重复计算，从而导致结果的偏离。

6. 指标数目最小化原则

在指标基本覆盖了食品安全的主要方面或主要特征的前提下，指标的数目应尽可能地少，以实用、易于操作为度。指标数目过多将会影响指标的系统性和结构，使得重点不够突出，从而难以把握和采用。

7. 可测性与可比性原则

指标应具有可测性和可比性，定性指标最好有一定的量化手段与之相对应。指标的计算方法应当明确，不能过于复杂，计算所需数据也应尽量容易获得，并具有可靠性。尽可能减少难于量化或定性指标的数量。

根据上述各项原则对现有数据做出取舍后，食品安全综合评价通常按照图 7-1 所示步骤展开。

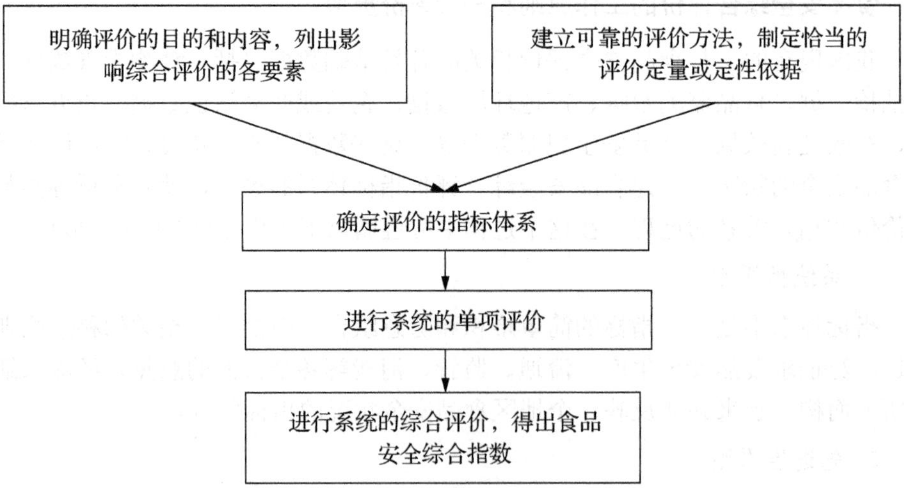

图 7-1　食品安全综合评价的一般步骤

三、食品安全综合评价指标体系的构建

在系统化的综合评价活动中，合理地确定指标层级隶属关系及其权重，即建立结构化的指标体系，具有重要的意义。多种因素能够影响到指标体系的结构，如评价因子的社会价值、决策者的管理目的、评价者的个人知识等。结合我国食品安全监管的特点和实际情况，本节选择层次分析法(analytic hierarchy process，AHP)作为指标构建及其权重计算的方法。

(一)递阶层次结构的建立

国家的食品安全状况由多种要素构成。发达国家食品安全监管经过近 200 年的不断调整完善，形成了较为合理规范的监管体系，各种制度和工作流程相对规范，影响食品安全状况的各过程要素稳定且明确。在我国，影响食品安全的不确定过程要素很多，如法规标准正在清理整合、监测评估体系尚不完善、追溯召回亟待规范细节，甚至企业持证经营等基本要求仍不能完全满足。对于这些不确定过程要素，各相关方一边努力建设一边热烈讨论。任何一个要素的变动都会影响到最终的国家食品安全整体状况，只有将各要素综合考虑、有效整合，才能够接近客观地描述我国的食品安全整体状况。

通过深入分析各类影响食品安全整体状况的因素，结合我国食品安全监管实际情况，我们可以将上述各要素归纳为三个维度，分别是食品消费安全状况、食品安全行政及执法状况和社会满意度。从这三个维度出发，可以延伸设计出若干一级指标和二级指标，初步建立相应的指标体系如表 7-7 所示。

表 7-7　食品安全综合评价指标体系

准则层	一级指标	二级指标
食品消费安全状况	产品合格率	食品(包括农产品)监测或抽检合格率
		进出口食品合格率
	食品安全事故	Ⅰ、Ⅱ、Ⅲ、Ⅳ级重大食品安全事故发生情况
食品安全行政及执法状况	行政	食品安全风险监测和监督抽检工作
		食品安全行政处罚情况
		政府风险交流活动(包括宣教培训和危机应对)
		有无渎职情况
	执法	公安机关侦破食品安全犯罪案件情况
		人民法院审理食品安全案件情况
社会满意度	社会满意度	社会满意度调查

上述三个维度的选取，充分考虑了当前影响我国食品安全状况研判的过程类要素和结果类要素。例如，食品消费安全状况，两个一级指标均属于结果类要素，且是现阶段政府监管过程中重要的客观性指标，数据容易获取，便于比较。过程类要素主要考察政府行政监管活动和执法状况，6 个二级指标从监管行为、监管能力、监管效果、执法效力等方面，对现有数据进行统计分析。社会满意度指标也属于结果类指标，但是与食品消费安全状况不同的是，社会满意度属于主观性指标，主要反映消费者群体对当前食品安全状况的认可程度。这个指标与食品安全的真实状况之间有必然联系，同时，又会受到经济社会发展状况及舆情的影响。

三个维度之间也存在一定的因果关系。食品安全行政及执法状况如果好转，其效果将在食品消费安全状况上有所体现，而食品消费安全状况如果好转，久而久之，社会满意度自然提升。由此可见，三者在时间轴上并不同步，顺序如图 7-2 所示，即食品安全整体状况的改善总是会滞后于监管活动的变化和监管行为的调整。

图 7-2　准则层三要素在时间轴上的顺序

对于指标体系中可以量化的指标，主要根据实际情况确定恰当的量值范围；对于定性指标，主要依据文字表述打分，打分表如表 7-8 所示。

表 7-8　食品安全指标评价打分表

编码	指标	打分
(1)	食品(包括农产品)监测或抽检合格率	
(2)	进出口食品合格率	
(3)	Ⅰ、Ⅱ、Ⅲ、Ⅳ级重大食品安全事故发生情况	
(4)	食品安全风险监测和监督抽检工作	
(5)	食品安全行政处罚情况	
(6)	政府风险交流活动(包括宣教培训和危机应对)	
(7)	有无渎职情况	
(8)	公安机关侦破食品安全犯罪案件情况	
(9)	人民法院审理食品安全案件情况	
(10)	社会满意度调查	

结合食品安全监管的特性，指标评价的具体内容及其计算方式举例如下。

(1)食品(包括农产品)检测或抽检合格率：使用实际合格率数据。

(2)进出口食品合格率：使用实际合格率数据。

(3) Ⅰ、Ⅱ、Ⅲ、Ⅳ级重大食品安全事故发生情况：

重大食品安全事故的定义见国家卫生和计划生育委员会相关文件。发生重大食品安全事故得 0 分，未发生得满分。

(4)食品安全风险监测和监督抽检工作。

(5)食品安全行政处罚情况。

(6)政府风险交流活动(包括宣教培训和危机应对)：

建立定性指标，根据与定性指标的符合程度打分。

(7)有无渎职情况：

有食品安全渎职行为的行政诉讼或立案，得 0 分；没有上述情况，得满分。

(8)公安机关侦破食品安全犯罪案件情况。

(9)人民法院审理食品安全案件情况：

建立定性指标，根据与定性指标的符合程度打分。

(10)社会满意度：

组织社会满意度调查，使用实际满意度数据。

(二)构造判断矩阵

在层次分析法中，“因子 1 对因子 2 的相对重要程度”可通过标度进行定量。标度的数量可在一定范围内调整，如果标度过多，容易造成专家打分困难，即不能准确判断“因子 1 对因子 2 的相对重要程度”，打分结果有可能通不过一致性检验；而标度过少，则不能有效区分“因子 1 对因子 2 的相对重要程度”。涉及食品安全的因子相对重要程度判断标度建议使用如表 7-9 所示的判断矩阵标度及含义。

表 7-9　判断矩阵的标度及含义

标度	含义
1	相同重要
2	稍重要
3	明显重要
4	强烈重要
5	极端重要

假设专家的判断是“因子 1 与因子 2 一样重要”，那么 $a_{12}=1$，如果判断是“因子 1 比因子 2 明显重要”，那么 $a_{12}=3$。以此类推计算其他 a_{ij}，$a_{ji}=1/a_{ij}$，从而构造

出判断矩阵 ***A***。专家打分表举例如表 7-10 所示，为了便于理解，这里仅涉及 3 个准则层。

表 7-10　准则层专家打分表

指标项	消费安全	行政执法	满意度
食品消费安全	1	1/3	2
食品安全行政及执法	/	1	5
社会满意度	/	/	1

注：“/”表示无须打分

如果认为“食品安全行政及执法”与“食品消费安全”相比，后者明显重要(标度为 3)，可在相应的空格中填“1/3”；如果认为“社会满意度”比“食品消费安全”稍重要(标度为 2)，可在相应的空格中填“2”；如果认为“社会满意度”比“食品安全行政及执法”极端重要(标度为 5)，可在相应的空格中填“5”。

专家无须给标注“/”的空格打分，这些空格的得分相应计算如表 7-11 所示。

表 7-11　准则层判断矩阵表

指标项	消费安全	行政执法	满意度
食品消费安全	1	1/3	2
食品安全行政及执法	3	1	5
社会满意度	1/2	1/5	1

(三)层次单排序及一致性检验

判断矩阵 ***A*** 对应于最大特征值 λ_{max} 的特征向量 *W*，经归一化后即为同一层次相应元素对于上一层次某因素相对重要性的排序权值，这一过程称为层次单排序。

通过构造两两比较判断矩阵，虽能减少其他因素的干扰，客观地反映出一对因子影响力的差别，但综合全部比较结果时，会发现其中难免包含一定程度的非一致性，如回收的专家打分表中出现这样的打分：消费安全比行政执法明显重要(标度为 3)，满意度比消费安全稍重要(标度为 2)，根据这两个打分，可以初步确定专家认为满意度比行政执法重要，但恰恰在比较满意度和行政执法这对因子时，专家给出了行政执法比满意度稍重要(标度为 2)这样的打分。因此，需要对判断矩阵进行一致性检验，以发现和剔除误判，这也是 AHP 方法的优势之一。

检验的步骤如下：

(1)计算一致性指标 CI：

$$\mathrm{CI}=(\lambda_{max}-n)/(n-1)$$

(2)查找相应的平均随机一致性指标 RI(表 7-12)：

表 7-12　平均随机一致性指标 RI 取值

n	1	2	3	4	5	6	7	8	9	10
RI	0	0	0.58	0.90	1.12	1.24	1.32	1.41	1.45	1.49

一致性比例 CR＝CI/RI，当 CR＜0.10 时，认为判断矩阵的一致性是可以接受的，否则应对判断矩阵做适当修正或取舍。

(3)权重的计算及应用：

通过对各阶层判断矩阵进行计算，得到各级指标权重，建立食品安全指标体系各指标权重表。然后，采用综合指数法将权重与指标评价得分进行相乘、累加，计算得出食品安全综合指数。

举例如下：

以准则层为例，假设三个要素的量值和权重分布如表 7-13 所示。

表 7-13　准则层的量值和权重

准则层	量值*	权重**
食品消费安全	82	3.7
食品安全行政及执法	84	2.8
社会满意度	76	3.5

*各因素量值设定在[0, 100]分布；

**权重总和设定为 10，综合指数无限接近 1000

采用综合指数法将表 7-13 中的权重与量值进行相乘、累加，计算得出食品安全综合指数为 800。该结果说明，食品基本消费安全有保障；另外，食品消费安全状况和食品安全监管状况在食品安全综合评价中占有较高权重，说明公众对结果的关注程度高于对过程的关注，同时，寄希望于通过提高食品安全监管的水平改善食品安全整体状况。接下来通过对一级指标和二级指标的量值归一和权重分析，可找出食品安全的薄弱环节和优先发展领域。

上述指标体系综合结果与过程要素、定性与定量指标，并对数据的不确定性给予充分重视，较为科学和全面地反映了我国食品安全的整体状况。在实际应用中，该体系中指标的设定还可根据具体状况做出调整。

(四)层次分析法简介

食品安全评价指标体系是一个具有多层次、多指标的复合体系，在系统综合评价中，合理地确定指标权重具有重要的意义。层次分析法通过构造两两比较的判断矩阵，先计算单层指标的权重，然后再对层次间的指标进行总排序，以确定所有指标因素相对于总指标的相对权重。对于多层次指标体系来讲，层次分析法是一种很好的解决途径。

利用层次分析法，可以降低专家打分的难度，同时提高指标权重的精确度，而且可以通过对判断矩阵进行一致性检验等措施剔除误判，提高权重计算的可信度，具有较强的可操作性。下面对层次分析法确定指标权重做一简介。

1. 层次分析法的特点

层次分析法是由美国运筹学专家 T. L. Saaty 于 20 世纪 70 年代中期提出的对复杂、模糊问题做出决策的简便灵活而又实用的多准则决策方法，用于美国国防部“根据各个工业部门对国家福利的贡献大小而进行电力分配”课题。层次分析法也被用于城市道路安全和煤矿安全研究。作为一种综合人的主观判断来分析复杂定性问题的拟定量方法，层次分析法对指标之间重要度的分析有较强的逻辑性，再加上数学处理，可信度高，应用范围广，特别适用于那些难于完全定量分析的问题。

首先，层次分析法是一种系统性的分析方法，把研究对象作为一个整体，按照分解→比较判断→综合的思维方式和顺序进行决策，是系统分析的重要工具。层次分析法中每一层的权重设置都会影响到最后结果，而且每个因素对结果的影响程度都是量化的，非常清晰明确。这种方法特别适合于对无结构特性的系统评价及多目标、多准则的系统评价。

其次，层次分析法是一种简洁实用的决策方法。这种方法把定性与定量方法有机地结合起来，能将人们的思维过程数学化、系统化，便于人们接受。而且，层次分析法能把多目标多准则、难以全部量化处理的决策问题转化为多层次单目标问题，通过两两比较计算同层因素之间的数量关系，对人的要求较低。层次分析法的计算过程也非常简便，所得结果简单明确，容易被决策者了解和掌握。

层次分析法的优势还在于所需定量数据较少。这种方法注重评价者对问题的本质和要素的理解，比一般的定量方法更讲求定性的分析和判断。层次分析法模拟人们决策过程中的思维方式，把“判断各要素的相对重要性”这一任务分解为两两比较，因此，这种方法能处理许多用传统的最优化技术无法着手的实际问题。

食品安全综合评价是一个由很多相互关联、相互制约的因素构成的，复杂而往往缺少定量数据的系统，其本质是决策和排序，层次分析法为这类问题的解决提供了一种简洁实用的建模方法。应用层次分析法，先构造判断矩阵，然后对单层指标进行权重计算，再进行层次间的指标总排序，来确定所有指标因素相对于总指标的相对权重。对于食品安全综合评价这种复杂评价体系而言，层次分析法是一种很好的解决途径。层次分析法可将客观分析数据与主观判断结果有机结合并尽可能做出定量描述；层次分析法仅需两两比较，降低了工作难度，提高了指标权重的精确度；而且还可以通过对判断矩阵进行一致性检验等措施剔除误判，提高权重计算的可信度，具有较强的可操作性。

2. 层次分析法的运用步骤

层次分析法的基本过程是：首先，将复杂问题分解成递阶层次结构；然后，从最低层次的因素开始，按照各因素对上层因素的重要程度进行两两比较判断，构造判断矩阵；通过对判断矩阵的计算，进行层次内单排序，并通过一致性检验剔除误判；最后得到各因素的组合权重，进行层次总排序，并通过排序结果分析和解决问题。

递阶层次结构的建立。首先要把问题条理化、层次化，构造出有层次的结构模型。在这个模型中，复杂问题被分解为基本元素。这些元素又按其属性关系形成若干层次。上一层次的元素对下一层次有关元素有支配作用。各元素所支配的下层元素一般不超过 9 个，过多会给两两比较判断带来困难。合理的层次结构搭建至关重要。

构造判断矩阵。在层次分析法中，“因子 1 对因子 2 的相对重要程度”可通过标度进行定量。须合理确定标度的数量，标度过多容易造成打分困难，即不能准确判断“因子 1 对因子 2 的相对重要程度”，同时，打分结果有可能通不过一致性检验；而标度过少，则不能有效区分“因子 1 对因子 2 的相对重要程度”。

层次单排序及一致性检验。层次单排序，是指确定同层次某因素对上一层次某因素相对重要性的排序权值。构造两两比较判断矩阵的办法虽能较客观地反映出一对因子影响力的差别，但综合全部比较结果时，其中难免包含一定程度的非一致性。所以需要对判断矩阵进行一致性检验，发现和剔除误判，这也是 AHP 方法的优势之一。

权重的计算及应用。通过对各阶层判断矩阵进行计算，得到各级指标权重，建立食品安全指标体系各指标权重表。然后，采用综合指数法将权重与指标评价得分进行相乘、累加，计算得出食品安全综合指数，从而对食品安全状况进行综合评价。

第三节　食品安全指数的试点应用

本章构建的食品安全综合评价及食品安全指数可以应用于多个领域，包括：食品安全总体状态评价，如食品安全权威信息发布、食品安全工作绩效考核等；食品安全关键影响因素识别，如食品安全风险研判、食品安全舆情干预、食品安全工作重点确定等；食品安全趋势预测，如食品安全预警等。

本节将食品安全综合评价及食品安全指数运用于某省食品安全绩效考核，在解决监管实践具体问题的同时，验证食品安全综合评价和食品安全指数的适用性。

一、某省基本情况介绍

某省是食品生产、消费和出口大省，拥有粮食加工、食用植物油加工、水产品加工等 20 个行业。2013 年，全省主营业务收入超过 10 亿元的食品加工企业有

200 多家，其中 10 家企业超过 100 亿元。其中原盐、精制食用植物油、饮料酒(包括啤酒、葡萄酒)、淀粉、功能糖类、禽肉加工产品、果蔬加工产品、水产加工产品等产量全国领先，小麦粉、乳制品(液体乳)和白酒等产品的产量居全国前列。

自 2011 年开始，该省把食品安全工作纳入全省科学发展综合考核指标体系，2012 年将食品安全纳入全省综合治理及平安建设考核评价体系。在 2014 年全省科学发展综合考核指标体系中，食品药品抽检合格率作为共性定量评价指标，在千分制考核中占 30 分，另外食品药品安全事件列入扣分项。该省食品安全委员会办公室印发的食品药品安全考核工作方案，将食品药品抽检合格率与重点工作完成情况列为考核内容，同时设加分项和扣分项。

2014 年食品安全考核工作取得预期成效的同时，也发现存在一些问题和不足：一是以抽检合格率作为考核指标，样品的代表性、抽样过程的规范性、检验过程的科学性对抽检结果影响较大；二是考核抽检合格率，对以问题导向统领监督抽检工作可能造成一定影响；三是抽检合格率作为考核的主要指标或唯一指标，不能全面、客观、科学地评价一个地区的食品安全状况和工作成效；四是 2014 年的考核方案虽然将重点工作完成情况列入考核，但对考核指标缺乏系统性的梳理和研究，需要提炼和论证。针对以上存在的问题和不足，该省需要开展系统性的研究，并借鉴发达国家及国际组织评价食品安全状况的实践以及外省市开展食品安全考核评价工作经验，建立符合该省实际的食品安全考核体系和评价方法。

二、具体考核指标的确定

根据本章内容，结合该省实际和以量化指标为主的考核方式，建议该省食品安全综合考核指标体系为三个维度 10 个具体考核指标，见表 7-14。

表 7-14　某省食品安全综合评价指标体系建议表

维度	具体指标	
一、食品消费安全状况	1	食品安全评价性抽检合格率
	2	Ⅰ、Ⅱ级重大食品安全事故发生情况(减分项，不参与权重计算)
二、政府履行职责情况	3	食品安全检验监测样本量每千人份数
	4	食品安全投诉举报及时办结情况
	5	抽检不合格样品跟踪查处情况
	6	公安机关侦办食品安全案件情况
	7	监管人员失职渎职情况(减分项，不参与权重计算)
	8	政府风险交流活动(加分项，不参与权重计算)
	9	政府年度食品重点工作落实情况(不参与权重计算)
三、社会满意度	10	公众食品安全社会满意度

其中四项为单纯加分项或减分项，不参与指标体系权重计算，但计入总分。另外可以根据当地年度工作重点，适当增加一部分加分项和减分项，以充分发挥考核的引领、导向、激励、约束作用。各指标详述如下。

1. 食品安全评价性抽检合格率

该指标是传统考核指标，也是现有考核指标体系中表征食品消费安全的可量化、可比对的重要指标之一，在考核指标体系的转换过程中起到承上启下的作用。

指标中评价性抽检的样本组成以市场抽检产品为主，检验内容以食品安全性评价为主。在此基础上，比较各地市合格率结果，并将其换算成满分为 100 分的标准分值。

2. Ⅰ、Ⅱ级重大食品安全事故发生情况(减分项，不参与权重计算)

该指标是表征食品消费安全状况的另外一个重要指标。根据原卫生部对食品安全事故的分级标准，食品安全事故分为Ⅰ、Ⅱ、Ⅲ、Ⅳ四级。本考核指标体系仅考察Ⅰ和Ⅱ级重大食品安全事故的发生情况，辖区内如发生Ⅰ或Ⅱ级重大食品安全事故，则从总分中扣除 10 分。

对于Ⅲ和Ⅳ级重大食品安全事故，原则上不考核，以降低发生瞒报的可能性。

食源性疾病发病和病死人数也常被用来表征一个国家或地区的食品安全的状况。考虑到食品安全事故已包含食物中毒的状况，能够一定程度上反映食源性疾病的状况，因此本指标体系不再设置食源性疾病指标。

3. 食品安全检验监测样本量每千人份数

根据国际惯例，食品安全检验检测样本量大致在 4 份/千人(如德国)到 9 份/千人(如中国香港)。我国(省)人口基数巨大，实际样本量并不是简单套用上述参考数值，而是在充分考虑时间、经费和人员的基础上，确定合理的数值。《食品安全法》第八条规定："县级以上人民政府应当将食品安全工作纳入本级国民经济和社会发展规划，将食品安全工作经费列入本级政府财政预算，加强食品安全监督管理能力建设，为食品安全工作提供保障。"在当前国情和省情下，样本量的多少直接反映了政府对食品安全工作的重视程度，也反映了政府监管能力的大小。

4. 食品安全投诉举报及时办结情况

受理食品安全投诉举报是政府食品安全监管职责的一项重要内容，也是政府获取食品安全违法违规行为线索的重要途径。投诉举报制度若要发挥应有的作用，除了畅通投诉举报渠道以外，还应对投诉举报的内容做及时处理、有效反馈，避免"烂尾"，以提高行政效力。本指标体系设计了食品安全投诉举报及时办结率(%)指标，该指标反映了政府(监管机构)的行政效能。

具体运用该指标时，首先应获知各地市食品安全投诉举报办结率，然后比较各地市办结率，并将其换算成满分为100分的标准分值。

5. 抽检不合格样品跟踪查处情况

对抽检不合格样品进行跟踪查处体现了以问题为导向的食品安全监管思路。发现问题，进而解决问题，才能在监管者与被监管者之间形成良性互动。因此，本考核体系将抽检不合格食品的跟踪查处率(%)作为一项指标。

具体运用该指标时，首先应获知各地市抽检不合格样品跟踪查处率，然后比较各地市跟踪查处率，并将其换算成满分为100分的标准分值。

6. 公安机关侦办食品安全案件情况

当前，无论从全国范围还是该省来看，食品安全违法犯罪事件时有发生。在一段时期内，借助公安机关的力量，加强对食品安全违法犯罪活动的打击力度将成为常态。《食品安全法》第一百二十一条规定："县级以上人民政府食品药品监督管理、质量监督部门发现涉嫌食品安全犯罪的，应当按照有关规定将案件及时移送公安机关。对移送的案件，公安机关应当及时审查；认为有犯罪事实需要追究刑事责任的，应当立案侦查。"在这样的情况下，辖区内公安机关侦办的食品安全犯罪案件数与当地政府食品安全监管效能直接正相关。因此，本考核体系设立了辖区内公安机关每万人口侦办食品安全犯罪案件数这一定量指标。

具体运用该指标时，首先应获知各地市公安机关每万人口侦办食品安全犯罪案件数，并将其换算成满分为100分的标准分值。

7. 监管人员失职渎职情况(减分项，不参与权重计算)

辖区内如果有食品安全渎职行为的行政诉讼立案，扣10分。

8. 政府风险交流活动(加分项，不参与权重计算)

政府风险交流活动包括宣教培训和危机应对等。例如，针对各级食品安全监管人员的食品法律法规、标准、科学知识、监管专业技术、舆情应对能力的培训；利用报纸、广播、电视等传统媒体及网络、短信等新媒体，通过各种形式，针对消费者开展的科普宣传或食品安全道德教育，等等。

食品安全风险交流是食品安全管理的重要一环，对食品安全事件的事前预防和事后危机应对都有非常重要的意义。我国《食品安全法》第六条规定："县级以上地方人民政府对本行政区域的食品安全监督管理工作负责，统一领导、组织、协调本行政区域的食品安全监督管理工作以及食品安全突发事件应对工作……"第十第规定："各级人民政府应当加强食品安全的宣传教育，普及食品安全知识……"由此可见，食品安全风险交流活动逐渐成为政府行政能力的重要体现。第二十三条规定："县级以上人民政府食品药品监督管理部门和其他有关部门、食品安全风险评估专家委员会及其技术机构，应当按照科学、客观、及时、公开的原则，组织食品生产经营者、食品检验机构、认证机构、食品行业协会、消费者协会以及新闻媒体等，就食品安全风险评估信息和食品安全监督管理信息进行交流沟通。”鉴于各地市食品安全风险交流活动的开展情况差异可能较大，在本考核指标体系中，该指标不参与权重计算，仅作为加分项计入总分，满分10分。

9. 政府年度食品重点工作落实情况(不参与权重计算)

可根据当地年度工作重点，适当增加一部分加分项或减分项计入总分。

10. 公众食品安全社会满意度

委托第三方做公众食品安全满意度调查，以百分数计，并将其换算成满分为100 分的标准分值。在开展此项调查的过程中，问卷内容设计、调查运作方式、调查人群选取等因素都会对结果产生影响。鉴于该项工作无先例可循，社会满意度指标的权重不宜过高。

三、权重的计算

权重计算采用层次分析法赋值，设计表格如表7-15和表7-16所示。

表7-15 某省食品安全综合评价打分表(1)

指标项	食品消费安全状况	政府履行职责情况	社会满意度
食品消费安全状况	1		
政府履行职责情况	/	1	
社会满意度	/	/	1

表7-16 某省食品安全综合评价打分表(2)

指标项	辖区内食品安全检验监测样本量	食品安全投诉举报及时办结情况	抽检不合格样品跟踪查处情况	公安机关侦办食品安全案件情况
辖区内食品安全检验监测样本量	1			
食品安全投诉举报及时办结情况	/	1		
抽检不合格样品跟踪查处情况	/	/	1	
公安机关侦办食品安全案件情况	/	/	/	1

面向省内食药系统发放调查问卷，收到来自12个地级市以及省农业厅、林业厅和省食品药品监督管理局的调查问卷共85份，调查对象所在岗位涵盖农产品种养殖、食品生产、食品流通、餐饮、保健品管理及食品安全标准和综合协调。

根据问卷调查的结果，采用层次分析法软件计算各项权重如表7-17和表7-18所示。

表 7-17 某省食品安全综合评价权重表(1)

食品消费安全状况	政府履行职责情况	社会满意度
0.51	0.29	0.20

表 7-18 某省食品安全综合评价权重表(2)

辖区内食品安全检验监测样本量	食品安全投诉举报及时办结情况	抽检不合格样品跟踪查处情况	公安机关侦办食品安全案件情况
0.21	0.30	0.31	0.18

这些来自监管人员的调查问卷表明，食品消费安全是重中之重，在政府主导的综合评价活动中，应突出食品消费安全的重要性。政府履行职责的四个方面中(表 7-18)，抽检不合格样品跟踪查处情况的权重最高，其次是食品安全投诉举报及时办结情况。上述两个指标与食品消费安全直接相关，进一步体现本省监管人员对食品消费安全的重视程度。

四、食品安全综合指数的计算

对照各项打分标准，该省某地级市各项指标得分如表 7-19 所示。

表 7-19 某地级市各项指标得分

维度	具体指标	
一、食品消费安全状况	1	食品安全评价性抽检合格率，98.5
	2	Ⅰ、Ⅱ级重大食品安全事故发生情况(减分项，不参与权重计算)
二、政府履行职责情况	3	食品安全检验监测样本量每千人份数，90.0
	4	食品安全投诉举报及时办结情况，86.1
	5	抽检不合格样品跟踪查处情况，89.3
	6	公安机关侦办食品安全案件情况，85.0
	7	监管人员失职渎职情况(减分项，不参与权重计算)
	8	政府风险交流活动(加分项，不参与权重计算)
	9	政府年度食品重点工作落实情况(不参与权重计算)
三、社会满意度	10	公众食品安全社会满意度，80.2

“食品安全评价性抽检合格率”得分可直接转化为“食品消费安全”得分。“公众食品安全社会满意度”得分可直接转化为“社会满意度”得分。运用表 7-18 中列出的权重，“政府履行职责情况”的得分计算如下：

$$90.0\times0.21+86.1\times0.30+89.3\times0.31+85.0\times0.18=87.7$$

参考表 7-17 中列出的权重，可知准则层三个要素的量值和权重分布如表 7-20 所示。

表 7-20　准则层三要素的量值和权重

准则层	量值	权重
食品消费安全状况	98.5	0.51
政府履行职责情况	87.7	0.29
社会满意度	80.2	0.20

采用综合指数法将上述权重与量值进行相乘、累加，计算得出该地级市食品安全综合指数为

$$98.5\times0.51+87.6\times0.29+80.2\times0.20=91.7$$

该综合指数反映了区域内食品安全的整体状况，可用于横向比较该省各地级市的食品安全监管绩效，也可用于纵向比较某个区域内食品安全监管在时间序列上的变化发展。同时，从三个准则层的权重分布来看，食品消费安全状况仍然是影响食品安全整体状况的最重要的因素。

附录：问卷调查表举例

关于邀请专家为 2015 年食品安全抽检工作方案指标赋值的通知

专家：

为科学制定 2015 年食品安全抽检方案，特邀请您作为专家参与指标赋值工作。

对某一类具体的食品种类而言，其食品链可简单地分为三个环节：生产(或种养殖)环节、流通环节和消费环节。本课题拟采用层次分析法进行赋分，计算各环节对食品安全监管的权重，从而确定样品在各环节的分配方案。

您的意见将直接影响各环节的权重。请您在表格相应位置填上两两指标重要性比较的数字，要求如下(举例见附表 7-1)：

附表 7-1　青年成才因素重要性比较表(填报举例)

B \ A	智力	体力	毅力
智力	1/1	**4/1**	**1/3**
体力	—	1/1	**1/5**
毅力	—	—	1/1

1. 比较表格中两两指标(A、B 两栏因素)的重要性，并区分重要程度(以 1～5 数字表示)，其中 1 表示同等重要；2 表示稍微重要；3 表示重要；4 表示非常重要；5 表示极其重要。

2. 重要程度以分式形式表达，分子为表格 A 栏因素，分母为表格 B 栏因素，举例如下，如果您认为“智力(A)”比“体力(B)”非常重要，可在相应的空格中填“4/1”。如果您认为“毅力(B)”比“智力(A)”重要，可在相应的空格中填“1/3”；

如果您认为“毅力(B)”比“体力(A)”极其重要，可在相应的空格中填“1/5”。

3. 只将空格处填上意见，底格灰色处不必填。

4. 请认真耐心地在附表 7-2 填上您的意见，感谢您的支持和帮助。

附表 7-2　各环节权重赋值打分表

B \ A	种养殖	生产	经营	消费
种养殖	1/1			
生产		1/1		
经营		—	1/1	
消费		—	—	1/1

附表 7-3　填表人基本情况(此表可不填)

姓名	填表日期　　年　月　日	年龄	
工作单位			
工作领域	综合协调□种养殖□生产加工□流通□餐饮□其他□	工作年限	
工作岗位	领导□　监管□　检验□　其他□	职务/职称	

本章小结

食品安全监管是一项系统工程，高效的监管制度、机制应建立在对食品安全状况客观综合评价的基础之上。当前，食品抽检合格率是评价食品安全状况的主要指标。但由于抽检过程的复杂性以及百分比抽样方案的局限性，该方法并不能得到社会各界的普遍认可。

由于我国食品安全监管对象复杂、监管体系薄弱、公众食品安全意识强烈，当前，单一结果类指标的评价方法不适用于我国的国情，只有采用综合评价指标才有可能接近客观地反映食品安全的整体水平。

建立科学的食品安全综合评价指标体系，定期综合、客观地评价食品安全状况，有利于获知食品安全发展态势、找出食品安全监管的薄弱环节、加强社会资源在食品安全方面的合理分配，有效地提高食品安全水平。结合我国食品安全监管的特点和实际情况，本书选择层次分析法(analytic hierarchy process，AHP)作为指标构建及其权重计算的方法。

本书构建的食品安全综合评价及食品安全指数可以应用于多个领域，包括：食品安全总体状态评价，如食品安全权威信息发布、食品安全工作绩效考核等；食品安全关键影响因素识别，如食品安全风险研判、食品安全舆情干预、食品安全工作重点确定等；食品安全趋势预测，如食品安全预警等。

参考文献

焦鹏. 2008. 现代指数理论与实践若干问题的研究. 厦门大学博士学位论文.
李聪. 2006. 农产品安全监测与预警系统. 北京: 化学工业出版社.
李哲敏. 2004. 农产品安全内涵及评价指标体系研究. 北京农业职业学院学报, 18(1): 18-22.
刘於勋. 2007. 农产品安全综合评价指标体系的层次与灰色分析. 河南工业大学学报(自然科学版), 28(05): 53-57.
孙春伟, 周士琪. 2012. 食品安全指数的构建及其理论研究. 科技创新与应用, (29): 80.
吴广枫, 苏保忠. 2011. 论食品安全诚信评价体系的构建. 当代经济, 275(6): 86-87.
吴广枫, 陈思, 郭丽霞, 等. 2014. 我国食品安全综合评价及食品安全指数研究. 中国食品学报, 14: 1-6
Chartier J, Gabler S. 2001. Risk communication and government: Theory and application for the Canadian food inspection agency. http://www.inspection.gc.ca/english/reg/rege.shtml[2018-02-08].
Darby M R, Edi K. 1973. Free competition and the optimal amount of fraud. Journal of Law and Economics, 16(4): 67-86.
FAO. 1996. Rome Declaration on World Food Security and World Food Summit Plan of Action. Rome.
Jamie W, Ragnar L. 2009. European Food Safety Authority—risk communication annual review. Technical Report. European Food Safety Authority. http://www.efsa.europa.eu/[2010-03-12].
Nelson P. 1970. Information and consumer behavior. Journal of Political Economy, 78(20): 311-329.

第八章　食品安全监管工程中的标准体系

第一节　食品安全标准体系

近年来，食品安全事件层出不穷，已成为影响我国社会稳定发展的重要因素之一。建立健全食品安全标准体系对于解决食品安全问题具有重要作用，是我国法制建设的重要组成部分之一。2015 年 10 月 1 日新的《中华人民共和国食品安全法》实施后，经过对食品安全法规和标准的梳理，我国的食品安全标准体系已取得长足发展。然而，目前的食品安全管理制度在解决我国食品安全问题和食品工业发展方面还存在一些问题。为解决这些问题，有必要采取适当措施，不断完善食品安全标准体系，减少食品安全事故的发生，保障我国的食品安全和人民健康。

一、食品安全标准体系的概念

（一）食品安全标准的概念

我国的食品安全标准体系是根据《中华人民共和国食品安全法》（2015 年 10 月 1 日实施）的要求来建立和实施的。依据《食品安全法》第四条“食品生产经营者应当依照法律、法规和食品安全标准从事生产经营活动，保证食品安全，诚信自律，对社会和公众负责，接受社会监督，承担社会责任。”因此，食品安全标准是从事一切与食品相关的生产、经营、销售活动均应遵守的规范，是保障食品安全的重要基石。

首先，什么是“食品安全标准”？——食品安全标准是指为了对食品生产、加工、流通和消费全过程中影响食品安全和质量的各种要素以及各关键环节进行控制和管理，经协商一致制定并由公认机构批准，共同使用和重复使用的一种规范性文件（宫智勇等，2011）。《食品安全法》第三章专门对食品安全标准进行了细致的规定，首先，制定食品安全标准的目的是“以保障公众身体健康为宗旨”，并且兼顾“科学合理、安全可靠”；其次，所有食品标准中，唯有食品安全标准是“强制执行的标准”。

依据这个定义，可以分别针对“从农田到餐桌”的全过程中的关键风险点制定相应的食品安全标准，如农药残留、添加剂的使用、微生物限量等。这显然不是一两个标准能解决问题的，因此，逐渐衍生出针对各种食品安全风险点的安全标准。而一系列的食品安全标准，就会逐渐形成一个庞大的食品安全标准体系。

(二)食品安全标准体系的概念

在食品安全标准的概念的基础上，对“食品安全标准体系”的概念就能很好理解了——食品安全标准体系是指依据系统、科学和标准化的原则和方法，遵循食品生产、加工和销售的风险分析规律，涵盖食品生产全过程中影响食品质量和安全的关键要素及其控制措施的所有标准，并根据其内部联系形成系统、科学、合理和可行的有机整体。通过实施食品安全标准体系，可以实现食品安全全过程的有效监控，并提高食品安全的整体水平(徐子涵等，2016；房庆等，2004)。可以明确地看到，食品安全标准体系不是对所有食品安全标准的简单罗列，而是一个有机的整体，有其自身的规律可循。这种规律就是食品生产、加工、销售的全过程管理。

二、食品安全标准体系的内容

要想实现“从农田到餐桌”的全过程管理，需要考虑到食品生产的各个环节。《食品安全法》第二十六条对食品安全标准体系应当包含的内容进行了细致的规定，主要包括：①食品、食品添加剂、食品相关产品中的致病性微生物，农药残留、兽药残留、生物毒素、重金属等污染物质以及其他危害人体健康物质的限量规定；②食品添加剂的品种、使用范围、用量；③专供婴幼儿和其他特定人群的主辅食品的营养成分要求；④对与卫生、营养等食品安全要求有关的标签、标志、说明书的要求；⑤食品生产经营过程的卫生要求；⑥与食品安全有关的质量要求；⑦与食品安全有关的食品检验方法与规程；⑧其他需要制定为食品安全标准的内容。

其中，人体摄入致病性微生物、农药残留、兽药残留、重金属、污染物质等会危害人体健康，因此应结合食品安全风险评估的结果，规定食品中各类危害物质的限量。例如，《食品安全国家标准　食品中真菌毒素限量》(GB 2761—2017)、《食品安全国家标准　食品中污染物限量》(GB 2762—2017)、《食品安全国家标准　食品中农药最大残留限量》(GB 2763—2016)、《食品安全国家标准　食品中致病菌限量》(GB 29921—2013)。

食品添加剂是为改善食品品质和色、香、味及防腐、保鲜和加工工艺的需要而加入食品中的人工合成或天然物质。食品添加剂是食品生产加工中不可缺少的基础原料，但是改变用途或超量使用食品添加剂会对人体健康产生风险，必须制定标准严格限定其品种、使用范围和限量，如《食品安全国家标准　食品添加剂使用标准》(GB 2760—2014)。

婴幼儿和其他特定人群主辅食的营养成分不仅关系到食品的营养，而且关系到他们的身体健康和生命安全，因此，对这些特殊人群的主辅食的营养成分需要专门规定，制定安全和营养标准。例如，针对婴幼儿的食品标准《食品安全国家标准　婴儿配方食品》(GB 10765—2010)、《食品安全国家标准　较大婴儿和幼儿配方食品》(GB 10767—2010)、《食品安全国家标准　婴幼儿谷类辅助食品》(GB 10769—2010)、《食品安全国家标准　婴幼儿罐装辅助食品》(GB 10770—2010)；以及针对其他特殊人群的食品标准《食品安全国家标准　运动营养食品通则》(GB 24154—2015)、《食品安全国家标准　孕妇及乳母营养补充食品》(GB 31601—2015)。

食品的标签、标识和说明书具有指导、引导消费者购买、食用食品的作用，许多内容都直接或间接关系到消费者食用时的安全，这些内容的标示应该真实准确、通俗易懂、科学合法，因此需要制定标准统一的要求。例如，《食品安全国家标准　预包装食品标签通则》(GB 7718—2011)、《食品安全国家标准　预包装食品营养标签通则》(GB 28050—2011)、《食品安全国家标准　预包装特殊膳食用食品标签》(GB 13432—2013)、《食品安全国家标准　食品添加剂标识通则》(GB 29924—2013)。

食品的生产经营过程是保证食品安全的重要环节，其中的每一个流程都有一定的卫生要求，对保护消费者身体健康、预防疾病具有重要意义，因此都需要制定标准统一要求。例如，《食品安全国家标准　食品生产通用卫生规范》(GB 14881—2013)、《食品安全国家标准　食品经营过程卫生规范》(GB 31621—2014)、《食品安全国家标准　食品接触材料及制品生产通用卫生规范》(GB 31603—2015)、《食品安全国家标准　原粮储运卫生规范》(GB 22508—2016)等。

与食品安全有关的质量要求，主要包括营养要求；食品的物理或化学要求，如酸、碱等指标；食品的感觉要求，如味道、颜色等，这些也属于食品安全标准的内容。例如，《食品安全国家标准　巴氏杀菌乳》(GB 19645—2010)、《食品安全国家标准　食用盐碘含量》(GB 26878—2011)、《食品安全国家标准　食糖》(GB 13104—2014)、《食品安全国家标准　糕点、面包》《GB 7099—2015》、《食品安全国家标准　糖果》(GB 17399—2016)等。

由于食品安全标准涉及的内容较多，单靠一个部门很难全面覆盖，因此形成了多部门联合制定的食品标准体系。根据标准化法及其实施条例，工程建设、药品、食品卫生、兽药、环境保护的国家标准，分别由国务院工程建设主管部门、卫生主管部门、农业主管部门、环境保护主管部门组织草拟、审批；法律对国家标准的制定另有规定的，依照法律的规定执行(陈佳维和李保忠，2014)。由于食品安全标准涉及食品和农业、化工、工商、进出口等多个领域，以往部门之间分工不明，导致了某些标准可以由多个部门制定，种类繁多，并且这些标准虽然由多个部门同时制定，但是其互补性却远远不足，甚至存在同一标准不同部门的版本相互矛盾的尴尬情况。因此，《食品安全法》第二十七条就明确规定了涉及食品和农业的时候，部门之间的分工："食品安全国家标准由国务院卫生行政部门会同国务院食品药品监督管理部门制定、公布，国务院标准化行政部门提供国家标准编号。食品中农药残留、兽药残留的限量规定及其检验方法与规程由国务院卫生行政部门、国务院农业行政部门会同国务院食品药品监督管理部门制定。屠宰畜、禽的检验规程由国务院农业行政部门会同国务院卫生行政部门制定。"这一规定，在一定程度上明确各部门的职责范围，为后续的食品安全标准清理工作奠定了良好的基础。

三、食品安全标准体系的分类

食品安全标准可以分为国家标准、行业标准、地方标准、企业标准四大类。《食品安全法》中指出"省、自治区、直辖市人民政府卫生行政部门可以制定并公布食品安全地方标准"，并且允许"食品生产企业制定严于食品安全国家标准或者地方标准的企业标准"。

1. 国家标准

国家标准指的是对需要在全国范围内统一的技术要求，由国务院标准化行政主管部门、卫生行政部门、农业行政部门等制定的标准(陈佳维和李保忠，2014)。食品领域内需要在全国范围内统一的食品技术要求，应当制定食品国家标准。

随着我国"一带一路"宏伟蓝图的发展，我国农产品加工行业及食品行业不断壮大并远销国外，食品国家标准也越来越严谨，并且逐渐与国际接轨。经过国家卫生和计划生育委员会不断地探索与努力，现阶段我国已经建立了较为完善的食品安全标准管理制度，宣布并实施了食品安全国家标准、行业标准、地方标准和企业标准的制定、监控等办法。我国还专门设立了"国家食品安全风险评估中心"，为科学开展食品安全风险评估及食品安全标准制修订工作提供宏观理论指导。

为了更好地完成食品安全标准的审查工作，依据《食品安全法》第二十八条的规定，国家卫生和计划生育委员会召集了350余位在医学、食品、农学、营养等方面作过杰出贡献的专家学者，组成了涵盖食品产品、生产经营规范、营养与特殊膳食食品、农兽药残留、食品添加剂、食品微生物、保健品、检验方法与规程、食品相关产品、食品污染物10个方面的食品安全国家标准审评委员会，更加科学合理地指导食品安全标准的建设工作。目前，该委员会依托于国家食品安全风险评估中心运行。

截至2017年7月，我国历时7年建立起现行的食品安全标准体系，完成了对5000项食品标准的清理整合，共审查修改1293项标准，发布1224项食品安全国家标准。这些食品安全标准大致包括8个方面，主要有食品、食品添加剂、食品相关产品中的致病性微生物、农药残留、兽药残留、生物毒素、重金属等物质的限量规定；食品添加剂的品种、使用范围、用量规定；食品生产过程的卫生要求；

与食品安全有关的食品检验方法和规程等(吴佳佳，2017)。

其中，代表性的国家食品安全标准包括2017年3月1日正式实施的2016版《食品安全国家标准》理化部分(GB 5009系列)，食品安全性毒理学评价标准体系(GB 15193系列)，食品中农药及相关化学品残留量的测定标准体系(GB 23200系列)，乳及乳制品的理化检验方法标准体系(GB 5413系列)，食品微生物学检验标准体系(GB 4789系列)，食品接触材料及制品迁移试验标准体系(GB 31604系列)。

2. 行业标准

行业标准指的是对没有国家标准而又需要在全国某个行业范围内统一技术要求，国务院有关行政主管部门制定的标准，在公布国家标准之后，该项行业标准即行废止。我国共有行业标准代号57个，行业标准化管理部门或机构45个(陈佳维和李保忠，2014)。根据我国现行标准化法的规定，对没有食品国家标准，而又需要在全国食品行业范围内统一技术要求，可以制定食品行业标准。在公布国家标准之后，该项行业标准即行废止。

目前行业标准涉及的范围也是比较广泛的，涉及食品安全相关的各个方面。例如，食品消毒剂领域的《出口浓缩果汁中甲基硫菌灵、噻菌灵、多菌灵和2-氨基苯并咪唑残留量的测定　液相色谱-质谱/质谱法》(SN/T 1753—2016)等；食品接触材料的特殊检测方法:《食品接触材料　高分子材料　食品模拟物中甲醛的测定　分光光度计》(SN/T 2183—2008)、《食品接触材料　高分子材料　食品模拟物中邻苯二甲酸酯类增塑剂的测定　液相色谱-质谱/质谱法》(SN/T 4606—2016)、《食品接触材料　检验规程　高分子材料类》(SN/T 2274—2015)等。这些方法一旦具有良好的适用性和广泛的应用范围，就会逐渐转化为正式的国家标准。

3. 地方标准

地方标准指的是对没有国家标准和行业标准而又需要在省(自治区、直辖市)范围内统一的工业产品的安全、卫生要求，由省(自治区、直辖市)标准化行政主管部门制定的标准，在公布国家标准或者行业标准之后，该项地方标准即行废止(杨紫烜等，1997)。

《食品安全法》第二十九条强调了地方标准的范围是“对地方特色食品，没有食品安全国家标准的”，其制定的主体是“省、自治区、直辖市人民政府卫生行政部门”。但是要求地方标准要到国家卫生部门进行备案。为规范食品安全地方标准的管理工作，原卫生部专门制定了《食品安全地方标准管理办法》(卫监督发〔2011〕17号)，规范食品安全地方标准的制定、公布和备案工作。目前该项工作依托于国家食品安全风险评估中心开展。

比较有代表性的食品安全地方标准，如特色产品的检测方法类标准：《农产品中白藜芦醇的测定　高效液相色谱法》（DB 35/T 1514—2015）；地方特色食品标准：《渝小吃　糯米糍粑烹饪技术规范》（DB 50/T799—2017），《渝小吃 牛肉焦包烹饪技术规范》（DB 50/T 798—2017）。

4. 企业标准

我国的企业标准是指由企业通过、供该企业使用的标准。食品企业标准由企业制定并由企业法人代表或其授权人批准、发布。企业的产品标准须报当地政府标准化行政主管部门和有关行政主管部门备案。《食品安全法》第三十条明确规定："国家鼓励食品生产企业制定严于食品安全国家标准或者地方标准的企业标准，在本企业适用，并报省、自治区、直辖市人民政府卫生行政部门备案。"为了规范企业标准的备案，原卫生部制定了《食品安全企业标准备案办法》（卫政法发〔2009〕54 号）。规定了"食品生产企业制定下列企业标准，应当在组织生产之前向省、自治区、直辖市卫生行政部门（下称省级卫生行政部门）备案：（一）没有食品安全国家标准或者地方标准的企业标准；（二）严于食品安全国家标准或者地方标准的企业标准。"

企业标准涉及的范围主要是针对企业生产的产品的质量、检测方法和生产技术规范的要求，如《北京聚食源食品有限公司　湿米粉》（Q/FSJSY 0001—2018）、《纽利味食品（北京）有限公司　食品用预拌粉》（Q/HRNLW 0007—2017）、《中农鲜亨农业发展（北京）有限公司　蔬菜干制品》（Q/MYXXN 0006—2018）等。

最后，《食品安全法》规定了对以上 4 类食品安全标准的获取途径，"省级以上人民政府卫生行政部门应当在其网站上公布制定和备案的食品安全国家标准、地方标准和企业标准，供公众免费查阅、下载"。并且，标准的制定是一个动态的过程，要随着时代的发展、技术的进步不断完善。就像《食品安全法》第三十二条所述"省级以上人民政府卫生行政部门应当会同同级食品药品监督管理、质量监督、农业行政等部门，分别对食品安全国家标准和地方标准的执行情况进行跟踪评价，并根据评价结果及时修订食品安全标准。省级以上人民政府食品药品监督管理、质量监督、农业行政等部门应当对食品安全标准执行中存在的问题进行收集、汇总，并及时向同级卫生行政部门通报。食品生产经营者、食品行业协会发现食品安全标准在执行中存在问题的，应当立即向卫生行政部门报告。"根据实际使用中发现的问题，再对食品安全标准体系不断地完善和更新。

四、食品安全标准建立的原则

制定标准应当有利于保障食品安全和人民的身体健康，保护消费者的利益，保护环境。其含义是，在制定标准时，必须充分考虑有关的安全、卫生要求，以便在实施标准中和实施标准后，能消除或减弱有害因素对人体的危害，保护生产者、消费者的根本利益；并能保护环境免受破坏和污染。

1. 合理利用原则

标准的制定应有利于合理利用国家资源，促进科技成果转化，提高经济效益，符合使用要求，有利于产品的普遍互换，保证技术上的先进性和经济合理性，力求科学合理地利用国家资源，创造更大的经济效益。科技成果转化为生产力需要标准的支撑。在满足社会需求的前提下，标准的制定应注意吸收先进的科学成果和先进技术，促进技术发展，提高社会效益和经济效益。此外，标准还应具有良好的泛用性。

2. 协调配套原则

制定标准应当做到有关标准的协调配套。“有关标准的协调配套”是指，各种相互关联的标准之间，同类标准之间，产品标准与基础标准之间，原材料标准与工艺标准之间，相互衔接，相互协调。

3. 标准全球化原则

标准的制定要考虑到经济全球化的大背景。标准制定应积极采用国际标准和国外先进标准，充分考虑经济技术合作和对外贸易的需要，在此基础上制定可以推进对外贸易和国际经济技术合作的标准。

4. 科学理论指导原则

制定标准要具备深厚的科学基础和丰富的实践基础。标准制定部门应组织由专家组成的标准化技术委员会负责起草标准并参加标准草案审查。制定标准的部门或单位应当吸收有关行业协会、科研机构和学术团体参加标准的起草和审查，并且充分听取意见。

五、食品安全标准体系建立的目的和意义

(1) 食品安全标准是全面提高食品质量安全和保证消费者健康的关键。有效实施食品标准，建立科学的食品安全标准体系可以规范食品生产全过程，为食品质量安全提供控制目标、技术基础和技术保障，充分保证和提高食品质量安全水平，有效保护消费者的健康和权利。

(2) 食品安全标准体系是改善全国食品行业竞争力的重要技术支撑。食品工业是中国的支柱产业，其发展程度直接影响到中国的综合国力和国际竞争力。良好的食品安全标准应符合中国国情，符合国际标准的食品标准体系，可为企业提供一套

完整、有效、科学、合理的安全生产和监督管理技术标准和程序，全面指导和规范企业行为，提高产品质量，为增强中国食品行业在国际市场的竞争力提供支持。

(3)食品安全标准体系是国家食品监督管理和规范市场秩序的重要依据。食品标准体系规定了食品质量安全的基本要求和具体指标及其性能、检测方法等。食品质量标准是确定食品是否合格的基础，也是食品进入市场的门槛。根据食品标准，可以防止劣质食品进入老百姓的餐桌，保护消费者权益，整顿和规范市场经济秩序，营造公平竞争的市场环境。

第二节　食品安全检测标准体系

“国以民为本，民以食为天”。近几年，我国频繁发生问题奶粉事件、“苏丹红”事件、“瘦肉精”事件、“地沟油”事件及塑化剂等食品安全事件。当前，食品安全已经上升为关系到国计民生和社会的和谐稳定、关系到广大消费者的健康和安全的社会焦点问题。如何让百姓吃得放心，如何保护公众生命安全和身体健康，已经成为各级政府落实以人为本理念的重要课题，并对各级政府的执政能力形成重大考验。食品安全检测标准正是保障人民身体健康、保障食品安全的重中之重。

依据食品安全标准体系涵盖的内容，我国已经建立起来一系列的食品安全检测标准体系，主要范围包括理化检验、食品添加剂、微生物、农药残留、兽药残留、食品毒理、食品接触材料、特殊食品等。

一、食品理化检验方法标准体系(GB 5009 系列)

我国政府在《食品安全法》中对食品安全问题进行了解释。在最近几年来，伴随着我国居民生活水平的不断提高，人们在满足基本温饱的同时开始对食品中所包含的营养成分给予了更高的重视，营养成分检测在我国食品安全中的重要性不言而喻。

在食品种植和生产加工过程中，食品污染物有可能掺入到食品中，食品污染物主要包括农药、兽药、重要有机污染物、食品添加剂、饲料添加剂与违禁化学药品、生物毒素、食品中重要人畜共患疾病病原体等。这些食品污染物一旦超过一定的剂量就会对使用者的身体健康产生危害，所以，我国建立了常见食品污染物的检测标准体系。

随着食品工业的发展，食品检测的项目不断增加，食品理化检验方法也不断地添加和改进。《食品安全国家标准》理化部分经过 1985 版、1996 版、2003 版和 2016 版 4 次修订，奠定了我国食品卫生检验方法的基础。2016 版《食品安全国家标准》理化部分于2017年3月1日正式实施。该标准的实施对当前食品安全保障具有重要意义，是贯彻执行《食品安全法》、防止化学物质通过污染和加工途径对人体健康造成危害、保障食品安全的重要手段，是食品安全的核心，较以往标准更具综合性、完善性、创新性。

2016版食品理化检验标准在修订中是将72个以往食品安全理化检验方法和国家颁布的86个标准分析方法，35个全国卫生标准委员会食品安全分委会审查通过、卫生部批准的分析方法及10个原附于食品安全标准中的检验方法合并，并将其统一编号。其中，一般分析11种，元素分析23种，农残分析48种，兽残分析7种，毒素8种，化学污染物4种，食品添加剂16种，食物分析24种，包装材料32种，维生素9种，保健食品9种，其他10种。基本上囊括了现行的食品卫生标准所要求的检验指标及方法，健全了测定方法体系，包含现有食品安全标准的所有类别，能够满足我国食品安全监督管理工作的实际需要，提高了食品检验方法的规范性、科学性和准确性。

部分标准如表8-1所示。

表8-1　我国食品理化检验部分标准

编号	名称	实施时间(年/月/日)
GB 5009.2—2016	食品安全国家标准　食品相对密度的测定	2017/3/1
GB 5009.3—2016	食品安全国家标准　食品中水分的测定	2017/3/1
GB 5009.7—2016	食品安全国家标准　食品中还原糖的测定	2017/3/1
GB 5009.8—2016	食品安全国家标准　食品中果糖、葡萄糖、蔗糖、麦芽糖、乳糖的测定	2017/6/23
GB 5009.14—2017	食品安全国家标准　食品中锌的测定	2017/10/6
GB 5009.17—2014	食品安全国家标准　食品中总汞及有机汞的测定	2016/3/21
GB 5009.25—2016	食品安全国家标准　食品中杂色曲霉素的测定	2017/6/23
GB 5009.28—2016	食品安全国家标准　食品中苯甲酸、山梨酸和糖精钠的测定	2017/6/23
GB 5009.82—2016	食品安全国家标准　食品中维生素A、D、E的测定	2017/6/23
GB 5009.124—2016	食品安全国家标准　食品中氨基酸的测定	2017/6/23
GB 5009.168—2016	食品安全国家标准　食品中脂肪酸的测定	2017/6/23
GB 5009.227—2016	食品安全国家标准　食品中过氧化值的测定	2017/3/1
GB 5009.231—2016	食品安全国家标准　水产品中挥发酚残留量的测定	2017/3/1
GB 5009.240—2016	食品安全国家标准　食品中伏马毒素的测定	2017/3/1
GB 5009.244—2016	食品安全国家标准　食品中二氧化氯的测定	2017/3/1
GB 5009.248—2016	食品安全国家标准　食品中叶黄素的测定	2017/3/1
GB 5009.250—2016	食品安全国家标准　食品中乙基麦芽酚的测定	2017/3/1

二、乳及乳制品的理化检验方法标准体系（GB 5413 系列）

2008 年三鹿奶粉事件引起了国家和公众对乳制品的质量安全的高度关注。乳品质量安全是我国经济安全的重要组成部分，影响着企业和奶农的生存发展，更影响着国民尤其是下一代的健康，不容忽视。因此，关于乳制品的检验标准在此单独阐述。乳品标准是衡量乳品质量和安全的尺度，乳品标准水平代表着一个国家在乳品安全、乳品质量方面的管理水平。

如表 8-2 所示部分标准，乳品的质量标准和安全标准是我国乳品标准体系的重要组成部分。GB 5413 系列标准规定了乳品中的特殊营养物质的理化检测方法，如乳糖和蔗糖、不溶性膳食纤维、维生素 B12、叶酸、泛酸、维生素 C、胆碱等，以及乳品性质和质量安全相关的理化检测标准，如溶解性、杂质度、反式脂肪酸等。

表 8-2　乳及乳制品的理化检验方法部分标准

编号	名称	实施时间（年/月/日）
GB 5413.5—2010	食品安全国家标准　婴幼儿食品和乳品中乳糖、蔗糖的测定	2010/6/1
GB 5413.6—2010	食品安全国家标准　婴幼儿食品和乳品中不溶性膳食纤维的测定	2010/6/1
GB 5413.14—2010	食品安全国家标准　婴幼儿食品和乳品中维生素 B12 的测定	2010/6/1
GB 5413.18—2010	食品安全国家标准　婴幼儿食品和乳品中维生素 C 的测定	2010/6/1
GB 5413.20—2013	食品安全国家标准　婴幼儿食品和乳品中胆碱的测定	2014/6/1
GB 5413.30—2016	食品安全国家标准　乳和乳制品杂质度的测定	2017/6/23
GB 5413.31—2013	食品安全国家标准　婴幼儿食品和乳品中脲酶的测定	2014/6/1
GB 5413.38—2016	食品安全国家标准　生乳冰点的测定	2017/3/1
GB 5413.40—2016	食品安全国家标准　婴幼儿食品和乳品中核苷酸的测定	2017/3/1

三、食品中农药及相关化学品残留量的测定标准体系（GB 23200 系列）

作为一种特殊的农业生产材料，农药可以用来防止有害生物、促进农产品生长，确保农业增产、农民增收，但使用农药也面临农药残留问题，对人体健康及生态保护构成严重威胁。随着社会进步及食品安全意识的提升，农药残留检测已成为食品安全的重要内容，需要建立一套完善的农药残留检测指标体系并不断改进相应的农药残留检测分析方法。我国农药及相关化学品的残留量检测标准体系 GB 23200 系列标准，截至 2017 年 4 月已经颁布 106 项。这些标准中有的是规定某种农药通用的检测方法，如《食品安全国家标准 除草剂残留量检测方法 第 2 部分：气相色谱-质谱法测定 粮谷及油籽中二苯醚类除草剂残留量》(GB 23200.2—2016)、《食品安全国家标准 食品中有机磷农药残留量的测定 气相色谱-质谱法》(GB 23200.93—2016)；有的是规定某种食品中的某一类或者多类农药的检测方法，如《食品安全国家标准 蜂王浆中 11 种有机磷农药残留量的测定 气相色谱法》(GB 23200.98—2016)、《食品安全国家标准 水果和蔬菜中 500 种农药及相关化学品残留量的测定 气相色谱-质谱法》(GB 23200.8—2016)。我国现行的部分标准如表 8-3 所示。

表 8-3 食品中农药及相关化学品残留量的测定部分标准

编号	名称	实施时间(年/月/日)
GB 23200.2—2016	食品安全国家标准 除草剂残留量检测方法 第 2 部分：气相色谱-质谱法测定 粮谷及油籽中二苯醚类除草剂残留量	2017/6/18
GB 23200.4—2016	食品安全国家标准 除草剂残留量检测方法 第 4 部分：气相色谱-质谱/质谱法测定 食品中芳氧苯氧丙酸酯类除草剂残留量	2017/6/18
GB 23200.8—2016	食品安全国家标准 水果和蔬菜中 500 种农药及相关化学品残留量的测定 气相色谱-质谱法	2017/6/18
GB 23200.59—2016	食品安全国家标准 食品中敌草腈残留量的测定 气相色谱-质谱法	2017/6/18
GB 23200.86—2016	食品安全国家标准 乳及乳制品中多种有机氯农药残留量的测定 气相色谱-质谱/质谱法	2017/6/18
GB 23200.93—2016	食品安全国家标准 食品中有机磷农药残留量的测定 气相色谱-质谱法	2017/6/18
GB 23200.97—2016	食品安全国家标准 蜂蜜中 5 种有机磷农药残留量的测定 气相色谱法	2017/6/18
GB 23200.98—2016	食品安全国家标准 蜂王浆中 11 种有机磷农药残留量的测定 气相色谱法	2017/6/18

除了常规的仪器检测方法外，目前快速检测技术也逐渐成为食品安全检测的发展趋势。常见的快速检测技术有酶抑制检测法、免疫分析法、生物传感器法及现代光谱仪器检测法等。酶抑制检测法具备较高的专一性、准确性和灵敏度，主要利用有机磷与氨基甲酸酯类农药对乙酰胆碱酯酶的抑制原理来进行残留分析；免疫分析法操作简单，具有较高的安全性和可靠性，主要依据体外生成原理，将抗原抗体和特异性相结合，使用抗体作为生化探测器进行定性定量分析，是目前应用最为广泛的一项农药残留快速检测技术；生物传感器法主要使用传感器对农药残留的物理化学信号捕获来进行定性或定量分析，目前比较常见的生物传感器主要有酶生物传感器、电化学免疫传感器及全细胞生物传感器等；现代光谱仪器检测法引

进了先进的现代化设备，不需要复杂的样品前期处理便能够快速完成样品的分析和检测，并且随着红外光谱法、拉曼光谱法、荧光光谱法等现代光谱仪器的开发应用，这种检测方法也成为今后农药残留快速检测的重要发展方向(张楠等，2017)。

四、食品微生物学检验标准体系(GB 4789 系列)

食品微生物与食品腐败变质及一些特殊食品的风味有着密切的关系，对食品质量安全的影响很大，同时，食品微生物学检验种类广泛、项目繁多，而我国地域辽阔，发展极不均衡。这些因素对我国食品微生物学检验方法标准体系的建设提出了很高的要求。作为强制标准的食品安全国家标准，微生物学检验方法标准需要综合考虑各方面因素，不断更新和完善，满足食品微生物学检验的需要，促进我国食品安全事业的发展和进步。

GB 4789 食品微生物学检验是我国食品安全国家标准体系中的重要组成部分。按照《卫生部办公厅关于印发食品标准清理工作方案的通知》(卫办监督函〔2012〕913 号)的要求，对当时有效的微生物学检验方法进行了清理，提出了在食品安全国家标准框架内拟形成的微生物学检验方法标准目录，共计 31 项。2014 年开展食品微生物学检验体系跟踪评价工作时，共发布实施 22 项食品微生物学检验方法(陈潇等，2014)。截至 2017 年 4 月，共发布了 30 项食品安全国家标准食品微生物学检验方法。

如表 8-4 所示的部分标准，我国现行有效的食品微生物学检验方法体系包括了食品微生物学检验总则、培养基和试剂的质量要求、各类食品检验的采样方案及各类微生物检验方法。

表 8-4 食品微生物学检验部分标准

编号	名称	实施时间(年/月/日)
GB 4789.1—2016	食品安全国家标准 食品微生物学检验 总则	2017/6/23
GB 4789.2—2016	食品安全国家标准 食品微生物学检验 菌落总数测定	2017/6/23
GB 4789.4—2016	食品安全国家标准 食品微生物学检验 沙门氏菌检验	2017/6/23
GB 4789.8—2016	食品安全国家标准 食品微生物学检验 小肠结肠炎耶尔森氏菌检验	2017/3/1
GB 4789.10—2016	食品安全国家标准 食品微生物学检验 金黄色葡萄球菌检验	2017/6/23
GB 4789.28—2013	食品安全国家标准 食品微生物学检验 培养基和试剂的质量要求	2014/6/1
GB 4789.36—2016	食品安全国家标准 食品微生物学检验 大肠埃希氏菌 O157:H7/NM 检验	2017/6/23
GB 4789.41—2016	食品安全国家标准 食品微生物学检验 肠杆菌科检验	2017/3/1

此外，按照《食品安全法》的规定“食品安全标准是强制执行的标准。除食品安全标准外，不得制定其他食品强制性标准”。考虑到相关部门有使用需求，专家技术组提出对部分行业标准，按不纳入食品安全国家标准体系处理，继续在行业内使用。具体包括以下几种情况：①对于病毒、寄生虫等主要由《中华人民共和国传染病防治法》等法规管理的病原微生物检验方法，考虑到已有其他防控及管理

方式，暂不考虑纳入食品安全国家标准体系管理，如《进出口食品中隐孢子虫检测方法 PCR法》(SN/T 2143—2008)等。②对于柠檬酸杆菌、阴沟肠杆菌等商检类标准中涉及，食品安全国家标准中不涉及的指标，暂不考虑纳入食品安全国家标准体系管理，如《乳及乳制品卫生微生物学检验方法 第6部分：柠檬酸杆菌检验》(SN/T 2552.6—2010)等。③一些标准方法的检验设备或试剂等依赖或指定了某些特定品牌产品，且已有相应的检验方法替代，如《罐头食品商业无菌快速检测方法》(SN/T 2100—2008)等，此类标准不适合作为强制性国家标准，建议这些检验方法标准不纳入食品安全国家标准体系。对于这些标准，清理专家技术组建议由相关部门根据已发布的食品安全国家标准，按照相关技术性能要求不低于相应食品安全国家标准的原则进行相应的清理。④由于一些微生物快速检验方法存在特异性、灵敏度等局限，建议不单独进入食品安全国家标准。此类方法将根据方法的研究进展和成熟程度进一步讨论。例如，《食品中志贺氏菌分群检测 MPCR-DHPLC法》(SN/T 2565—2010)、《食品中金黄色葡萄球菌的快速计数法—Petrifilm™测试片法》(SN/T 1895—2007)等。

五、食品安全性毒理学评价标准体系(GB 15193系列)

近年我国食品毒理学得到迅速的发展，在保障食品安全和人类健康、维护环境友好与生态平衡、促进经济可持续发展中发挥了重要作用。我国食品相关的毒理学评价程序、指南及管理法规得到更新和完善；食品安全风险评估体系初步建立；细胞毒理学方法、毒理组学技术等已成为食品毒理学的重要研究工具；在人群流行病学调查中，以生物标志物为手段的检测研究成为食品毒理学研究的一个热点；采用转基因小鼠模型进行致癌性研究具显著优越性；体外替代法研究也得到进一步的发展。食品安全性毒理学评价部分标准如表8-5所示。

表8-5 食品安全性毒理学评价部分标准

编号	名称	实施时间(年/月/日)
GB 15193.1—2014	食品安全国家标准 食品安全性毒理学评价程序	2015/5/1
GB 15193.2—2014	食品安全国家标准 食品毒理学实验室操作规范	2015/5/1
GB 15193.3—2014	食品安全国家标准 急性经口毒性试验	2015/5/1
GB 15193.4—2014	食品安全国家标准 细菌回复突变试验	2015/5/1
GB 15193.5—2014	食品安全国家标准 哺乳动物红细胞微核试验	2015/5/1
GB 15193.6—2014	食品安全国家标准 哺乳动物骨髓细胞染色体畸变试验	2015/5/1
GB 15193.8—2014	食品安全国家标准 小鼠精原细胞或精母细胞染色体畸变试验	2015/5/1
GB 15193.9—2014	食品安全国家标准 啮齿类动物显性致死试验	2015/5/1
GB 15193.10—2014	食品安全国家标准 体外哺乳类细胞DNA损伤修复(非程序性DNA合成)试验	2015/5/1
GB 15193.11—2015	食品安全国家标准 果蝇伴性隐性致死试验	2015/10/7

续表

编号	名称	实施时间(年/月/日)
GB 15193.12—2014	食品安全国家标准　体外哺乳类细胞 HGPRT 基因突变试验	2015/5/1
GB 15193.13—2015	食品安全国家标准　90 天经口毒性试验	2015/10/7
GB 15193.14—2015	食品安全国家标准　致畸试验	2015/10/7
GB 15193.15—2015	食品安全国家标准　生殖毒性试验	2015/10/7
GB 15193.16—2014	食品安全国家标准　毒物动力学试验	2015/5/1
GB 15193.17—2015	食品安全国家标准　慢性毒性和致癌合并试验	2015/10/7
GB 15193.18—2015	食品安全国家标准　健康指导值	2015/10/7
GB 15193.19—2015	食品安全国家标准　致突变物、致畸物和致癌物的处理方法	2015/10/7
GB 15193.20—2014	食品安全国家标准　体外哺乳类细胞 TK 基因突变试验	2015/5/1
GB 15193.22—2014	食品安全国家标准　28 天经口毒性试验	2015/5/1
GB 15193.23—2014	食品安全国家标准　体外哺乳细胞染色体畸变试验	2015/5/1
GB 15193.24—2014	食品安全国家标准　食品安全性毒理学评价中病理学检查技术要求	2015/5/1
GB 15193.25—2014	食品安全国家标准　生殖发育毒性试验	2015/5/1
GB 15193.26—2014	食品安全国家标准　慢性毒性试验	2015/10/7
GB 15193.27—2014	食品安全国家标准　致癌试验	2015/10/7

新的毒理学标准的检验对象与我国现行相关法律法规相协调，不同的检验对象适用于特定的评价程序。新标准的检验对象包括食品及其原料、食品添加剂、新食品原料、辐照食品、食品相关产品(用于食品的包装材料、容器、洗涤剂、消毒剂和用于食品生产经营的工具、设备)以及食品污染物。原标准的检验对象包括食品添加剂(含营养强化剂)、食品新资源及其成分、新资源食品、辐照食品、食品容器与包装材料、食品工具、设备、洗涤剂、消毒剂、农药残留、兽药残留、食品工业用微生物等。两者相比较主要改变体现在“食品及其原料”“新食品原料”“食品相关产品”等词汇。继《食品安全法》发布实施后，我国陆续制定和修订了多部相关的法规和规章，如《新食品原料安全性审查管理办法》(国家卫生和计划生育委员会令第 1 号)，原《新资源食品管理办法》同时废止。这些法律、法规和规章中对上述词汇均有明确的定义和内涵，新标准中的相关内容也应与相应法律法规协调。保健食品的安全性评价不在此标准体系的范围内，由相关部门另行制定。

新标准对不同的检验对象规定了特定的评价程序，如对食品及其原料、食品添加剂、辐照食品以及食品污染物等检验对象，应按照《食品安全性毒理学评价程序》进行评价，包括受试物的要求、试验内容、不同受试物选择毒性试验的原则、试验目的和结果判定、进行食品安全性评价时需要考虑的因素等内容；对于新食品原料，应按照《新食品原料申报与受理规定》（国卫食品发〔2013〕23 号）进行评价；对于食品相关产品，应按照《食品相关产品新品种申报与受理规定》（卫监督发〔2011〕49 号）进行评价；对于农药残留按照《农药登记毒理学试验方法》(GB 15670) 进行评价；对于兽药残留按照《兽药临床前毒理学评价试验指导原则》（《中华人民共和国农业部公告》第 1247 号）进行评价。

六、食品接触材料及制品迁移试验标准体系（GB 31604 系列）

《食品安全法》规定食品相关产品包括用于食品的包装材料和容器、洗涤剂、消毒剂及用于食品生产经营的工具、设备。《食品安全国家标准　食品接触材料及制品通用安全要求》(GB 4806.1—2016) 进一步明确了食品接触材料及制品标准的管理范畴，首次提出了食品接触材料及制品（以下简称食品接触材料）的定义，规定除洗涤剂和消毒剂之外的食品相关产品均属于食品接触材料的范畴（朱蕾，2017）。截至 2017 年 4 月，食品接触材料系列标准已经制定了 48 项，内容涵盖食品接触材料中各种有毒有害物质的含量测定和迁移量测定。食品接触材料及制品迁移试验部分标准如表 8-6 所示。

表 8-6　食品接触材料及制品迁移试验部分标准

编号	名称	实施时间（年/月/日）
GB 31604.21—2016	食品安全国家标准　食品接触材料及制品　对苯二甲酸迁移量的测定	2017/4/19
GB 31604.24—2016	食品安全国家标准　食品接触材料及制品　镉迁移量的测定	2017/4/19
GB 31604.39—2016	食品安全国家标准　食品接触材料及制品　食品接触用纸中多氯联苯的测定	2017/4/19
GB 31604.44—2016	食品安全国家标准　食品接触材料及制品　乙二醇和二甘醇迁移量的测定	2017/4/19
GB 31604.48—2016	食品安全国家标准　食品接触材料及制品　甲醛迁移量的测定	2017/4/19

第三节　农产品质量安全标准体系

进入 21 世纪的十余年来，中国的农业生产和农村经济发展已进入新的历史阶段。农产品供求基本平衡，城乡居民生活水平已进入小康社会，农产品国际竞争力有了很大提高，新时代中国特色社会主义新农村建设步伐强劲有力。然而，随着经济全球化进程的加快，农产品质量安全问题逐渐成为一个摆在各级政府和有关行政管理部门面前的历史任务。

农产品质量安全标准体系是规范农产品质量安全的重要执法基础，也是支持和规范农产品生产经营环节的重要技术支撑。对农产品质量安全标准体系的建设不仅与国内市场的需求和人们的消费安全相关，也是与国际贸易接轨、提高农产品的国际竞争力、增加农产品出口收入的关键。而且要从根本上确保农产品质量安全与农业可持续发展，各级政府部门就必须建立健全适应市场经济要求、与国际农产品贸易规范相接轨的农产品质量安全标准体系，加快完善有中国特色的农产品质量安全标准体系的建设(杨柳，2013)。

一、标准体系的构成

农产品质量安全标准体系是以产品、过程、服务、管理为中心，将生产或工作全过程中所涉及的全部标准综合组成的，它涉及农产品产前、产中、产后的各个环节，贯穿于农产品生产的整个过程。农产品品种繁多，各品种都有其自身的生产特点、产品质量和仓储加工技术，它们之间有着一定的内在联系，是一个综合的整体，通过建立农产品质量安全标准体系，规范整个生产过程，就能全面指导农产品的生产、销售和加工，从而为市场提供优质农产品，创造更高的经济效益。同时对推广新技术和应用科研成果起到了桥梁作用(李江华，2008)。

中国政府始终把农产品质量安全工作作为一项重要任务，大力推进农产品质量安全标准体系的建设，建立了以国家标准和行业标准为主体、地方标准为配套、企业标准为补充的农产品质量安全标准体系，并不断加大适合中国国情又符合国际要求的农产品质量安全标准体系建设的力度(杨柳，2013)。在本标准体系中，主要包括种植业、畜牧业和渔业三大产业标准，大致可分为五大标准体系：种养殖过程标准体系、质量安全标准体系、农业投入品标准体系、产地环境标准体系、其他标准体系。

二、种养殖过程标准体系

这一类型的农产品标准主要用于规范各种农产品的生产技术规程或操作规范。由于农产品的种类有极大的地域差异，所以这一类型的标准中国家标准很少，多为地方标准(王明达，2011)。这些标准主要用于规范一些地方特色无公害或绿色农产品的种养殖过程，多为推荐标准。例如，DB 3205/T 系列即苏州市质量技术监督局在2003～2010年发布的用来规范当地180多种无公害农产品种养殖过程的地方标准。又如，DB53/T 系列是云南省为规范当地数种高原特色农产品的种养殖过程而发布的地方标准(表 8-7)。可见，这一类型的农产品标准多为地方性标准，有很强的地域性特点。

表 8-7　种养殖过程标准体系部分标准

编号	名称	实施时间(年/月/日)
DB11/T 1086—2014	无公害农产品　灰树花(栗蘑)生产技术规程	2014/7/1
DB11/T 910—2012	无公害农产品　芥蓝生产技术规程	2013/1/1
DB11/T 911—2012	无公害农产品　南瓜设施生产技术规程	2013/1/1
DB11/T 912—2012	无公害农产品　牛蒡生产技术规程	2013/1/1
DB12/T 237—2005	无公害农产品　鲜柿冷藏	2005/10/11
DB12/T 238—2005	无公害农产品　冬枣冷藏	2005/10/11
DB13/T 1049—2009	农产品生产记录规范　果品	2009/3/24
DB140400/T 001—2004	绿色农产品　玉米生产操作规程	2004/9/9
DB140400/T 002—2004	绿色农产品　旱地冬小麦生产操作规程	2004/9/9
DB140400/T 003—2004	绿色农产品　水地冬小麦生产操作规程	2004/9/9
DB21/T 1220—2009	农产品质量安全　虹鳟鱼养殖技术规程	2009/9/1
DB21/T 1369—2005	农产品质量安全　滑菇块式栽培技术规程	2005/8/1
DB21/T 1432—2006	农产品质量安全　香菇熟料袋式栽培技术规程	2006/7/1
DB21/T 1863—2010	农产品质量安全　毛蚶增养殖技术规范	2011/2/1
DB21/T 1864—2010	农产品质量安全　皱纹盘鲍增养殖技术规范	2011/2/1
DB21/T 1865—2010	农产品质量安全　草鱼池塘养殖技术规范	2011/2/1
DB21/T 1867—2010	农产品质量安全　虾夷扇贝浮筏健康养殖技术规程	2011/2/1
DB2103/T 005—2006	无公害农产品　辽五味子种植技术规程	2006/12/18
DB2103/T 008—2006	无公害农产品　超级稻生产技术规程	2006/12/18
DB2103/T 009—2006	无公害农产品　日光温室冬春茬薄皮甜瓜生产技术规程	2006/12/18
DB2103/T 010—2006	无公害农产品　秋大白菜生产技术规程	2006/12/18
DB22/T 2097—2014	无公害农产品　设施苦苣生产技术规程	2014/10/1
DB22/T 2098—2014	无公害农产品　设施油麦菜生产技术规程	2014/10/1
DB22/T 2143—2014	无公害农产品　鲜食甘薯生产技术规程	2014/12/25
DB3201/T 026—2003	无公害农产品　香椿露地生产技术规程	2003/11/1
DB3201/T 036—2003	无公害农产品　淡水无核珍珠池塘养殖操作规程	2003/12/5
DB3201/T 040—2004	无公害农产品　豌豆叶生产技术规程	2004/10/30
DB34/T 990—2009	无公害农产品　双低油菜籽生产技术规程	2009/8/19
DB46/T 39—2012	无公害农产品　苦瓜生产技术规程	2012/11/10
DB46/T 40—2012	无公害农产品　青、黄皮尖椒生产技术规程	2012/12/1
DB46/T 41—2012	无公害农产品　棱丝瓜生产技术规程	2012/12/1
DB510422/T 020—2010	无公害农产品番茄生产操作技术标准	2010/1/1
DB510681/T 04—2011	无公害农产品柑桔　生产技术规程	2011/8/8

续表

编号	名称	实施时间(年/月/日)
DB510681/T 05—2011	无公害农产品梨　生产技术规程	2011/8/8
DB510681/T 06—2011	无公害农产品李子　生产技术规程	2011/8/8
DB510681/T 07—2011	无公害农产品枇杷　生产技术规程	2011/8/8
DB510823/T 008—2010	无公害农产品　剑门椒	2010/10/10
DB510823/T 011—2010	无公害农产品　剑门椒高效种植技术规程	2010/10/10
DB511700/T 23—2012	无公害农产品　粉葛生产技术规程	2012/8/1
DB513227/T 02—2011	无公害农产品　小金酿酒葡萄育苗技术规程	2011/11/30
DB513227/T 03—2011	无公害农产品　小金酿酒葡萄生产技术规程	2011/11/30
DB513227/T 07—2011	无公害农产品　小金酿酒葡萄	2011/11/30
DB52/T 463—2004	无公害农产品　刺梨	2004/7/30
DB53/T 555—2014	高原特色农产品　华宁柑桔	2014/3/15
DB53/T 569—2014	高原特色农产品　武定壮鸡	2014/6/1
DB53/T 600—2014	高原特色农产品　红色砂梨	2014/9/1
DB53/T 753—2016	高原特色农产品　回龙茶	2016/6/1
DB63/T 1049—2011	无公害农产品　富硒马铃薯	2012/2/1
DB63/T 1155—2012	无公害农产品　富硒乐都紫皮大蒜	2013/1/1
DB63/T 1224—2013	无公害农产品　富硒雪里蕻生产技术规程	2013/10/15

三、质量安全标准体系

这一类型的标准包括国家标准、农业标准(行业标准)和地方标准，从生产质量安全控制、溯源管理、等级规格和农产品质量安全检测 4 个方面对农产品的质量安全进行规范和调控(徐广才等，2013)。

(一)生产质量安全控制

当前，随着我国农业发展进入新阶段，人民生活全面迈入小康和我国加入世界贸易组织，农产品质量安全工作已经提上重要的议事日程(范小建，2002)，农业工作开始进入由抓产量增长为主向注重质量安全战略性转变的新阶段。因此，对农产品生产和技术规程的质量控制就显得尤为重要(姜丹和刘巍娜，2016)。

农产品生产质量安全控制方面的标准主要是 NY/T 2798 系列。这一系列的标准从大田作物产品、蔬菜、水果及食用菌等 12 个方面对无公害农产品的生产质量安全控制做出了规范。这一系列的标准从生产管理人员、管理制度及文件、产地环境、生产记录档案、包装标识及产品储运等方面对无公害农产品从生产到储运的全过程做出了一个宏观性的行业规范(表 8-8)。

表 8-8　农产品生产质量安全部分标准

编号	名称	实施时间(年/月/日)
NY/T 2740—2015	农产品地理标志茶叶类质量控制技术规范编写指南	2015/8/1
NY/T 2798.5—2016	无公害农产品　生产质量安全控制技术规范　第 5 部分：食用菌	2015/8/1
NY/T 2798.6—2016	无公害农产品　生产质量安全控制技术规范　第 6 部分：茶叶	2015/8/1
NY/T 2798.7—2016	无公害农产品　生产质量安全控制技术规范　第 7 部分：家畜	2015/8/1
NY/T 2798.8—2016	无公害农产品　生产质量安全控制技术规范　第 8 部分：肉禽	2015/8/1
NY/T 2798.9—2017	无公害农产品　生产质量安全控制技术规范　第 9 部分：生鲜乳	2015/8/1
DB21/T 1879—2011	农产品质量安全　刺参池塘养殖技术规程	2011/2/10
DB21/T 1878—2011	农产品质量安全　刺参人工育苗技术规程	2011/2/10
DB21/T 1877—2011	农产品质量安全　硬壳蛤增养殖技术规程	2011/2/10

在以上提到的行业标准之下，还有一些地方标准也涉及农产品生产技术规程的质量安全控制(窦冕然，2012)。例如，DB21/T 系列标准是辽宁省为规范当地农产品生产技术规程而制定的地方性标准。这一系列的标准同样对当地多种农产品的生产过程质量控制做出规范(表 8-8)。

(二)溯源管理

“可追溯性”作为风险管理的新理念，最初由欧盟部分国家在国际食品法典委员会生物技术食品政府间特别工作组会议上提出的。其目的是记录从农田到餐桌整个过程中必须记录的信息，一旦发现产品危害到人类健康和安全，就要跟踪流向和召回问题食品，以消除危害。为此，欧盟、美国、日本等发达地区和国家制定了有关食品可追溯性要求的相关法律和严格规定。“十一五”期间，中国政府也对农产品质量安全追溯体系建设提出了新的要求。商务部和财政部在多个城市开展了肉类和蔬菜溯源系统试点，探索利用信息技术管理市场，提高肉和蔬菜的安全性。近年来，北京、山东、陕西、广东、福建等省(直辖市)也开展了农产品质量安全追溯体系建设试点工作(张嘉豪，2016；赵睿智，2016)。

整体来看，农产品溯源系统的本质是一个信息记录、传递和查询系统。它通过产前记录原料信息，产中记录加工信息，产后记录产品属性特征信息，将信息有效传递和追踪，进而加强农产品和食品质量安全监管，提高农产品和食品的质量安全(顾晶晶，2017)。对于政府来说，建立农产品质量安全可追溯体系，可以掌握生产经营主体的农产品生产和销售情况，对问题农产品能够及时找到责任主体，查明原因，从而有效防范农产品质量安全问题发生。对于消费者来说，可以避免市场失灵带来的信息不对称问题(巩洋，2017)。

国家在农产品溯源方面也制定了相关的标准。例如，GB/T 29373—2012 是由国家质量监督检验检疫总局和国家标准化管理委员会发布的果蔬农产品供应链追溯要求。在农业标准方面，NY/T 1761—2009 系列从术语与定义、实施原则与要求、体系实施、信息管理、体系运行自查、质量安全问题处置方面规定了水果、茶叶、谷物等农产品质量安全追溯体系(陈松等，2011；曾婷，2007)。与国家标准和行业标准相呼应，一些地方也发布了农产品溯源方面的标准。例如，DB34/T 1810—2012 系列是安徽省质量技术监督局发布的用于规定农产品术语和定义、基本要求、基本原则、追溯流程及追溯管理的标准(表 8-9)。

表 8-9　农产品溯源管理部分标准

编号	名称	实施时间(年/月/日)
GB/T 29373—2012	农产品追溯要求　果蔬	2013/7/1
GB/T 29568—2013	农产品追溯要求　水产品	2013/12/6
GB/T 33915—2017	农产品追溯要求　茶叶	2018/2/1
NY/T 1431—2007	农产品追溯编码导则	2007/12/1
NY/T 1761—2009	农产品质量安全追溯操作规程　通则	2009/5/20
NY/T 1762—2009	农产品质量安全追溯操作规程　水果	2009/5/22
NY/T 1763—2009	农产品质量安全追溯操作规程　茶叶	2009/5/20
NY/T 1764—2009	农产品质量安全追溯操作规程　畜肉	2009/5/20
NY/T 1765—2009	农产品质量安全追溯操作规程　谷物	2009/5/22
NY/T 1993—2011	农产品质量安全追溯操作规程　蔬菜	2011/12/1
NY/T 1994—2011	农产品质量安全追溯操作规程　小麦粉及面条	2011/12/1
NY/T 2531—2013	农产品质量追溯信息交换接口规范	2014/4/1
DB13/T 2332—2016	农产品质量安全追溯操作规程　水产品	2016/7/1
DB13/T 2494—2017	农产品质量安全追溯操作规程　禽蛋	2017/6/1
DB13/T 2495—2017	农产品质量安全追溯操作规程　禽肉	2017/6/1
DB13/T 2496—2017	农产品质量安全追溯操作规程　生乳	2017/6/1
DB32/T 2368—2013	食用农产品质量安全追溯管理规范　基本要求	2013/10/15
DB32/T 2369—2013	食用农产品质量安全追溯管理规范　种植业	2013/10/15
DB34/T 807—2008	农产品质量安全追溯　生产单位代码规范	2008/6/25
DB34/T 1185—2010	农产品追溯要求　食用菌	2010/6/28
DB34/T 1639—2012	农产品追溯信息采集规范　禽蛋	2012/5/24
DB34/T 1640—2012	农产品追溯信息采集规范　粮食	2012/5/24
DB34/T 1810—2012	农产品追溯要求　通则	2013/1/26

(三)等级规格

大多数农产品作为鲜食产品，不仅要具有内在的营养品质、安全性，而且食用部分的新鲜度、颜色、形状和大小等外部质量规范也很重要，它是农产品属性的体现，也是影响消费者购买决策的因素(袁广义，2016)。随着我国城乡居民收入的增长，消费者购买农产品呈现出多样化趋势，农产品消费出现了明显的层次性。农产品质量等级评价是适应多样化消费发展趋势、满足不同层次消费者需求的技术基础。生产者按照分类标准组织起来，按照不同等级和规格进行包装和销售，它清楚地反映了农产品的功能用途及相应的成本和价格，反映了农产品市场的不同质量要求，保证了优质产品的销售，促进了农产品的高质量和高价格(张灵光，2007)。

我国在农产品等级规格方面的标准主要有GB/T 30763—2014、NY/T 2113—2012及NY/T 2302—2013系列。这些标准对我国农产品质量分级的原则、要素选择和确定、容许度规定、检验方法做出了规定(表8-10)。

表8-10　农产品等级规格部分标准

编号	名称	实施时间(年/月/日)
GB/T 30763—2014	农产品质量分级导则	2014/10/27
NY/T 2113—2012	农产品等级规格标准编写通则	2012/5/1
NY/T 2302—2013	农产品等级规格　樱桃	2013/8/1
NY/T 2303—2013	农产品等级规格　金银花	2013/8/1
NY/T 2304—2013	农产品等级规格　枇杷	2013/8/1
NY/T 2376—2013	农产品等级规格　姜	2014/1/1
NY/T 3033—2016	农产品等级规格　蓝莓	2017/4/1

(四)农产品质量安全检测

农产品安全性不仅关系国计民生，而且在当前农产品出口贸易中也越来越重要。只有加强农产品安全的基础研究(如快速检测、质量安全控制等)，才能适应国内国际的新发展。

我国对农产品质量安全检测的标准主要包括以下两个方面：①农产品中功能成分或有害成分如天然毒素、重金属、农药残留(农业投入品方面详述)检测，其中大部分检测依据国家食品安全标准执行。②地方产品特色物质含量检测。例如，《农产品中白藜芦醇的测定　高效液相色谱法》(DB35/T 1514—2015)、《植物类农产品γ-氨基丁酸的测定》(DB35/T 1326—2013)分别规定了农产品中白藜芦醇和γ-

氨基丁酸的检测方法(表 8-11)。

表 8-11　农产品质量安全部分标准

编号	名称	实施时间(年/月/日)
GB 23200.7—2016	食品安全国家标准　蜂蜜、果汁和果酒中 497 种农药及相关化学品残留量的测定　气相色谱-质谱法	2017/6/18
GB 23200.8—2016	食品安全国家标准　水果和蔬菜中 500 种农药及相关化学品残留量的测定　气相色谱-质谱法	2017/6/18
GB 23200.9—2016	食品安全国家标准　粮谷中 475 种农药及相关化学品残留量的测定　气相色谱-质谱法	2017/6/18
GB 29681—2013	食品安全国家标准　牛奶中左旋咪唑残留量的测定　高效液相色谱法	2014/1/1
GB 29682—2013	食品安全国家标准　水产品中青霉素类药物多残留的测定　高效液相色谱法	2014/1/1
GB 29683—2013	食品安全国家标准　动物性食品中对乙酰氨基酚残留量的测定　高效液相色谱法	2014/1/1
DB35/T 1514—2015	农产品中白藜芦醇的测定　高效液相色谱法	2015/9/26
DB35/T 1326—2013	植物类农产品中 γ-氨基丁酸的测定	2013/5/20

四、农业投入品标准体系

农业投入品主要是指农药、化肥、农膜和激素等，农药和化肥的使用是关系农产品质量安全的关键环节(马晨和李瑾，2013)。尤其是农药，近年来，高残留农药在我国的使用量增加，过度和不合理使用化肥对人体健康构成严重威胁。所以，国家颁布了一系列国家标准，来规范农药的生产与使用。这一系列标准囊括了农药从生产推广到食品中农药残留检测的全部过程。在新农药推广前要进行农药田间药效试验。田间药效试验是农药登记管理工作的重要内容之一，是制定农药产品标签的重要技术依据(马晨和李瑾，2013)。为了规范农药田间试验方法和内容，使试验更趋科学与统一，并与国际准则接轨，使我国的药效试验报告具有国际认同性，我国制定发布了 GB/T 17980 系列，该系列分为农药田间药效试验准则(一)和农药田间药效试验准则(二)两个部分，这两个部分是根据我国实际情况并经过大量田间药效试验验证而制定的。在食品中农药残留检测方面，我国发布了 GB 23200 系列标准，规定了食品多种类型农药的检测方法。此外，还有一些针对农药不同性能的测定标准。例如，GB/T 1601—1993 规定了测定农药原药、粉剂、可湿性粉剂、乳油等的水分散液(或水溶液)pH 值的方法；GB/T 19137—2003

规定了农药液体制剂低温稳定性的测定方法；GB/T 19136—2003 规定了农药热贮稳定性的测定方法(表 8-12)。

表 8-12　农业投入品标准体系部分标准

编号	名称	实施时间(年/月/日)
GB/T 17980.6—2000	农药田间药效试验准则(一)杀虫剂防治玉米螟	2000/5/1
GB/T 17980.49—2000	农药田间药效试验准则(一)除草剂防治甘蔗田杂草	2000/5/1
GB/T 17980.54—2004	农药田间药效试验准则(二)第 54 部分：杀虫剂防治仓储害虫	2004/8/1
GB/T 17980.55—2004	农药田间药效试验准则(二)第 55 部分：杀虫剂防治茶树茶尺蠖、茶毛虫	2004/8/1
GB/T 17980.132—2004	农药田间药效试验准则(二)第 132 部分：小麦生长调节剂试验	2004/8/1
GB/T 17980.147—2004	农药田间药效试验准则(二)第 147 部分：大豆生长调节剂试验	2004/8/1
GB/T 19136—2003	农药热贮稳定性测定方法	2003/11/1
GB/T 19137—2003	农药低温稳定性测定方法	2003/11/1
NY/T 3094—2017	植物源性农产品中农药残留贮藏稳定性试验准则	2017/10/1
NY/T 3095—2017	加工农产品中农药残留试验准则	2017/10/1
NY/T 5030—2016	无公害农产品　兽药使用准则	2016/10/1
DB34/ 913—2009	无公害农产品　肥料安全要求	2009/4/14
DB44/T 219—2005	农产品干燥设备　试验鉴定规范	2005/5/24
DB513227/T 04—2011	无公害农产品　酿酒葡萄农药使用准则	2011/11/30
DB513227/T 05—2011	无公害农产品　小金酿酒葡萄肥料使用准则	2011/11/30
DB513227/T 06—2011	无公害农产品　小金酿酒葡萄农药使用技术规程	2011/11/30
DB52/T 471—2004	无公害农产品肥料使用准则	2004/11/1

除国家标准外，还有一些关于农业投入品的行业和地方标准。NY/T 5030—2016 规定了无公害农产品的兽药使用准则；NY/T 3095—2017 规定了加工农产品中农药残留试验准则；NY/T 3094—2017 规定了植物源性农产品中农药残留贮藏稳定性试验准则。除此之外，一些地方标准如 DB513227/T 系列也对农产品生产过程中农药和肥料的使用做出了规范(表 8-12)。

五、产地环境标准体系

光、热、水、气等大气环境是影响农业生产的最重要和最活跃的环境因素。它们为农业生物的生长发育和产量形成提供了基本的物质和能量。为此，我国于

2008年颁布了《出口蔬菜质量安全控制规范》(GB/Z 21724—2008)，规定了出口蔬菜种植、采收、加工、包装、储存运输、检验、追溯、产品召回、记录保持等涉及蔬菜质量安全的技术规范，适用于各种类别的出口蔬菜企业在蔬菜基地种植、采收、加工、包装、储存运输、检验、追溯、产品召回、记录保持等方面的安全质量控制(表8-13)(马晨和李瑾，2013)。

表8-13　产地环境标准体系部分标准

编号	名称	实施时间(年/月/日)
GB/Z 21724—2008	出口蔬菜质量安全控制规范	2008/10/1
NY/T 2150—2012	农产品产地禁止生产区划分技术指南	2012/9/1
NY/T 5010—2016	无公害农产品　种植业产地环境条件	2016/10/1
NY/T 5295—2015	无公害农产品　产地环境评价准则	2015/8/1
NY/T 5361—2016	无公害农产品　淡水养殖产地环境条件	2016/10/1
DB32/T 2169.1—2012	食用农产品备案基地生产管理规范　基本要求	2012/12/30
DB32/T 2169.2—2012	食用农产品备案基地生产管理规范　蔬菜	2012/12/30
DB32/T 2169.3—2012	食用农产品备案基地生产管理规范　水产品	2012/12/30
DB32/T 2169.4—2012	食用农产品备案基地生产管理规范　禽产品	2012/12/30
DB51/T 1068—2010	无公害农产品(种植业)产地环境监测与评价技术规范	2010/3/1
DB513227/T 01—2011	无公害农产品　小金酿酒葡萄产区环境要求	2011/11/30
HJ 332—2006	食用农产品产地环境质量评价标准	2007/2/1

也有一些行业标准对农产品的产地环境做出了规定。例如，NY/T 5010—2016规定了无公害农产品种植业产地环境条件；NY/T 5361—2016规定了无公害农产品淡水养殖产地环境条件；NY/T 5295—2015规定了无公害农产品的产地环境评价准则(表8-13)。

一些地方标准也对农产品的产地环境做出了规范。例如，DB32/T 2169系列规定了多种农产品生产基地的管理规范(表8-13)(寿莹佳，2015)。

六、其他标准体系

除上述几个类型的标准外，还有一些对农产品其他方面做出规范的标准。例如，GB/T 22502—2008规定了超市销售生鲜农产品的基本要求；GB/T 19575—2004规定了农产品批发市场的管理技术规范；NY/T 5341—2017规定了无公害农产品的认定认证现场检查规范；DB3301/T 046—2003规定了食用农产品包装的标识规范等(表 8-14)(魏玉翔和刘义满，2007)。

表 8-14 其他标准体系部分标准

编号	名称	实施时间(年/月/日)
GB/T 14095—2007	农产品干燥技术 术语	2008/1/1
GB/T 19575—2004	农产品批发市场管理技术规范	2004/11/1
GB/T 22502—2008	超市销售生鲜农产品基本要求	2009/1/20
GB/T 31045—2014	品牌价值评价 农产品	2014/12/31
GB/T 31738—2015	农产品购销基本信息描述 总则	2016/2/1
GB/T 31739—2015	农产品购销基本信息描述 仁果类	2016/2/1
GB/T 32950—2016	鲜活农产品标签标识	2017/3/1
NY/T 1430—2007	农产品产地编码规则	2007/12/1
NY/T 2137—2012	农产品市场信息分类与计算机编码	2012/5/1
NY/T 2138—2012	农产品全息市场信息采集规范	2012/5/1
NY/T 5341—2017	无公害农产品 认定认证现场检查规范	2017/10/1
SB/T 10621—2011	超市鲜活农产品供应商评价指标体系	2011/12/1
SB/T 10870.1—2012	农产品产地集配中心建设规范	2013/7/1
SB/T 10871—2012	农产品销地交易配送专区建设规范	2013/7/1
SB/T 10872—2012	农产品批发市场商品经营管理规范 第 1 部分：茶叶	2013/7/1
SB/T 10873—2012	生鲜农产品配送中心管理技术规范	2013/7/1
SB/T 10919—2012	农产品批发市场检测室技术规范	2013/9/1
SB/T 11065—2013	农产品市场突发事件应急供应管理规范	2014/12/1
SB/T 11066—2013	农产品市场交易行为规范	2014/12/1
DB3301/T 046—2003	食用农产品包装与标识	2003/9/1
DB41/T 408—2005	预包装食用农产品标识规范	2005/9/1
DB43/T 916—2014	初级食用农产品连锁配送通用管理规范	2014/9/25
DB46/T 267—2013	农产品产地集配中心管理规范	2014/2/1
DB46/T 268—2013	农产品直供直销配送体系建设与管理规范	2014/2/1
DB46/T 269—2013	农产品流通信息追溯系统建设与管理规范	2014/2/1
DB51/T 1202—2011	农产品检验实验室能力验证规范	2011/3/1

本章小结

经过7年的建设，我国的食品安全标准体系已经取得了可喜的成绩，框架基本建立，主要技术标准和限量标准不断完善。但是，应当看到，我国目前的标准体系还存在一定的问题。要建立完善的标准体系：①要从食品产业链整体角度解决产地环境、食品生产、食品流通和进出口各环节标准的衔接配套问题；②要从标准制定与检验检测方法标准制定相互配合的角度解决基础标准、产品标准和方法标准之间的协调问题；③参照国际通行做法使以商品为基础的(垂直型)标准转变为更加注重食品安全的(水平型)标准。通过加强农药、兽药、生物激素、有害重金属元素、有害微生物等限量和检验方法标准研究与制修订工作，尽快形成更加完善的食品安全标准体系。完整的食品安全标准体系应当包括：重要的食品安全限量标准、食品检验检疫与检测方法标准、食品安全通用基础标准与综合管理标准、重要的食品安全控制标准、食品市场流通安全标准等(朱龙仙等，2017)。食品安全标准体系的建设是一个动态的过程，只有随着我国的社会发展水平和人民生活状况不断改进，才能与时俱进，充分保障我国食品安全和人民身体健康。

参考文献

陈佳维, 李保忠. 2014. 中国食品安全标准体系的问题及对策. 食品科学, 35(9): 334-338.

陈凯, 王萍萍. 2016. 浅谈食品安全国家检验标准体系的建设. 食品安全导刊, 18: 42.

陈松, 钱永忠, 王为民, 等. 2011. 我国农产品质量安全追溯现状与问题分析. 农产品质量与安全, (1): 50-52.

陈潇, 刘秀梅, 王君. 2014. 我国食品微生物检验方法标准现况及对策研究. 中国食品卫生杂志, 26(4): 394-397.

窦冕然. 2012. 潍坊市农业标准化发展研究. 延边大学硕士学位论文.

范小建. 2002. 着眼全局与时俱进推动绿色食品事业加快发展. 农村工作通讯, (10): 13-16.

房庆, 刘文, 王菁. 2004. 我国食品安全标准体系的现状与展望. 标准科学, (12): 4-8.

宫智勇, 刘建学, 黄和. 2011. 食品质量与安全管理. 郑州: 郑州大学出版社.

巩洋. 2017. 四川省成都市青白江区农产品质量安全追溯体系发展现状及对策. 农家科技(旬刊), (1): 14.

顾佳升. 2005. 乳和乳制品的双重标准体系及其对中国奶业发展的影响. 中国乳业, (7): 15-17.

顾晶晶. 2017. 关于扩大农产品有效供给的具体路径分析. 中共南宁市委党校学报, 19(3): 28-32.

何翔. 2013. 食品安全国家标准体系建设研究. 中南大学博士学位论文.

贾东, 王金玲, 徐大军, 等. 2012. 食品安全检测标准样品分类的研究. 标准科学, (9): 49-52.

姜丹, 刘巍娜. 2016. 试论农产品质量检测体系现状及应用. 新农村:黑龙江, (6): 45.

李江华. 2008. 建立健全农产品质量安全标准体系. 食品科学, 29(8): 685-688.

刘永. 2016. 食品安全检测. 现代食品, 5(9): 12-14.
马晨, 李瑾. 2013. 我国农产品质量安全标准的现状概述. 广东农业科学, 40(3): 226-228.
寿莹佳. 2015. 农产品产地污染防治的政府责任研究. 浙江农林大学硕士学位论文.
孙长华, 李妍, 李东刚, 等. 2007. 我国食品理化检验标准体系的发展趋势分析. 化学工程师, 21(4): 42-45.
田静, 刘秀梅, 任雪琼, 等. 2017. 食品微生物学检验方法标准体系跟踪评价. 中国食品卫生杂志, 29(3): 351-355.
王明达. 2011. 农产品营销. 北京: 中国农业出版社.
王玉辉, 肖冰. 2016. 21 世纪日本食品安全监管体制的新发展及启示. 河北法学, 34(6): 136-147.
魏玉翔, 刘义满. 2007. 无公害食品水生蔬菜农业行业标准体系现状. 全国水生蔬菜学术及产业化研讨会: 1-2.
吴迪. 2014. 论欧盟食品安全法的最新发展:前瞻与启示. 河北法学, 32(11): 147-157.
吴佳佳. 2017. 我国食品安全国家标准逾 1200 项. http: //www.gov.cn/xinwen/2017-07/11/content_5209500.htm [2018-06-23].
徐广才, 史亚军, 黄映晖, 等. 2013. 北京休闲农业标准体系构建与推广模式研究. 中国农学通报, 29(20): 214-220.
徐烨, 李江华, 徐然, 等. 2013. 国际标准化组织(ISO)乳与乳制品标准体系. 乳业科学与技术, 36(3): 35-40.
徐子涵, 徐加卫, 郑世来, 等. 2016. 浅析我国的食品安全标准体系. 食品工业, (1): 269-272.
杨柳. 2013. 中国农产品质量安全标准体系建设研究. 江西农业大学硕士学位论文.
杨紫烜. 2010. 经济法学. 第二版. 北京: 北京大学出版社.
佚名. 2006. 国际标准制定程序的阶段划分及代码. 数字与缩微影像, (1): 41.
袁广义. 2016. 农产品质量等级规格评定探讨. 农产品质量与安全, (4): 23-27.
曾彪. 2013. 我国食品生产经营规范类安全标准研究. 中南大学硕士学位论文.
曾婷. 2007. 标准化法律制度研究. 重庆大学硕士学位论文.
张昊. 2016. 我国第三方食品检验检测机构发展路径研究. 食品研究与开发, 37(21): 212.
张慧丽, 杨松, 蒋坤, 等. 2013. 我国食品安全体系主要问题研究进展. 食品安全质量检测学报, (2): 596-603.
张嘉豪. 2016. 农产品追溯系统业务流程设计与应用. 北京交通大学硕士学位论文.
张灵光. 2007. 农产品质量分级标准是增强市场竞争力的基础. 中国标准化, (10): 14-17.
张楠, 李丹丹, 郑美玲, 等. 2017. 农药残留检测标准体系概述及其分析方法研究. 中国石油和化工标准与质量, 37(2): 7-8.
赵睿智. 2016. 平原县农产品质量安全追溯体系的研究. 青岛农业大学硕士学位论文.
赵璇, 高琦, 贾有峰, 等. 2014. 日本食品安全监管的发展历程及对我国的启示. 农产品加工(学刊), (3): 65-69.
朱蕾. 2017. 我国食品接触材料标准新体系构建. 中国食品卫生杂志, 29(4): 385-392.
朱龙仙, 施清理, 王静, 等. 2017. 加快完善食品安全标准体系建设的建议. 现代食品, (8): 41-43.

第九章　食品安全管理工程的实施案例——奥运食品安全保障工程

第一节　奥运食品安全保障工程概述

近年来，我国的食品安全工作取得了一定进展。党中央、国务院高度重视食品安全工作，加大机构改革力度，强化了食品安全的统一领导和协调；制定了《中华人民共和国食品安全法》；建立健全责任体系、标准体系、监测和风险评估体系。但是，食品安全工作仍然出现了一些监管漏洞和薄弱环节，导致了一系列食品安全重特大事故的发生。

2008 年，作为国际社会、党中央、国务院、北京市和全国人民关注的焦点，奥运会食品安全保障工作取得了圆满成功，实现了确保奥运食品安全万无一失的 4 项重点工作(图 9-1)：A、运动员：确保了在运动员中未发生与食源性违禁药物有关的食品安全事件；B、奥运群体：确保了运动员、技术官员和裁判员、媒体记者、奥林匹克大家庭贵宾等各类客户群未发生食物中毒事件；C、社会群体：确保了未发生因食源性疾患而引发的重大食品安全事件；D、社会群体：确保了

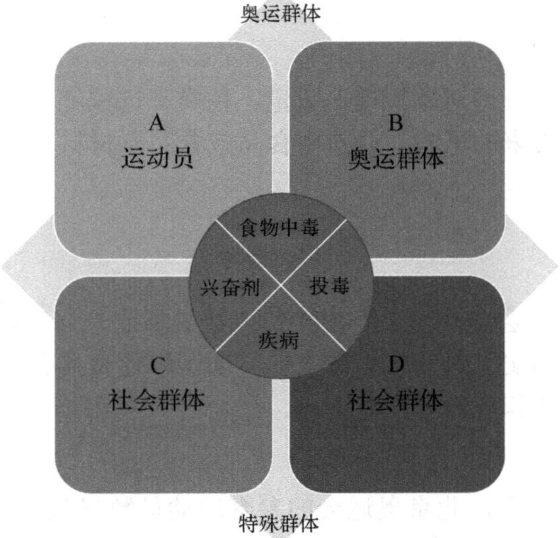

图 9-1　奥运食品安全保障目标示意图

未发生与食品有关的生物性、化学性和放射性人为恶意污染事件。2009 年 3 月，全国人民代表大会和中国人民政治协商会议全国委员会第十一届二次会议上多名代表提出借鉴北京奥运会食品安全保障工作经验，加强食品安全制度建设的提案。许多学者(金磊，2005，2006；高婷等，2008；王易芬，2008；高海生，2008；蔡同一，2009)、新闻舆论和首都市民关于总结奥运期间食品安全保障的经验并进一步全面应用奥运食品安全保障措施于日常监管之中的呼声高涨。

世界卫生组织认为：北京奥运会期间及其准备阶段，中国在食品安全、空气质量、烟草控制、疫情预防和控制等重要公共卫生问题上取得了重要进展，卫生组织希望中国为此付出的努力能够产生持久的影响。在《致北京市食品安全委员会的一封信》中指出：北京奥运食品安全保障工作做得非常出色，这与北京市前期所做的大量筹备工作是分不开的。北京市政府与世界卫生组织非常成功地将“健康三要素”(锻炼身体、健康饮食及安全食品制备技术)的理念与北京奥运盛事相联系并推广，并且中国是世界上第一个成功推出并宣传“健康三要素”的国家，世界卫生组织希望吸收相关经验并提供给世界卫生组织的其他成员国，作为这些国家借鉴的榜样。

第二节　奥运食品安全保障工程的风险因素分析

分析北京奥运会的特点，得出威胁奥运会食品安全的风险因素，对可能引发重大突发事件的风险因素进行分类，确定风险级别，以便有针对性地研究制定监管措施。

一、管理风险

管理风险是由于管理对象规模、数量、种类、过程庞杂或监管制度缺乏而给奥运食品安全保障带来的风险，并非由食品或食品原材料自身安全性产生。

(一)规模风险

1. 风险因素

2008 年北京奥运会是历史上官方接待人数最多的一届奥运会，从而使北京奥运会、残奥会成为历史上供餐规模最大的一届国际体育盛会。接待的客户群主要包括七大类注册群体和现场观众。

2. 对风险因素的分析

相比较往届奥运会，北京奥运会的参赛运动员数量最多，达 11 438 人，而 2004 年雅典奥运会和 2000 年悉尼奥运会参赛人数分别为 11 099 人和 10 651 人，分别较两届奥运会增加了 3.05%和 7.39%；接待注册媒体数量达 2.16 万人，而 2004 年雅典奥运会和 2000 年悉尼奥运会分别为 2.15 万人和 1.6 万人，较两届奥运会分别增加了0.47%和35%；开幕式单日就餐人数创历史之最，达18 634人，而2004年雅典奥运会和2000年悉尼奥运会的单日最大就餐人数分别为10 515人和9867人，比两届奥运会分别增加了77.21%和88.85%(表9-1)。

表9-1　北京奥运会与往届奥运会接待规模比较

奥运会年份	运动员数量	注册媒体(万)	现场观众(已预售门票统计)(万)	参赛国家/地区(个)
2008年北京奥运会	11 438	2.16	700	204
2004年雅典奥运会	11 099	2.15	340	201
2000年悉尼奥运会	10 651	1.6	670	199
1996年亚特兰大奥运会	10 318	1.5	861	197
1992年巴塞罗那奥运会	9 367	1.3	302	172

3. 对风险因素的评价和确认

奥运食品安全保障首先是要保证七大类注册群体的安全，即专供奥运会食品的安全。根据国际奥林匹克委员会的规定，奥运赞助商、特许供应商对竞赛场馆、训练场馆、奥运村等涉奥场所的食品享有优先供应权，因此，供应竞赛场馆现场观赛观众的食品实际上也部分纳入了奥运专供食品的范围，保障场馆内观众食品消费安全也是奥运食品安全保障任务之一。

(二)品种风险

1. 风险因素

专供奥运会的食品种类多，奥运食品原材料供应覆盖猪肉(生)、猪肉(熟)、牛羊肉(生)、牛羊肉(熟)、鸭产品、鸡产品、蛋类、奶制品、水产品、豆制品、蔬菜、水果、粮食、食用油、啤酒、葡萄酒、面包、茶点、食用冰、副食调料及其他杂货二十大类，共计1002个品种。

2. 对风险因素的分析

奥运会期间，累计供应食品原材料数量7922吨、4497车次。为满足各国运动员的特殊需求，要求70%以上供餐形式为西餐。其中，调料类原材料共计33种。其中约50%以上为西餐专用调味品。蔬菜品种共计164种，超过20%的品种为西餐特菜；蔬菜需求总量共计673吨，均要求以鲜切方式供应，远高于根据往届奥运会的预估量380吨(表9-2)。

3. 对风险因素的评价和确认

由于奥运会食品原材料品种庞杂，所以要求确保所有食品原材料，包括进口食品和食品原材料的安全。

表 9-2 奥运食品原材料中部分调味品（复合调味酱、香辛料、调味粉）品项表

奥运食品原材料品种	奥运食品原材料品项
香草料	干罗勒叶、月桂叶、香菜籽、芹菜籽、丁香、孜然、咖喱粉、茴香籽、莳萝、大料、大蒜粒、姜粉、牛至叶、洋葱碎粒、干迷迭香叶、鼠尾草、龙蒿叶、姜黄根粉、百里香叶、柠檬草、花椒、肉桂、杜松子、山葵粉
复合调味酱	鱼酱、香蒜酱、海员酱、橄榄酱、咖喱酱、甜酸酱、酸辣酱、鹰嘴豆酱、厨房花束调味酱、澳洲威格梅特酱、西班牙沙司
调味粉	无味精牛肉粉、无味精浓缩鸡肉粉、无味精浓缩蘑菇粉、浓缩蔬菜粉、墨鱼粉
醋	米醋、黑醋、白醋、苹果醋、麦芽醋、红酒醋、白酒醋

（三）物流风险

1. 风险因素

奥运食品从种植、养殖、生产加工到仓储、运输、餐饮消费，涉及农产品、食品原材料或加工成品的物流配送工作。

2. 对风险因素的分析

承担奥运食品物流配送工作的企业共涉及 10 个省的 56 家物流配送企业。其中北京奥运赛区企业 29 家，天津赛区 2 家，上海赛区 1 家，青岛赛区 5 家，沈阳赛区 5 家，秦皇岛赛区 1 家，为北京赛区食品原材料生产加工企业提供配送服务的河北、陕西、江西企业各 1 家，辽宁企业 6 家，内蒙古企业 4 家。

3. 对风险因素的评价和确认

食品供应链长，物流配送环节复杂，确保从农田至餐桌各个环节的安全，不仅要确保食品生产加工企业、农产品生产加工基地和奥运餐桌的食品安全，也要确保食品物流配送中不受二次污染。

（四）持续运行的风险

1. 奥运餐饮服务商持续运行的风险

餐饮服务商是奥运餐饮服务的运行主体。奥运餐饮场所分散，供餐持续时间长，部分场所要保持 24 小时持续供餐。整个供餐周期中承担食品安全主体责任的奥运餐饮服务商要确保食品安全工作在各个场馆不间断地有序运转。

2. 对食品原材料供应企业持续监控的风险

奥运食品生产供应企业、基地较为分散，部分企业生产的奥运食品品种需求量小，生产周期较短，易储存，实行一次性生产完成，入库即可。部分企业生产的奥运食品需求量大，生产周期较长，不易储存，在奥运会举办期间多批生产，多批运输。

奥运食品生产供应企业、基地生产供应量大，批次多，物流环节多，整个生产供应周期中要确保食品安全工作不间断地有序运转和各监管环节间的顺畅、安全衔接。

3. 餐饮服务现场持续监控的风险

各类竞赛场馆、非竞赛场馆的餐饮服务场所的原材料进货、存储、加工和消费量大。奥运餐饮服务单位数量多，供餐模式和就餐群体不同，客户群要求高，是奥运食品安全的最后一道防线。要保证奥运食品安全工作在餐饮服务场所的不间断有序运转(图 9-2)。

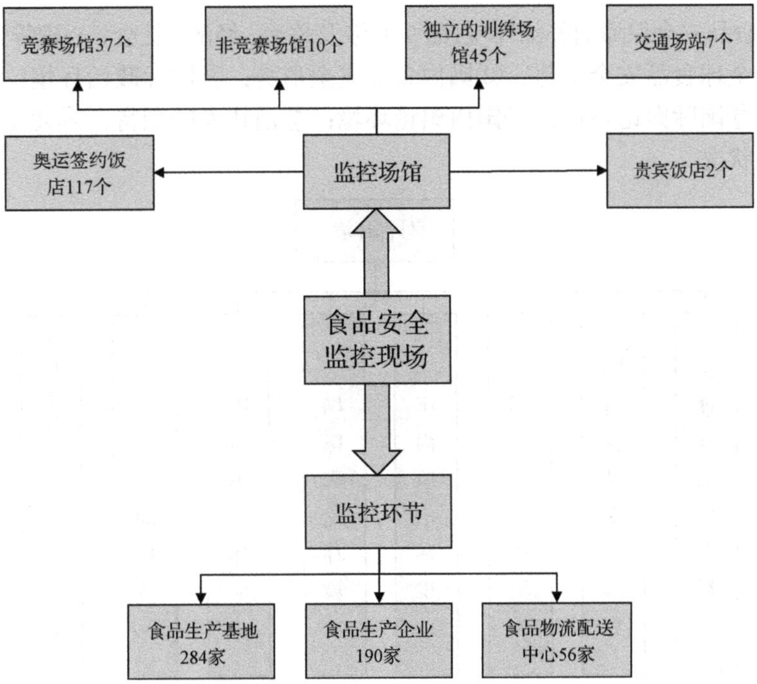

图 9-2　重点保障场所持续监控的风险示意图

(五)执行标准中存在的风险

根据搜集整理的结果，目前，我国与食品标准有关的法律、法规、部门规章、司法解释、规范性文件及地方性法规、地方政府规章等近 150 项；国家标准、相关行业标准和地方标准 4382 项，其中直接与食品安全相关的标准 1900 余项；安全指标限值约 116 767 条，涉及 2429 种食品。食品安全标准的种类多，数目多，涉及粮油、果蔬、水产、畜牧等多个行业；标准的规定也较为具体，除了生产、加工、品质、等级、包装、储运、销售等，还包括食品添加剂和污染物、最大农兽药残留允许量，甚至还有进出口检验和认证，以及取样和分析方法等标准规定。

现有国家、行业、地方标准不能覆盖全部奥运食品品种，也不适应保障各国运动员食品安全的需要。为此，要求奥运食品安全保障部门迅速梳理和完善现有食品安全标准，并明确奥运会食品安全标准的适用范围和原则。

二、外部环境风险

(一)风险因素

奥运食品安全保障的外部环境(图 9-3)涉及政治、经济、社会、心理等诸多因素，包括：①全球食品安全形势；②国内食品安全形势；③国际政治环境；④国内政治环境；⑤国际舆论环境；⑥国内舆论环境；⑦消费者的期待；⑧北京市社会面食品安全状况。

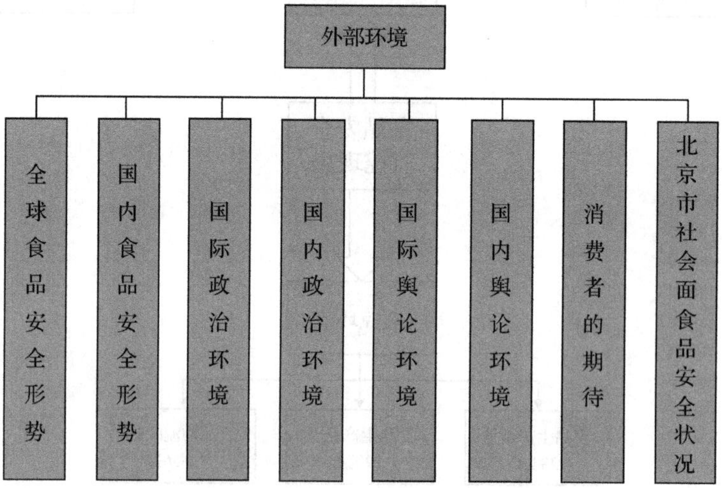

图 9-3　奥运食品安全保障的外部环境

复杂的外部环境导致奥运食品安全与奥运会食品安全成为两个既区别又联系的概念(图 9-4)。总体上看，奥运食品安全绝不仅是保障奥运会举办期间的特殊群体即七类客户群的食品安全，它涵盖了奥运会食品安全的概念，其内涵和外延又大于奥运会食品安全的概念。①从食品安全保障涉及的空间看，不仅涉及相关的奥运会场馆，也涉及北京市其他区域的食品安全和国内 23 个省份的奥运食品原材料基地、企业的食品安全；②从时间看，不仅涉及奥运会举办期间，也涉及筹办前期，应当至少包括初级农产品种植、养殖到消费的一个完整时间周期的食品安全，其中畜产品应当计算动物出生、哺乳、育肥、出栏、屠宰加工的完整周期；③从过程看，不仅涉及奥运村等奥运会场馆的餐饮消费服务环节，应当包括食品原材料从农田至餐桌的整个食物链的安全。分析奥运食品安全风险，不仅要考虑奥运会场馆和专供企业、基地的食品安全风险，还要考虑外部环境恶化可能给奥运食品安全带来的负面影响。

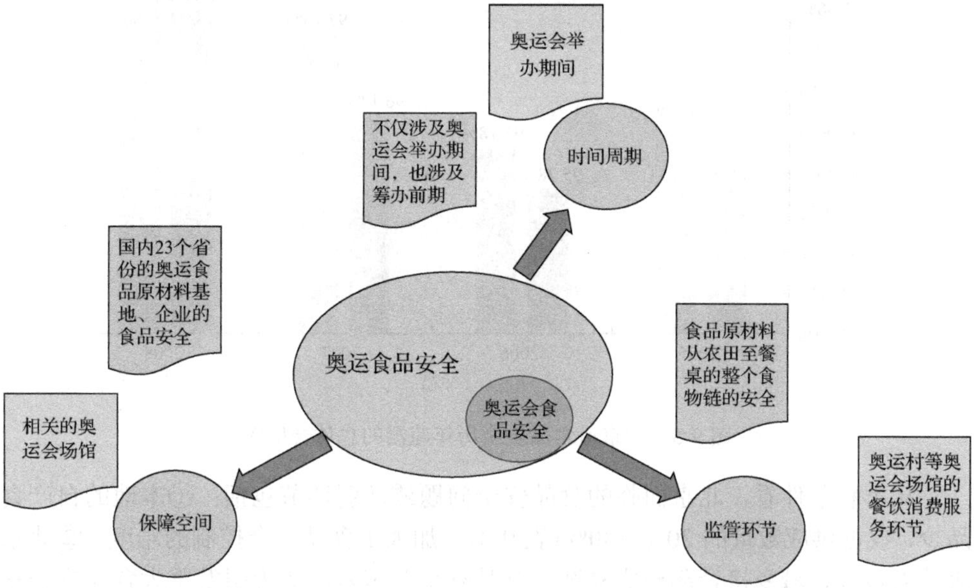

图 9-4　奥运食品安全的概念范围

（二）对风险因素的分析

一系列重大食品安全事件的发生，使中国食品安全、奥运食品安全成为全世界关注的焦点。2008 年 6 月，国际食品法典委员会在海牙举行的“关于食品安全标准制定的国际研讨会”上明确指出：食品安全议题应当被提升到国家和国际政治高度。国内舆论和消费者在面对食品安全问题时暴露出缺乏科学态度，放大了食品安全事件所造成的后果和影响。

北京的食品安全状况也是检验奥运会食品安全成效的重要方面，直接影响了境内外媒体、游客、北京市民对中国食品安全和奥运会食品安全的评价。因此，还要保证在奥运会期间，北京的食品安全从总体上不出现问题，即要保证奥运代表团超编官员、非注册媒体、国际政要、中外游客、首都市民的食品安全。其中，非注册媒体数量在历届奥运会中均超过注册媒体，其对食品安全等敏感性问题的关注程度往往超越注册媒体。

从有利条件看，近年来，北京市食品安全取得了显著成效，食品安全的总体监测合格率逐年提高(图 9-5)。

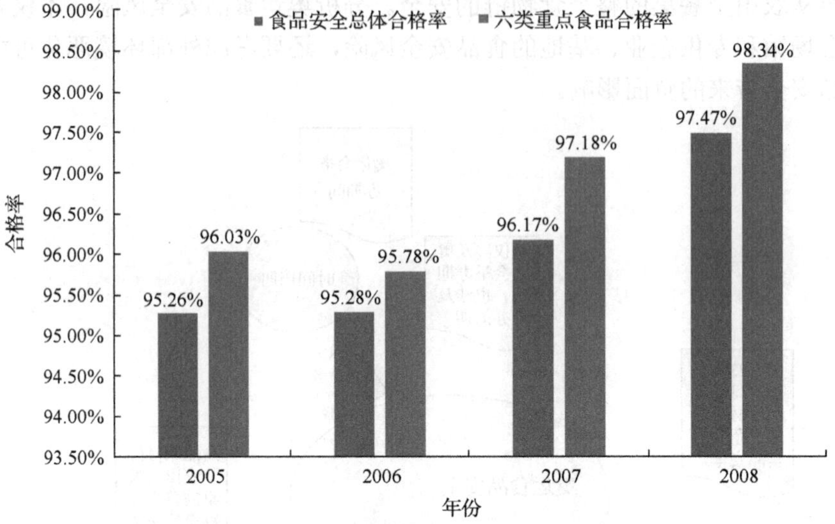

图 9-5　北京市食品安全历年监测的总体合格率

从不利条件看，北京面临的食品安全问题或薄弱环节包括：①本地的自产食品少，仅占供应数量的 20%～30%(表 9-3)，加大了食品安全控制的难度。②北京流动人口多、城乡接合部构成复杂，食品安全意识差，成为引发重大食品安全事故的主要原因。③承担食品物流配送核心作用的大中型农副产品批发市场基础设施较差，管理不规范，给食品安全带来较大风险。④食品企业特别是大中型商场、超市、物流配送中心食品自检设施不完善，自检率低。⑤部分中小餐饮企业食品卫生条件较差，从业人员素质低，管理制度不健全。

表 9-3　北京市主要食用农产品京内外供给量比较(2007 年 4 月～2008 年 4 月)

品种	批发数量(万 kg)			所占比例	
	本地	外埠	合计	本地	外埠
蔬菜	357 186.76	2 636 652.31	2 993 839.07	11.93%	88.07%
肉蛋禽	205 578.19	139 980.23	345 558.42	59.49%	40.51%
水果	157 570.41	1 499 679.34	1 657 249.75	9.51%	90.49%
粮油	105 856.42	577 743.77	683 600.19	15.49%	84.51%

综上所述，奥运食品安全保障的外部环境较为复杂，要全面考虑到相关政治、

经济、社会、心理等风险因素，特别是北京地区奥运场馆外的食品安全状况，才能最终保障奥运食品安全。

三、重大事故风险

(一)对风险因素的识别

根据奥运会的特点及奥运期间食品安全保障要求，筛选对2008年奥运会具有较大影响、可能引发重大食品安全事故的风险因素，应当重点考虑以下三方面内容：①有可能造成较严重国际、社会不良影响的食品安全风险因素；②对奥运会赛事的顺利进行具有重大影响的食品安全风险因素；③严重影响奥运会期间涉及人群健康的食品安全风险因素。

根据北京市食品安全事件的相关历史资料，结合奥运期间的新情况、新特点，对2008年北京奥运会与残奥会期间可能存在的重大食品安全风险因素及其风险水平进行识别。风险因素包括：产地环境污染；农业投入品污染食品(蔬菜农残、动物产品兽残超标)；非食品用添加物污染食品；食品生产加工环节化学性、生物性污染；食品运输、储藏、销售环节化学性、生物性污染；食物中毒(细分)；食源性寄生虫病；食源性违禁药物摄入(动物源性，药膳，保健食品)；食品过敏；食源性传染病；人为恶意投毒11类食品安全虚假信息。

(二)评价风险的方法

采用经验判断和风险矩阵分析方法，对2008年北京奥运会与残奥会期间发生的食品安全风险的可能性、后果的严重程度及风险等级进行分析判断。研究结果按照风险等级进行排序，以确定风险防控重点(表9-4和表9-5)。

表9-4　使用评估方法：AS/NZS：1999矩阵评估指数表

可能性		风险结局的严重程度				
		水平1 可忽略的	水平2 较小的	水平3 中等的	水平4 较大的	水平5 严重的
A	基本不可能(罕见)	L	L	L	M	H
B	不太可能	L	L	M	H	E
C	可能	L	M	H	E	E
D	很可能	M	H	H	E	E
E	几乎确定	H	H	E	E	E

注：风险评价水平：E—极高等级风险；H—高等级风险；M—中等级风险；L—低等级风险

表 9-5　风险等级及定义

水平	描述词	具体描述
1	可忽略的	(1)身体轻微不适； (2)散在；与饮食关系不确定； (3)经济损失小、社会影响小
2	较小的	(1)胃肠道症状为主，症状较轻，患者无须住院治疗； (2)北京市居民、国内外访客中 30 人以下集中发病； (3)个人经济有损失，有一定社会影响，未造成国际影响
3	中等的	(1)胃肠道症状为主，症状较轻，个别患者住院治疗； (2)北京市居民、国内外访客 30 人以上 100 人以下集中发病； (3)个人经济损失增加，有社会影响并有一定国际影响
4	较大的	(1)除胃肠道症状外，还有其他器官症状，多数患者需住院治疗； (2)北京市居民、国内外访客 100 人以上集中发病； 或散在、个别运动员患病，影响个人比赛成绩； 或个别奥运官员、奥运大家庭、国外新闻记者患病； (3)国家经济有一定损失，有较大社会影响和国际影响
5	严重的 (灾难性的)	(1)有死亡病例； (2)集中、多名运动员患病，影响赛事进行； 或多名奥运官员、奥运大家庭、国外新闻记者患病； (3)国家经济损失较大，巨大的社会影响和国际影响

第三节　奥运食品安全保障工程的管理措施

一、奥运食品安全的组织指挥体系

(一)概况

奥运会食品安全保障工作面临着供餐规模大、食品原材料品种多、物流链长以及监控点多、面广、时间长等持续运行的风险。系统、有效的奥运食品安全组织、指挥体系可以确保奥运食品安全保障工作持续、高效地运行。为此，从中央到地方构建了完整的奥运食品安全保障组织指挥体系。组织指挥体系分为中央和地方两个层级。各个层级均由政府牵头，实行统一的领导、指挥、协调和调度。从结构上有以下特点。

(1)上下贯通：中央成立北京奥运会食品安全工作协调小组，各省市政府成立相应机构。

(2)统一指挥、多部门协调：在各级奥运食品安全工作协调小组统一指挥领导下，相关部门各司其职，又确保各监控环节的衔接顺畅。

(3)地方政府负责：各赛区城市和奥运食品生产基地、企业所在地政府对本辖区内的食品安全负责。

(4)分工明确：农业、质量技术监督、工商、卫生、食品药品等部门各自负责从农田到奥运餐桌的食品安全监控；公安、发展改革委等其他部门在各自领域内做好相关工作。

(5)平行检查和报告：各部门、各赛区与同级奥运食品安全工作协调小组间密切沟通信息，及时发现、反馈和纠正问题。

(二)中央奥运食品安全的组织指挥体系

1. 组织体系框架和职能

中央成立北京奥运会食品安全工作协调小组(图 9-6)，协调小组由国务院一位副秘书长负责，第 29 届奥林匹克运动会组织委员会(简称北京奥组委)、北京市政府、国家发展和改革委员会、公安部、农业部、商务部、卫生部、海关总署、国家工商行政管理总局、国家质量监督检验检疫总局、国家体育总局、国家食品药品监督管理局、国务院新闻办公室及外交部为成员。职能包括：负责组织落实中央关于奥运食品安全的重要指示和工作部署，统筹协调北京和其他赛区城市奥运食品的质量安全工作，协调处理奥运食品安全跨境、跨地区的重大事项和重要问题。协调小组内设工作小组，承担协调小组日常工作。工作小组由北京市一位副市长负责，北京奥组委、北京市政府各派一位司局级干部，农业部、商务部、卫

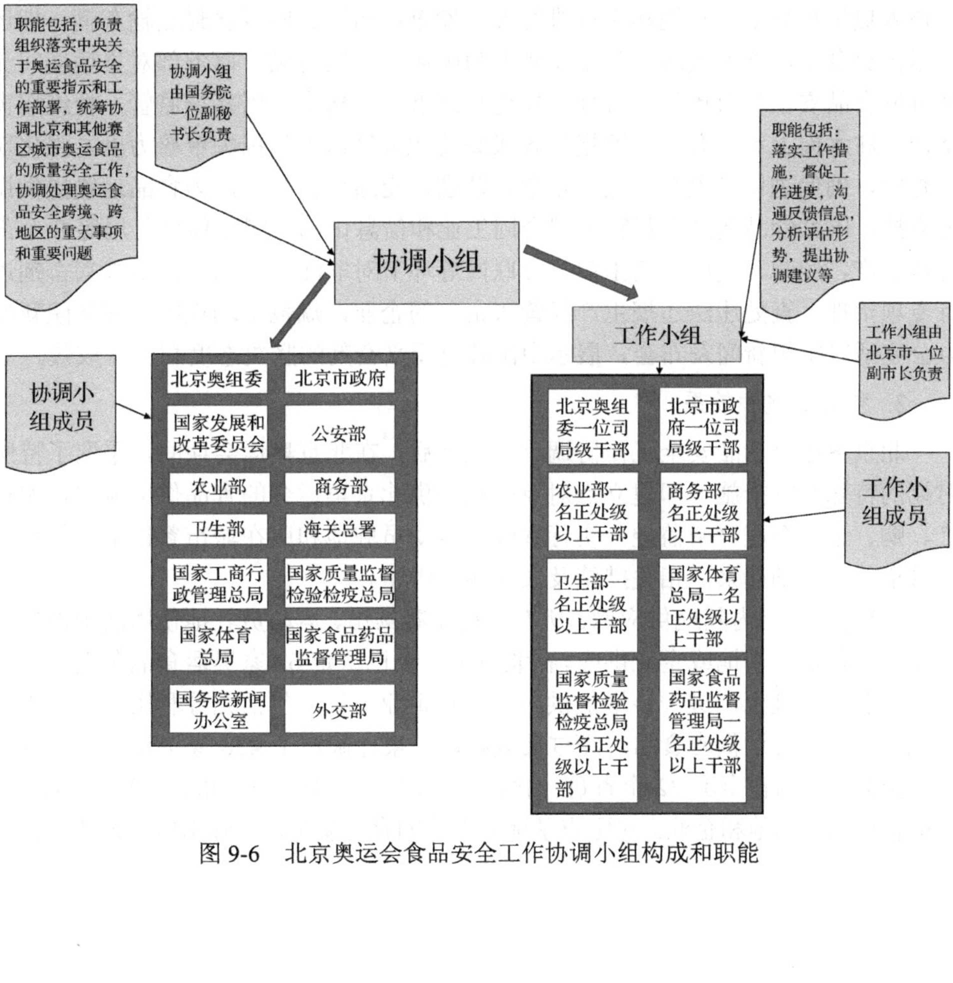

图 9-6　北京奥运会食品安全工作协调小组构成和职能

生部、国家体育总局、国家质量监督检验检疫总局、国家食品药品监督管理局各派一名正处级以上干部，在北京市集中办公。职能包括：落实工作措施，督促工作进度，沟通反馈信息，分析评估形势，提出协调建议等。协调小组其他成员单位各确定一名司局级干部为联络员。

2. 部门分工

农业部会同北京、天津、河北等 22 个省(自治区、直辖市)开展农兽药专项整治，加强农业生产过程、农业生产环境和农业投入品的管理。国家发展和改革委员会负责部署向高毒农药生产企业派驻监督管理员。卫生部负责派出公共卫生专家和卫生监督员参与奥运餐饮单位、场馆的食品卫生保障工作，加强对各赛区城市社会面食品卫生的监督检查。国家工商行政管理总局组织督促流通企业对奥运食品实行专库、专柜、专档、专车、专人负责，保障流通环节奥运食品安全。国家质量监督检验检疫总局对奥运食品定点企业采取封闭生产、驻场监管、批批检验、严格准出等管理措施；对进口奥运食品实行指定口岸进口，指定场所存放、批批检验检疫，实时电子监控，全程追溯管理。公安部指导各地公安机关派出警力进入奥运食品定点基地和企业进行安全检查；指导、监督签封运输车辆，押运护送供奥食品，确保奥运食品不受到人为破坏和二次污染。商务部对奥运期间流通领域食品安全和市场供应管理工作进行部署，严格生猪屠宰场监管，杜绝病害猪肉、注水肉上市。海关总署指导各级海关加大进口食品报关审核力度，强化现场查验，确保进口供奥食品通关正常。铁道、交通运输等部门为食品运输提供调度支持。国家食品药品监督管理局会同工业和信息化部、国家体育总局等 8 个部门从生产、经营、使用、进出口、互联网等环节对非法生产销售药源性兴奋剂进行专项治理，查处违法违规生产经营兴奋剂的企业，规范市场秩序。国务院新闻办公室适时组织新闻发布会，展示中国政府反兴奋剂的坚决态度和工作成效。

3. 相关措施和效果

北京奥运会食品安全工作协调小组成立后，在北京奥运会期间，采取了特殊时期的特殊监管措施，即建立点对点的京外供北京奥运会的食品供应网络，实行产、购、运的全程严密监控，实行赛区、运动员驻地和所在城市餐饮卫生的严密监管措施。归纳起来，相关措施及成效如下所述。

(1) 建立了国内基地供应网。所有奥运比赛场馆、运动员驻地使用的国内生产食品均实行定点基地或企业供应。在北京奥组委已认定 62 家奥运食品备选供应基地和企业的基础上，进一步增加供应基地和企业数量，包括充分利用现有的出口基地和企业为奥运供应食品。经过反复筛选，累计确定了 428 家奥运食品定点基地和企业，分布在全国 22 个省(自治区、直辖市)的 138 个县(市、区)，并确定了一批备选供应基地和企业。对定点基地和企业的食品质量，明确由所在地政府负总责，生产企业负第一责任，相关主管部门负责指导监管。此项工作由北京奥组委负责提出具体要求，农业部、国家质量监督检验检疫总局、商务部等部门协助落实。

(2) 对所有供奥运食品基地和企业建立了驻点监管制度。协调小组协调有关部门发布了禁用、限用物质清单，确定了58家奥运食品违禁药物检测机构。实行当地政府负总责，生产基地或企业负第一责任，主管部门派员驻点、指导监管，要求做到封闭管理，现场检测，批批检验，严格准出。重点监控农业投入品及原辅材料使用情况，凡禁用的必须彻底禁用，凡限用的必须严格限用，以便从根本上杜绝违规或不当使用药物及添加剂；严密防范人为破坏或其他外来污染。此项工作由北京奥组委负责，国家体育总局、农业部、商务部、卫生部、国家质量监督检验检疫总局，根据不同种类食品的特点，分别提出禁用、限用或允许使用的清单及相关执行标准，农业部、国家质量监督检验检疫总局、公安部等部门会同各基地、企业所在地政府落实。从表9-6可以看出，天津、上海、沈阳、青岛、秦皇岛5个京外分赛区及其所在省河北、辽宁、山东等派出了大量监管人力。

表9-6　各省派驻奥运食品安全监管人员数量一览表

省市	派出监管人员数量(人次)								
	食药	农业	质监	商务	工商	卫生	公安	其他	合计
天津	2 803	1 746	3 030	4	59 607	16 915	824	2	84 931
上海	41 036	2 232	3 154	220	31 890	2 284	1 256	1	82 073
青岛	6 410	2 706	7 257	11 277	125 385	19 630	16 974	167 650	357 289
沈阳	8	133	33	5	38	59	3 451	30	3 757
秦皇岛	720	3 557	1 325	383	2 360	3 131	1 908	0	13 384
河北	1 827	18 103	4 728	1 139	3 087	4 083	4 687	430	38 084
辽宁	78	1 803	656	1 205	32 933	15 649	3 748	530	56 602
山东	4 360	60 618	28 744	19 800	85 697	32 698	3 910	0	235 827
其他省份	34 246	22 463	15 356	552	79 024	16 956	12 903	4 567	186 067
总计	91 488	11 3361	64 283	34 585	42 0021	111 405	49 661	173 210	1 058 014

(3) 加强了进口食品检验。对所有供奥运的进口食品批批检验，合格后海关严格凭通关单验放，严禁疫区的相关食品入境。此项工作由北京奥组委负责提供进口企业和食品清单，国家质量监督检验检疫总局会同商务部、海关总署负责落实。对各国奥运代表团和运动员自带食品的监管，按有关规定执行。

(4) 加强了供奥运食品储存、运输、转运过程的安全防范，有效防止了二次污染。此项工作由北京奥组委(奥运食品配送中心)会同公安部等负责落实。

(5) 对所有赛区所在地的农副产品批发市场、农贸市场全面实行了驻点监测。发现含有违禁成分的农副产品，要立即退市并追溯源头。此项工作由北京奥组委、北京市政府和各赛区城市政府负责落实，农业部协助。

(6) 把住各赛区运动员驻地和相关竞赛场馆食品消费关。确保所有奥运食品来路可靠，所有食品安全隐患在消费之前得到排除。所有奥运食品加工企业和餐饮单位所使用的农产品、定型包装食品和食品调料都必须从定点基地、企业和单位采购；所有奥运食品采购、加工、配送企业和餐饮单位，都必须实施严格的企业自我检验、监管部门现场检测监控及留样备查制度，发现含有违禁成分食品，即按规定程序处理，并通过北京奥组委相关机构报国家质量监督检验检疫总局、农业部等部门，追溯源头。由北京奥组委、北京市政府和各赛区城市政府负责落实，北京奥组委提出卫生标准和餐饮卫生规范的需求，国家质量监督检验检疫总局、农业部、卫生部等部门提供指导。

(7) 在全国范围开展严禁高毒农药的专项整治。奥运食品供应基地所在县级人民政府必须保证本行政区域没有销售和使用甲胺磷等 5 种高毒农药，现有的 5 种高毒农药生产企业必须确保不向国内销售相关产品。此项工作由农业部、国家发展和改革委员会负责落实。

(8) 加强了奥运食品安全信息发布和国际交流合作。通过举办新闻发布会、适时组织外国记者参观供奥运食品生产基地和企业、奥运场馆餐饮设施等方式，主动发布奥运食品安全信息，增信释疑，引导舆论。同时，积极开展奥运食品安全国际交流合作，沟通信息，借鉴国外奥运食品安全成功经验。此项工作按照奥运新闻宣传工作协调小组的统一部署，由北京奥组委负责落实。

(9) 防止人为破坏、食品安全反恐和突发食品安全事件的应急处置工作。此项工作按照奥运安全保障工作协调小组的有关部署执行。

(10) 建立了赛区城市和国家有关部门的平行检查和报告制度。每日汇总各赛区和协调小组成员单位工作情况。对奥运食品安全保障工作中遇到的问题，及时协调有关方面研究，妥善加以解决。发现苗头性问题，立即通报，提醒各地加以警惕，举一反三。

从历时 6 个月的奥运食品安全保障工作实践看，这一监管思路和框架为后来的工作打下了坚实的基础。各有关方面围绕建立点对点的供应网络和全过程无缝隙监管链条，加强组织领导，制定具体方案，明确目标任务，落实责任分工。从部署建立点对点供应网络到北京残奥会结束，奥运食品安全保障工作始终沿着这条轨道平稳、顺利推进。

(三) 地方奥运食品安全保障的组织指挥体系

1. 奥运赛区城市的食品安全组织指挥体系架构

A. 组织架构和职能

奥运会除北京作为主赛区外，还涉及天津、青岛、沈阳、秦皇岛、香港 5 个分赛区。北京市和其他赛区所在城市涉奥餐饮卫生监控和相关食品安全工作，由北京市及有关城市政府负责。香港赛区的食品安全工作，由香港特别行政区政府负责。地方奥运食品安全保障的组织指挥体系呈现以下几个特点：一是在工作中北京奥组委、北京市及京外赛区所在地政府与中央和国家机关各部门始终保持密切沟通协作。二是北京等各赛区政府与北京奥组委分工明确，北京奥组委是奥运会的组织者，作为奥运食品安全保障的需求方出现，而各赛区政府是奥运食品安全工作的实施方，即由奥组委提出哪些特殊场所需要实施奥运食品安全保障，各场所的奥运食品安全保障工作要求达到什么水平，以便政府监管部门根据需求安排人力、物力、财力和工作重点。三是与现有食品安全监管体系相融合。各省市奥运食品安全工作协调小组办公室一般设在承担食品安全综合监督、组织协调的部门——食品药品监督管理局或食品安全委员会办公室。农业、质量技术监督、工商、卫生等部门承担的职能也与其日常监督职能相一致。四是与城市应急体系相融合。预防和处置食品安全突发事件需要各方协同努力，食品安全突发事件一旦发生，根据事件的性质需要紧急动员城市管理、交通、医疗、媒体等资源，所以承担城市应急管理的综合协调部门一般在组织指挥体系中承担外围应急协调职能(图 9-7)。

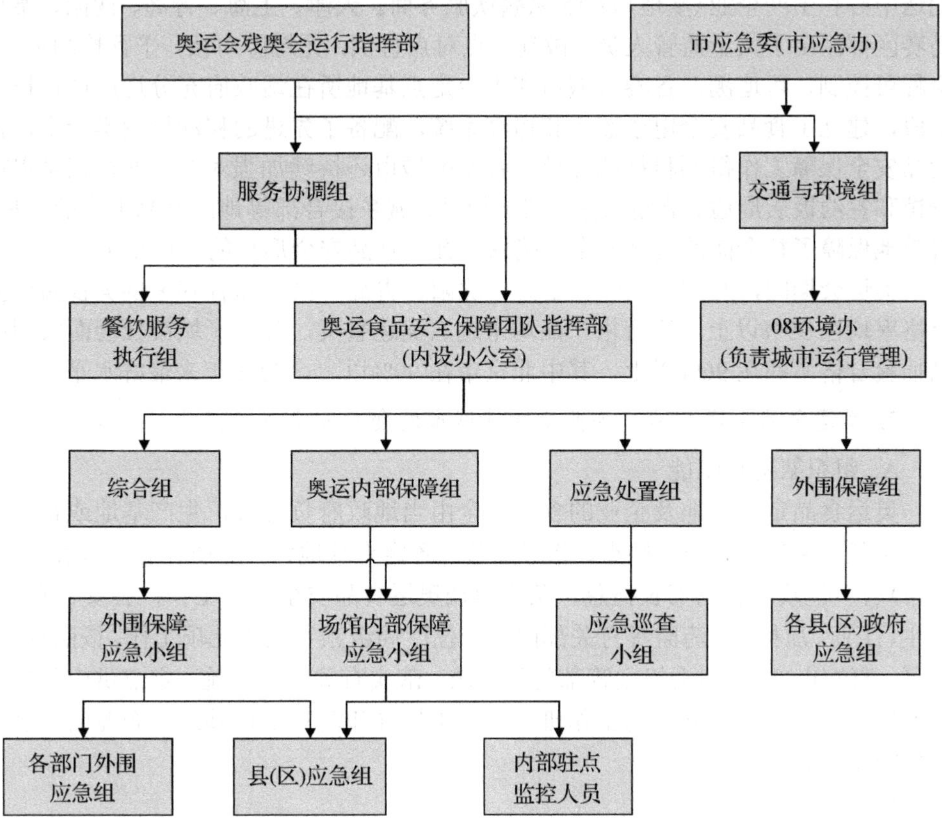

图 9-7　北京地区奥运食品安全的应急指挥体系

B. 工作措施和效果

由各赛区所在城市政府监督各奥运食品采购、加工和配送单位建立严格的自我检验制度，主要内容包括：一是落实食品进出、生产、加工各环节的专门监管人员。二是落实自我检验的工作流程。三是落实重点单位的驻点监管人员名单及有关工作要求。四是落实发现含有违禁成分食品的处理程序。五是落实好现场检测监控等制度，组织对奥运食品卫生情况进行技术评估，对定点接待单位进行一次全面检查。奥运会赛事期间，卫生部门要按照《重大活动食品卫生监督规范》进行全程卫生监督。六是落实奥运食品采购、加工和配送单位的监管措施，严格执行索证索票和台账管理制度，确保每一批奥运食品和食品原料都从定点供应基地和企业进货。落实各赛区城市农副产品市场监管措施。七是对全市范围的农副产品批发市场、农贸市场全面实行驻点监测和日常巡检。加强对超市、商场食品质量和食品经营者监管，发现含有违禁成分的农副产品和其他食品，要立即查封、退市，并报告主管部门追溯源头。

北京赛区派出1600余人驻守123家运动员自选酒店和签约饭店，134家物流配送中心和生产企业(基地)及15家餐饮服务商。天津、上海、青岛、沈阳、秦皇岛赛区都派出了大量监管人员，做到了点对点直供，无缝隙对接，平行检测把关，全程可控制、可追溯。各赛区城市和不少定点基地所在地政府充分运用现代技术手段，建立了食品安全电子监控和追溯系统，配备了先进的移动检测实验室，使食品安全保障工作得到科技的支撑。各赛区城市还持续加强对社会面特别是奥运场馆和签约饭店周边、旅游景区、繁华街区、城乡接合部等地区食品卫生的治理，有效地保障了社会面的食品安全，确保了社会食品安全形势的总体稳定。

奥运会期间，北京、天津、上海、沈阳、青岛、秦皇岛各赛区供奥食品抽验合格率均在99%以上，不合格产品均未进入奥运餐桌。各赛区城市社会面农副产品抽验合格率都在96%以上，其中北京市在99%以上，为多年来最好水平。

2. 奥运食品生产基地、企业所在地城市的食品安全保障工作

A. 组织架构和职能

奥运食品定点基地及企业的食品安全由当地政府负总责，生产基地或企业负第一责任，主管部门派员驻点、指导监管。各定点基地、企业所在省(自治区、直辖市)有一位政府副秘书长抓总，负责协调奥运食品安全保障工作；公安、农业、卫生、工商、质检、食药监等有关部门有一位厅局级领导负责此项工作，按照省(自治区、直辖市)政府和上级主管部门的要求，落实有关工作措施；定点供应基地和企业所在市或县要成立专门工作班子，负责指导和落实定点基地、企业的食品安全保障工作。

B. 主要措施和成效

一是由各省市组织监管部门的专业人员，对奥运食品生产基地、企业实行驻

点监控和流动巡查。按照凡禁用的必须彻底禁用、限用的必须严格限用的原则，细化监管措施，派出监管人员对定点基地和企业进行不间断的驻点监管和巡查，把农产品安全生产的责任落实到基地的每个生产地块、每个养殖单元、周边每个农资经营店。

二是落实奥运食品储存和运输安全保卫措施。由各定点基地和企业所在市、县政府按照北京奥组委(奥运食品配送中心)和公安部的部署，组织当地公安等有关部门，做好本地与赛区所在城市奥运食品运输安全保卫的衔接工作，落实奥运食品的储存和运输安全保卫措施，实现点对点的全程监控，严密防范人为破坏和二次污染。奥运会、残奥会期间，从全国各定点基地直供北京赛区不包括饮料在内的食品原料就达1002个品种、5360车次、5873吨。这些原料都由当地监管部门实行批批准出检验，并由公安部门监督签封装车、专车运输、专人押运、专库储存，一路无缝隙衔接。

奥运会期间，承担各赛区食品原材料配送任务的84家物流配送中心共配送各类食品及原材料9226吨；共监控287家奥运食品生产基地生产的10 288吨食品原材料和195家奥运食品生产的2533吨食品原材料。从农田到奥运餐桌合计监控食品原材料的周转量达22 047吨，确保了奥运餐桌食品的绝对安全。

3. 其他相关城市的食品安全保障工作

A. 控制高毒农药

目前，我国经国家发展和改革委员会批准允许生产有机磷高毒农药的企业有7家，生产企业位于河北、山东、浙江、江苏、湖南、湖北6省。为严格控制剧毒、高毒、高残留农药流入市场，加强对农业投入品源头污染的控制，严密防控人为恶意污染食品事件，北京奥运会食品安全工作协调小组严格落实农业投入品生产、销售监管措施，要求采取严格的监管措施，确保河北威远生物化工有限公司、山东华阳农药化工集团有限公司、浙江嘉化集团股份有限公司、江苏蓝丰生物化工股份有限公司、湖南沅江赤峰农化有限公司、衡阳莱德生物药业有限公司、湖北沙隆达股份有限公司7家高毒农药生产企业不销售甲胺磷、对硫磷、甲基对硫磷、久效磷、磷胺5种高毒农药。同时，要对社会上各种农药生产企业加强监管，发现违法生产、销售高毒农药的，要立即查处。此项要求由国家发展和改革委员会部署有关地区发展改革部门协调当地农业、工商、质检、环保、安全监管等部门加强监管，并确保措施到位。

B. 控制兴奋剂类药物

由国家食品药品监督管理局牵头，会同国家体育总局等开展兴奋剂生产经营专项治理工作。各省市要对本地农资市场和药品市场进行全面排查，强化日常巡查，严禁违法销售药物兴奋剂，严禁销售含有禁用药物的饲料及饲料添加剂。

二、奥运食品安全的全程监控体系

奥运食品从源头到餐桌经过了复杂、漫长的食物链，在每一个环节都有可能存在风险。在前一节对奥运食品安全可能遇到的风险因素的分析基础上，有针对性地把住关键环节，根据风险因素的种类及风险高低采取相应的风险控制措施，对食品实行全程监控，可有效地防范、减轻和控制风险。以北京赛区为例，奥运会期间，按监控环节划分，在奥运食用农产品生产源头，共监控 79 家奥运基地的 107 个品种 252 个品项计 1003 吨农产品。在生产加工环节，对十三大类 205 个品种 1667 批次供奥食品实行批批检验，总体合格率为 99.8%，不合格食品均予以销毁。在食品物流配送环节，监控 29 家奥运物流配送中心的二十大类 1002 个品种 9497 车次 7922 吨食品原材料，核验奥运食品出货单、发货单 9824 件，高风险动物源性食品违禁物质检测报告 5186 件。利用奥运食品安全追溯系统监控鲜活、易腐食品原材料运输车辆温度、行驶轨迹和车门电子签封状况 12 676 次。在食品进口环节，对八大类 74 批 425 种计 463 吨进口食品实施批批检验检疫，检出 11 批、26 种供奥进口食品不合格，共计 12.95 吨，货值 48 660 美元，均予以退运或销毁。在食品消费环节，共监控 119 家签约饭店、6 家总部饭店 524 560 人次就餐，对各类场馆菜品留样 2.9 万件，现场快速检测 8.7 万件。从农田到奥运餐桌的环环相扣的措施，确保了能及时发现潜在的风险，消除隐患，使奥运餐桌的食品安全达到了 100%的合格。

(一)农业生产源头风险的应对措施

从北京奥运会风险因素的分类看，农业投入品污染、食源性兴奋剂污染等都涉及农业生产源头的规范管理；产地环境污染、食源性寄生虫病、动植物疫病等与农产品种植、养殖源头的环境质量密切相关；人为恶意投毒与农业生产源头有机磷等高毒农药的控制也存在间接联系。因此，对农业生产源头的控制管理是整个风险控制流程中的关键环节。相关风险的应对措施包括以下几个方面。

(1)对供应奥运种植业产品生产基地、动物养殖基地、动物屠宰加工企业、动物产品加工企业实施备案管理和派驻监管，督查用药记录制度执行情况，在畜产品养殖中严禁使用合成类固醇类、β 受体激动剂、糖皮质激素及玉米赤霉醇等类物质，在水产品养殖中严禁使用甲基睾丸酮、已烯雌酚、喹乙醇等药物，严格执行兽药休药期规定，从而有效地应对食源性兴奋剂和滥用农药、兽药、饲料添加剂的投入品风险。

(2)奥运期间奥运比赛举办城市根据需要采取指定通道进入、限制动物移动等临时性措施，降低疫情传入风险。各地要做好活禽经营市场禽流感防控工作，严格执行定期休市、消毒、监测制度，取缔非法活禽交易，严防禽流感疫病感染人，从而有效地应对动物疫病的威胁。

(3)各地加强病原微生物菌(毒)种保藏和使用管理，落实实验室生物安全监管责任，开展生物安全检查，确保病原微生物菌(毒)种保存责任落实到单位和个人，防止实验室泄毒散毒事件发生，以有效应对人为恶意污染事件。

(二)生产加工环节风险的应对措施

从北京奥运会风险因素的分类看，食品生产加工环节的化学性、生物性污染直接涉及食品生产加工环节的规范化管理，在食品生产加工环节实行 HACCP 管理，可有效地将可能存在的风险降到最低。此外，农业投入品污染、食源性兴奋剂污染等虽然主要来自农业生产源头，但如果在生产加工环节的原材料进货把关严格，可以进一步降低风险；产地环境污染、食源性寄生虫病、动植物疫病等与农产品种植、养殖源头环境质量密切相关的风险因素，在食用农产品生产源头依靠人为监控难以在短期内根除，但通过生产加工环节执行原材料进货检查验收制度，以及严格执行生产加工操作规范，可以有效地降低风险；人为恶意投毒与食品生产加工环节生物性、化学性污染的控制也存在着直接联系，通过加强生产加工环节原材料进货、生产加工现场及仓储的规范管理，可以有效地降低风险。因此，对生产加工环节的控制管理是整个风险控制流程中的第二道防线。相关风险的应对措施包括以下几个方面。

(1)实施质量技术监督部门驻厂监管。

(2)实施封闭生产。划出专门的原辅料储存区、成品储存区和独立加工生产线，生产的奥运食品要有明显的标识。奥运食品的加工原料原则上必须来源于定点供应奥运的农产品基地，不能从定点基地供应的必须符合相关标准要求。

(3)实施产品批批检验。保证所有出厂产品合格，未经检验和检验不合格的产品一律不得出厂。不合格的产品要监督其销毁，绝不允许以其他方式流入市场。

(4)对所有参与奥运食品生产加工的人员进行身份核对并进行相关安全保障知识、技能的培训。从厂房、设备管理、生产加工流程等方面加强制度设计，防止投毒和破坏生产设备、电力供应、水源供应等人为现象。

(5)对于进口供奥运的食品，实行指定口岸进口、指定场所存放。北京、天津、河北、辽宁、上海、山东、深圳等口岸为进口供奥运食品的专门口岸。对进口供奥运食品实行批批检验，对进口供奥运食品的企业实施备案管理。所有供奥运的进口食品必须在严密监管下，点对点运输到指定场所。

(6)加强对自带食品的监管。对于我国禁止入境的疫区食品和动植物产品，奥运会代表团和参赛团队一律不得携带入境。对于已经获得中国检验检疫准入资格的国家和地区的食品和动植物产品，奥运会代表团和参赛团队要提供安全卫生责任自负声明、产地证明和有效的检疫证书。

(三)物流环节风险的应对措施

从北京奥运会风险因素的分类看，食品流通环节的化学性、生物性污染直接涉及食品流通过程中的规范化管理。此外，农业投入品污染、食源性兴奋剂污染等主要来自食用农产品生产源头的污染，以及产地环境污染、食源性寄生虫病、动植物疫病等与农产品种植、养殖源头环境质量密切相关的风险因素，如果在食品流通环节进一步把关，可以有效地降低风险。是否发生人为恶意投毒行为与食品物流环节的控制也存在着直接联系。因此，通过加强流通环节食品及原材料进货、物流配送现场及仓储环节的规范管理，可以有效地降低流通环节的风险。

从上一节分析中，可知外部环境因素也是影响奥运食品安全的重要因素，有时甚至是决定性因素。在外部环境中，北京等奥运会赛区城市社会面的总体食品安全状况是外部环境因素当中的重要内容，也是在外部环境诸风险因素中唯一一项依靠提高完善食品安全监管制度、提升食品安全控制水平、开展食品安全专项整治等人为努力在短期内可以得到减轻或消除的风险因素。提升北京等奥运会赛区城市的社会面食品安全水平，关键是把住食品流通和消费的安全关口。

综上所述，对流通环节的控制管理是整个风险控制流程中的第三道防线。相关的控制主要涉及以下几个重点领域。

(1)物流配送环节的保障措施：奥运食品及原材料的物流配送经历了食用农产品—生产加工—物流配送中心—餐饮服务场所 4 个环节，在每一个环节都设计了严格的程序衔接要求，以保证每一个环节的食品安全都经过本环节食品生产者和该环节监管部门的确认；每一个环节都将本环节的食品安全信息加载并传递给下一个环节，如图 9-8 所示。

(2)食品在社会面流通环节的保障措施：主要包括推进食品市场准入和退出制度，开展食品检测，严厉打击销售假冒伪劣食品及无照经营食品的违法行为；对农副产品批发市场、食品专业市场(如茶叶批发市场、肉类批发市场等)加强控制，强化产地检测、产区证明和入市登记、入市检测等管理措施。

(四)消费环节风险的应对措施

消费环节是食品安全监控的最后一道防线。主要针对各类可能引发食物中毒的高风险因素进行控制。主要措施包括以下几个方面。

(1)由卫生部门牵头，负责落实赛事场馆、驻地外围的餐饮单位卫生监督工作，开展食品检测，对餐饮企业开展全面监督检查，加强对原材料采购、储藏、加工、包装、运输等环节的控制，督促从业人员严格执行加工操作流程，查处无证照餐饮单位，及时处理食物中毒等食品安全突发事件。奥运会期间，针对夏季生物性

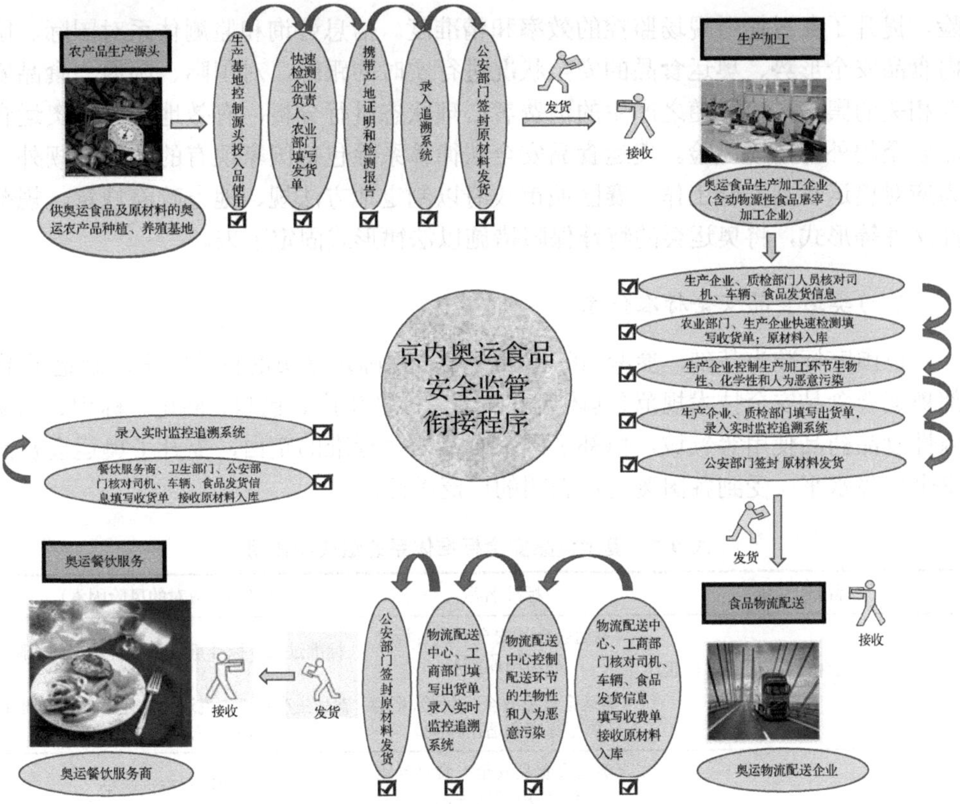

图 9-8　奥运食品物流配送环节监控程序和职责

污染的分布和保障奥运重点场所的需要，对 93 个奥运场馆、宾馆的市政管网末梢水、二次供水和直饮水开展了 106 项安全指标的监测，根据检测结果一度停止了运动员村内 42 栋公寓楼的 4 套直饮水供水系统，避免了水污染隐患。

(2) 在各赛区城市和旅游城市深化餐饮业量化分级管理，推动涉奥重点地区餐饮业整体卫生水平的全面提升，确保涉奥场馆周边、繁华商业区、旅游景区等重点地区餐饮卫生安全。

(3) 卫生部门会同建筑、旅游、教育、工商等部门切实加强对民俗旅游村(户)的监管，切实抓好学校、建筑工地食堂和其他集体用餐单位的食品安全工作。

三、奥运食品安全的技术保障体系

主要由标准体系、检测体系、信息监测体系和法律体系组成。奥运食品安全标准有效地应对了部分国家标准缺失、过低、重复、矛盾给奥运食品安全保障工作带来的风险；检测体系有效地应对了食源性兴奋剂、有毒有害物质或部分调味品等食品原材料检测方法缺失、无检测机构、检测效率低等给奥运安全带来的风险，提升了奥运场所现场监控的效率和精准度。信息咨询和监测体系对国际、国内食品安全形势、奥运食品的安全状况进行实时的跟踪，对国际、国内与食品安全相关的舆论环境和随之产生的消费者心理状态进行分析，有效地应对了奥运食品安全的外部环境风险。奥运食品安全法律体系除包括国家现有的法律法规外，为应对奥运食品安全工作，赛区城市政府以制定地方法规、地方政府规章、规范性文件等形式，将奥运会的特殊保障措施以法律形式固定下来。

(一)奥运食品安全标准体系

以国家标准为基础，参考国际标准并结合保障运动员的特殊需求，制定了15部奥运会食品安全技术规范(具体见表9-7)，涉及生产、包装、储运、标识、动物源性食品药品使用等领域，填补了国家食品安全标准的空白，提升了奥运会食品安全保障水平，受到各国奥运代表团的广泛关注。

表9-7 奥运食品安全标准体系的组成和作用

标准的性质			标准名称	制标目的(应对的风险因素)
奥运食品安全标准体系	整合已有的国家、行业、地方标准		《奥运会食品安全 执行标准和适用原则》	标准过低、标准重复矛盾所带来的风险
			《奥运会食品安全 包装、贮运执行标准和适用原则》	食品生产加工、流通中的化学性、生物性污染和人为恶意污染
	新建奥运会技术标准	奥运会专用标准	《奥运会食品安全 食品动物药品使用管理规范》	食源性兴奋剂污染
			《奥运会食品安全 农产品质量追溯编码适用原则》	食源性兴奋剂污染和人为恶意污染
			《奥运会食品安全 食品过敏原标识标注》	食品过敏风险
		通用地方标准	《奥运会食品安全 即食即用果蔬企业生产卫生规范》	食源性寄生虫病和生物性污染风险
			《生食水产品卫生要求》	食源性寄生虫和生物性污染源风险
			《生食肉类产品卫生要求》	食源性寄生虫和生物性污染源风险
			《固态调味品卫生标准》	品种风险
			《半固态(酱)调味品卫生要求》	品种风险
			《液态调味品卫生要求》	品种风险
			《食用调味油卫生要求》	品种风险
			《代用茶卫生要求》	品种风险
			《豆芽安全卫生要求》	品种风险

(二)奥运食品安全检测体系

主要是做好动物源性食品中违禁药物控制和防控人为恶意污染食品的技术准

备。主要做法如下所述。

(1)由科学技术部支持，研发了动物源性食品中β受体激动剂、合成类固醇、糖皮质激素三大类20种违禁物质的检测方法，明确了各类违禁物质的控制限量，以国家标准形式颁布。

(2)由国家质量监督检验检疫总局开展资质评定，确定了一批动物源性食品违禁药物控制的检测和最终技术鉴定机构。

(3)启用了自供电源、气源、水源，配备气质、液质、致病菌鉴定系统等尖端设备的车载移动实验室，在奥运会期间开赴重点场所，对运动员村、竞赛场馆食品的化学性、生物性、放射性污染开展精确检测，提升现场处置能力。

(4)启用能快速甄别20余种毒物和其他40余种有毒有害物质的便携式快速检测箱，提升现场毒物甄别处置能力。

(5)构建了应急反应毒物数据库。收录了生物性、化学性和放射性物质的分子式、中毒症状、救治药物等技术资料，可对人为恶意污染事件中的未知毒物开展分析、鉴别。

(三)奥运食品安全信息咨询和监测体系

(1)启用奥运食品安全监控和追溯系统。将奥运食品种植基地、养殖基地、供应企业、物流配送中心、运输车辆、餐饮服务场所纳入监控范围，对所有奥运餐谱进行了备案，实现了对奥运餐谱及其对应食品原材料从种植和养殖源头、生产加工、物流配送直至奥运餐桌的全过程安全信息进行实时跟踪、分析、评估。系统在奥运会期间共归集数据218万条，涉及151家农产品生产基地和配送企业、22家畜禽屠宰加工企业。

(2)实时监控食品运输状况。为218辆食品运输车辆安装GPS监控和温度实时记录装置。对车厢实行电子签封，实时监控车辆轨迹和车门开启状况，确保运输途中的食品安全。

(3)建立了食品安全监控信息平台。对美国食品药品监督管理局、英国食品标准署、澳新食品标准局、欧盟食品安全局、世界卫生组织等国内外110家政府、科研机构和媒体网站发布的信息进行实时监控，及时掌握全球范围内重大突发事件的第一手信息，为首都和奥运食品安全提供决策支持。例如，2月19日，北京市监测到《纽约时报》发布的美国奥运代表团官员在中国超市购买鸡肉检出类固醇并以此为由不入住运动员村的消息，立即组织专家进行科学评估，对市场上的鸡肉产品进行抽检，澄清了事实，第一时间向各国媒体发布了消息，美国方面也在当天宣称对“中国奥运会的食品安全充满信心”并将入住运动员村。

(4)依靠专家提供技术咨询。自2005年起，北京市成立了由16位参与过奥运会食品安全保障工作的国内外专家组成的奥运食品安全专家委员会，系统研究亚特兰大、悉尼、雅典奥运会的做法，制定北京奥运会食品科学与营养工程安全保障措施。2008 年，又成立了由世界卫生组织、欧盟食品安全局、中国疾病控制中心、中国农业大学食品科学与营养工程学院十余位生物性、化学性污染领域国内外专家组成的奥运会期间食品安全专家组，随时为奥运会食品安全工作提供技术咨询和保障。

本章小结

本章阐述了奥运食品安全保障工程的具体管理措施，为奥运会的成功举办起到了至关重要的“护航”作用。尽管这是在特殊情况下不惜代价的管理措施，但是仍然很好地诠释了食品安全管理学的基本思想。周密的制度保障，得力的组织保障，严格的标准体系保障，广泛覆盖的安全监测体系保障，以及全过程的安全追溯系统保障，都可以作为食品安全管理体系中良好的经验。因为奥运对食品安全要求很高，奥运食品安全保障工程管理的成功实施，对我国食品行业的健康快速发展及政府部门食品安全监管水平的提升有着重要的意义。

参 考 文 献

蔡同一. 2009. 借鉴北京奥运食品安全保障经验 认真贯彻“食品安全法”. 中国食物与营养,(10): 7-9.

高海生. 2008. 北京奥运食品安全保障前沿指挥中心启用. 食品科技, (7): 160.

高婷, 庞星火, 黎新宇, 等. 2008. 北京奥运会传染病疫情风险评估指标体系研究. 中华预防医学杂志, 42(1): 8-11.

金磊. 2005. 北京开展整体“安全奥运”的建议. 现代城市研究, (10): 8-12.

金磊. 2006. 北京“安全奥运”系统化建设及其思考. 失效分析与预防, 1(2): 1-6.

唐云华. 2011. 北京奥运会食品安全的风险因素及对策分析. 中国农业大学博士学位论文.

王易芬. 2008. 食品安全与北京奥运. 世界科学, (7): 11-14.

附录　新闻及访谈汇编

附录一　食品安全监管体制改革与法律构筑

一、食品安全法草案八处修改意见——针对三鹿奶粉事件(2008 年)(部分摘录)

中国新闻网 2008 年 11 月 10 日讯(记者　何冬蕾)在中国食品行业规模最大、层次最高的 2008 中国食品博览会上，群众所关注的食品安全问题再次成为专家、学者热议的重点。11 月 7 日，在“食品安全与行业创新发展”高峰论坛上，来自中国农业大学食品科学与营养工程学院博士生导师罗云波教授详细透露了《食品安全法(草案)》(以下简称“草案”)的修改情况，而中国食品工业协会副会长、广东省食品行业协会会长张俊修则清楚地说明了“食品安全”与“食品质量”这两个概念的不同之处。

八处修改意见针对“三鹿奶粉事件”

“现在我们的《食品安全法(草案)》已经几易其稿。”据罗云波透露，《食品安全法(草案)》一稿、二稿吸纳了一些国外的经验，包括可追溯的制度、问题食品召回制度、风险评估制度、诚信制度。“我觉得很重要的，就是风险评估。就好像我们的天气预报一样，使得食品安全事件尽可能不要发生。”

罗云波还表示，要保护消费者的利益和生产者的利益，尤其要注意生产者的利益。“如果奶的价格比水还便宜，生产者要赚钱，就要压榨奶农，他怎样达到蛋白质含量符合要求的奶？就会造假。这是造成问题的重点(原因)。”

罗云波提出了自己具体的建议，第一，希望进一步明确法律内涵，解决食品和农产品界限不清(问题)，避免冲突。第二，切实解决监管过程中的越位、错位。从国际立法趋势上，食品安全管理主要以卫生和农业为主。第三，减少行政许可，加强过程的监督。国家不能没有安全检测的标准。我觉得应该把各个部门合成一个国家的东西，而且不能收钱。第四，坚持多法并行。我们不要仅仅想依赖于食品安全法，而忽视了组织和农产品相关的法律。要多法衔接，才能把我们食品安全的工作搞好。

在《食品安全法(草案)》第三稿内，吸取了奶粉事件的影响，提出了八个修改方案，内容具体包括：

---

① 此部分内容最大限度地保留了原文的表述，但由于采访中以及之后稿件的整理过程中存在一些问题，为了读者能更好理解，本文修改了原文个别表述不妥之处。

修改意见 1：罗云波说，此次的草案专门增加了规定，要求县级以上政府“对食品安全实行全程监督管理”。

此次提交审议的草案除了规定县级以上地方政府的“全程监管”职责，还要求县级以上地方政府确定本级卫生行政、农业行政、质量监督、工商行政管理、食品药品监督管理部门的监管职责。

修改意见 2：发生食品安全事故须及时上报。

“过去，三聚氰胺的事件拖了很长的时间，这就是体制的问题。”罗云波表示，这导致一直到十月份才开始处理这个事情，使大量的儿童因为不合格的奶粉受到伤害。

此次修改的草案中增加规定：食品安全事故不得隐瞒、谎报、缓报，不得毁灭有关证据。

修改意见 3：加强风险评估制度。

草案中专门增加规定“国务院农业行政、质量监督、工商行政管理和国家食品药品监督管理等有关部门在获知有关食品安全风险信息后，应当立即向国务院卫生行政部门通报。国务院卫生行政部门在对信息核实后，应当及时调整食品安全风险监测计划”。

同时草案还规定，国务院卫生行政部门通过食品安全风险监测或者接到举报发现食品可能存在安全隐患的，应当立即依法进行检验并进行食品安全风险评估。

修改意见 4：加强对食品添加剂的监管。

“我们的添加剂目录里列了 180 多种添加剂。它的标准、范围、规范是什么？要强化并去执行。”罗云波还强调一点，只要未列为正式的食品添加剂，即便是无毒也不能添加。

此次提交的草案增加规定要求国务院卫生行政部门应当根据食品安全风险评估结果，及时对食品添加剂的品种、使用范围、用量的标准进行修订。

列入目录的食品添加剂，条件严格限定为“经过风险评估证明安全可靠、技术上确有必要的。”同时还规定食品生产者应当按照食品安全标准关于食品添加剂的品种、使用范围、用量的规定使用食品添加剂；不得在食品生产中使用食品添加剂以外的化学物质或者其他危害人体健康的物质。

修改意见 5：政府可责令企业实施召回。

草案还对救援措施作了具体规定，包括：第一要采取应急救援的工作。第二要对不安全的食品采取处置措施，包括召回、停止经营、销毁等。第三对污染(源)、被污染的工具用具进行消毒处理。第四做好信息的发布工作，依法对食品安全事故处理情况进行发布，并对可能产生的危害加以解释、说明。

其中，对于食品召回专门补充规定，未按规定召回不符合食品安全标准的食品的企业，县级以上质量监督、工商行政管理部门可以责令其召回或者停止经营。

修改意见6：立法废除免检制度。

“消费者都在抱怨免检制度。实际上这是腐败的温床。”罗云波直言，免检制度是一个行政许可，但是政府一旦颁发了这个证书给企业，就把责任也放到了自己身上。“免检一个是责任的问题，食品安全需要监管。免检制度可以废除了。”

修改意见7：统一食品安全标准。

食品安全标准要以保证公众健康为标准。行业来做相关的标准，之后要由卫生部进行风险评估，最后拿出保障消费者利益、保障人民身体健康的水平来统一颁布。

修改意见8：加强监管小作坊和摊贩。

对小作坊，要加强管理。全国有众多小作坊，80%以上是10个人以下的小作坊。草案也要求地方政府对这些小作坊、摊贩根据他们的大小，制订有效的和合理可行的食品安全的管理方式。

“我认为中国的食品安全形势，不应该也不是现在说的那么可怕。95%以上的企业是负责任的。食品安全和食品质量概念混淆，造成了不是食品安全问题却要承担它的负面影响。牛奶事件就是典型的例子。”

二、专家称食品安全监管：平衡部门利益或是最大困难(2009年)

法制日报2009年2月27日电(责任编辑　高蕾)专访对象：罗云波，中国农业大学食品科学与营养工程学院院长，中国食品科学技术学会副理事长，北京食品协会副主席。在北京奥运会期间，担任食品专家委员会委员；曾在2007年赴中南海，为党和国家领导人主讲食品安全课。

【背景】食品安全法草案2月25日四审时传出消息，国务院拟设立食品安全委员会，作为高层次的议事协调机构，协调、指导食品安全监管工作。此前，食品安全法草案曾确立了各有关主管部门按照各自职责分工依法行使职权，对食品安全分段实施监管的体制。但一些全国人民代表大会常务委员会委员提出，应在现有分段监管体制的基础上，由国务院设立食品安全委员会，以加强对各有关监管部门的协调、指导。对此，国务院有关方面在认真研究后采纳了这一意见。本次草案增加了相关规定。

记者：食品安全法草案“三年四审路”，一直备受社会关注，尤其是昨天(25日)的四审所做的六处明显修改，在今天又成了公众的热点话题，“国务院拟设食品安全委员会”的消息，更是焦点中的焦点。您是食品安全问题的权威专家，能否给我们解释一下，草案在确立对食品安全进行分段监管的体制后，为什么又要设立一个更高层次的食品安全委员会？

罗云波：立法者是如何考虑的，我们不能揣测。但以我个人了解的情况看，食品从原材料采购、加工生产、包装上市直到走上人们的餐桌，有一个完整的生产流程，食品安全也应该是一个封闭的监管链条，多部门分段监管，就容易出现不好协调的问题，也容易出现监管的真空。

长期以来，业内人士一直认为应该有一个高于各部门的协调机构，这也是国外食品监管的先进经验。因此，国务院设立食品安全委员会可以说是众望所归。

应成为“监管者的监管者”

【背景】事实上，早在2004年8月，广东省就成立了食品安全委员会。这个委员会由省食品药品监督管理局、卫生厅、工商行政管理局、质量技术监督局等15个部门组成。作为省政府的常设议事机构，省食品安全委员会负责领导、协调全省食品安全工作。

广东省食品安全委员会成立后，确立了一系列“严厉”的制度，包括重大食品安全事故两个小时内完成报告，凡瞒报、漏报、不报的有关责任人将受到严肃处理；食品分工抽检互认结果；省政府建立应急救援资金等。

记者：作为国家层面的食品安全委员会，它又会具体拥有哪些职能呢？

罗云波：我想最主要的还是协调吧，食品安全委员会应该成为监管者的监管者。在多部门监管的条件下，相对于封闭的食品生产过程来说，食品监管过程就有被割裂之嫌。对于食品生产流通过程中出现的一些新情况，往往不知道该由哪个部门来管，部门之间互相推诿，直到出了问题大家才发现原来存在监管的真空。

“三鹿事件”就是个典型的例子。在乳品生产过程中，由于乳企之间的恶性竞争，出现了以社会合作方式建设的奶站，这一新的生产形式由于难以定性，便成为农业、工商、质监等部门都不管的特权机构，种种乳品掺假行为均由奶站“发明创造”。

有了食品安全委员会之后，就可以依据具体的食品生产情况，随时指导监管部门进行有效监管，保持食品监管的连贯性，排查食品监管的真空。此外，依据国外经验，食品安全委员会还应担负起食品安全战略研究方面的职责。

平衡部门利益或是最大困难

【背景】食品安全监管，在全世界都是一个难题。各国选择的模式不同，有的采用单一部门管理的模式，政府设置独立的食品安全管理机构，全权负责食品安全事务；有的是多部门管理的模式，将食品安全管理职能分设在几个政府部门，其中又有分类管理和分段管理的不同。

记者：我国食品安全涉及面很广，部门、种类、行业、企业都很多，在食品安全监管问题上，很容易造成“一个部门管不了、多个部门管不好”。面对这样的实际情况，食品安全委员会在运作中可能会遇到哪些具体困难？

罗云波：最大的困难恐怕是部门利益平衡的问题。在分段监管情况下，有名有利的事情大家抢着做，无名无利的事大家都不做。在这种情况下，监管很难形成链条，保持封闭的体系。从名义上讲，食品安全委员会是高于各部门的协调机构，理应有权协调各部门的管理职能，但是在具体运作中，难免受到部门利益的牵制。

在以往的食品监管中，曾经出现过类似于食品安全委员会的机构，但都是以临时形式存在的。比如，2007 年国务院曾经成立过产品质量食品安全领导小组，由质检总局牵头。从后来的情况看，这个机构在有效协调各部门职责、平衡部门利益方面的效果并不乐观。现在，食品安全委员会作为一个从法律上明确的常设机构，在协调各部门时理应享有更大的话语权。因此，尽管存在一些困难，但我相信随着食品安全委员会的设立和逐步运转，必定能在协调监督各部门时起到非常积极的作用。

对食品安全委员会应理性看待

【背景】广东省成立食品安全委员会四年多来，各成员单位大局意识和沟通协助意识明显增强，然而，广东省的食品安全形势依然严峻。

就在 2 月 19 日，广东省广州市出现了“瘦肉精”中毒事件，累计有 70 人出现中毒情况。“广州市各职能部门都建立了一整套监管机制，而‘瘦肉精’中毒事件竟在这看似完善的制度背景下发生了。多个职能部门联手，却管不好一块猪肉？”在广州市的“两会”上，不少政协委员发出了这样的质疑。

记者：事实上，在那些成立了食品安全委员会的省市，食品安全事故还是接二连三地发生。那么，作为国务院设立的食品安全委员会，它能在多大程度上控制食品安全事故的发生？

罗云波：食品安全是一个非常复杂的问题，从某种程度上讲，并不取决于一定时期内人们的主观心理愿望以及社会的客观投入。我国还处于社会主义初级阶段，各种社会经济条件还相对落后，食品安全所涵盖的一些方面，如食品生产环境、食品生产技术水平、食品生产与消费间的平衡、食品生产者素质包括食品消费者素质，都需要一个长期的阶段去慢慢改善。有时候出现的一些食品安全问题谁都想不到，可能大家都不想出事，但偏偏就出事了。

近期发生的“蒙牛事件”就是一个比较典型的例子。事实上，蒙牛集团并没有研究了解“特仑苏”中的某种食品添加剂的特性，便为了追求广告效果进行了夸大不实的宣传，在被公众发现后，原本是对人体无害的添加剂反而引发了一场公关危机。这一事实也充分说明，食品生产企业的素质不够高，法制意识也不够强。再比如说，食品的生产环境也是保证食品安全的重要条件，但是，环境问题放在全国来讲，是另一个不亚于食品安全的问题。

可以说，食品安全问题的解决和社会发展的水平密切相关，随着社会的不断进步，食品安全问题会逐步得到解决，但社会的进步是一段一段进行的，因此，我们不能指望食品安全问题能一蹴而就或是一劳永逸地解决，对于食品安全委员会也要理性地看待。

即便在经济发达国家，如美国、日本，它们均设立了类似于食品安全委员会的机构，但食品安全问题也时有发生。没有谁能够保证食品百分之百的安全，只能说是尽百分之百的努力去保证食品安全。

记者：食品安全关乎百姓的生命安全，从长远来看，食品安全委员会的设立，在预防与遏制重大食品和农产品质量安全事故方面，能起到多大的作用？

罗云波：食品安全委员会在成立之后，必将会处于一种如履薄冰的状态。这是因为，近年来频发的食品安全事件使得公众对这一机构的出现寄予很高的期望，甚至可能会不切实际地认为食品安全委员会能解决所有的食品安全问题。还是那句话，应该理性地看待食品安全委员会，这一机构的出现本身就已经说明，我国在食品安全监管领域前进了一大步。

总的来看，食品安全问题很复杂也很宏大，食品安全委员会的设立是作为食品安全法中的一个措施出现的，而单靠一两个具体措施是不可能完全解决食品安全问题的。更进一步讲，单靠一两部法也无法完全解决食品安全问题，而必须由多部法律构筑一个体系，法律与法律之间的衔接也是非常值得研究的。因此，公众对于食品安全领域的变革应该保持理性和积极的态度，用一种长远的眼光来看待。近年来，尽管存在问题，但我国在食品安全监管方面取得的进步也是不争的事实，我相信我们能够把食品安全这个问题解决好。

三、食品监管大部制改革　构筑食品安全防御性战略新框架（2013 年）

中国食品报 4 月 28 日电（记者　王薇）统计表明，2012 年，中国食品工业总产值达到了 8.96 万亿元，较上年增长 21.7%，但增速放缓；中国餐饮业产值达 2.35 万亿元，较上年增长 13.6%，但持续 5 年增速下滑。中国食品工业自三聚氰胺事件以来，其发展形态、生存道路正处于深刻变革中。中国食品科学技术学会理事长孟素荷日前谈到，扎实有效地提升我国食品安全的水平，亟待理顺我国食品安全管理体制，需顺应食品安全的科学规律，将工作的重点前移至食品安全的风险控制与预防中。目前正处于调整期的食品安全管理体制，呈现哪些新亮点？又有哪些问题值得探讨?在不久前于北京举办的 2013 年国际食品安全论坛上，中国农业大学食品科学与营养工程学院院长罗云波深入分析了我国食品安全监管体制的发展进程及亟待解决的问题。

两段式监管体制呈现新亮点

“此次改革力度是历次改革当中最大的，是空前的。”中国农业大学食品科学与营养工程学院院长罗云波对于我国食品安全监管体制改革如是认为。罗云波表示，各国的食品安全监管体制与其历史和社会的发展有着密切联系。在《食品安全法》出台之前，我国实行的是多部门分段管理模式。在《食品安全法》出台后，通过几年实践和改革，食品安全监管职能逐渐集中、整合。目前，形成了一个新的两段式管理格局。罗云波表示，我国新的食品安全监管模式的亮点体现在以下几点。

第一，管理主体进一步集中，形成以国家卫计委作为科技支撑，以农业、食药监管部门为食品监管的责任主体，其中农业部门仍然负责食用农产品质量安全的监督管理，另外新成立的国家食品药品监督管理总局(以下简称国家食药总局)负责加工、流通、餐饮等其他环节的监督管理。如此一来，大大减少了链条中的空白点和盲点，资源得到了进一步的整合，这样势必提高未来的监管效率，降低监管成本。

食品监管体制的改革，带来的最大好处在于：一是食品企业明确知道谁管他们了。而在过去，一旦出现问题，或要专项治理整顿，那么，一个企业可能要接受质检、工商、卫生等多个部门的重复检查。另外，重要的一点是，一旦出了食品安全问题，老百姓知道该谁负责了。

第二，也是最大的亮点：在于国家风险评估中心的建立。这为建立在风险评估科学基础上的食品安全防御性管理体系打下了基础，即确定了以风险评估作为科学依据来进行食品安全的监管思路。

过去，对食品安全往往是“救火式”的管理，即哪儿出了问题，就扑向哪儿。实际上，监管应该有的放矢，抓重点。如何在管理上做到效率更高并“有的放矢”?应该是通过风险评估提出风险报告，再进行风险预警和风险管理。由于食品涉及领域非常广，如果我们永远是眉毛胡子一把抓的话，就会永远管不好。罗云波表示，未来的食品安全体系应是建立在风险评估基础上的一个防御性体系，使得食品安全的事件尽可能少发生甚至不发生，凸显风险管理。

第三，食品安全标准的制定与管理分开。管理是由国家食药总局来管，标准是由国家卫计委来统一制定。这样一来，改变了以往“既是运动员又是裁判员”，“标准你制定，监管由你管”的局面。

第四，检验检测体系的“去部门化”。过去我国的检测机构隶属于很多部门。

随着调整体系的转变，这些检验、检测部门都“去部门化”了，进一步地得到整合。罗云波认为，未来的检验检测体系应进行法人化的管理，“去部门化”以后也能够作为一种主体，承担起食品安全的责任，如果出了问题会承担连带责任。

体制改革探索　关注两方面

罗云波认为，此次改革力度很大且积极的方面很多，但也有一些问题值得探讨。

一是国家质检总局仍负责监管食品相关产品的生产、加工。但食品相关产品跟食品实际上是连在一起的，有时候很难分开。如果出了问题到底是该由谁负责?食品相关产品，如食品包装，其与食品不可分割，对其监管保留在两个部门的话，可能会造成新的监管重叠。国家食药总局对药品相关产品，包括药品包装，是归一个部门管理的。

在食品相关产品的安全标准制定和安全评价的程序上，实际上跟食品是类似的，从技术上讲，应该把它包含在食品安全监管部门的业务范围内。因此，建议国家食药总局监管责任应该包括食品相关产品，而不应分开。

二是对粮食的管理，粮食部门还独立于食品安全监管体系之外。建议粮食的安全以及品质应归农业部管理。

罗云波认为，在新的体制下，会同时面临机遇和挑战。公众要了解的是，不会因为体制的改变，食品安全的问题就会彻底地解决，这应该是一个循序渐进的过程。未来仍面临很多挑战：一是食品安全监管的基本面，并没有因为体制的改变而发生改变。由于经济社会发展程度低、公众受教育程度低等诸多因素，未来还会面临许多社会环境问题。二是监管对象依旧未变。食品的生产、加工、流通、经营方面仍然很庞杂，小、散、乱仍然是基本特点。三是舆论环境恶劣。目前，有效的风险沟通机制还未完全建立起来。

另外，新闻媒体报道也没有太多的约束，建议媒体人能够理性并科学地传播食品领域的一些信息，做好监督的同时也把正确、科学、理性的知识传播给读者。

新体制新任务　责任要落实

专家建议，面对新体制，包括《食品安全法》在内的法律法规要及时适应，不然就会出现一些“合理的不合法，合法的不合理”的情况。

另外，在新机制下，建议通过国务院食品安全委员会对农产品、食品等进行大致的界定，使得责任落实到位，不出现灰色地带。

还有一个重要工作就是要尽快建立有效的风险沟通机制，改变信息不对称的局面，及时地引导公众对新体制有一个合理的预期。

同时，建立一些规范和机制，有计划地开展食品安全相关的科普知识的宣传和教育，杜绝非理性的和没有事实根据的炒作。

四、新食品安全法契合国际预防性原则　体现社会共治精神(2015年)

中国食品报4月25日电(记者　王薇)“新法的修法精神与国际预防性原则、风险分析原则相契合，更具有执行力，体现了社会共治的精神。”近日，参与食品安全法起草相关工作的中国农业大学食品营养与工程学院罗云波教授在接受记者专访时表示。罗云波介绍，新《中华人民共和国食品安全法》(以下简称“新法”)中增加了诸多的新元素，是借鉴了国际上发达国家对食品安全监管的先进经验以及针对我国出现的网络食品经营等新业态、新情况审慎修订的。

注重风险管理　不再被食品安全事件“牵着鼻子”走

新修订的食品安全法遵循了预防性原则、风险分析原则，与国际接轨。立法大原则是建立在科学的风险管理基础之上的防御性食品安全监管体系。由此打破了以往监管部门被问题“牵着鼻子走”的被动局面，使得系统性食品安全事件不发生或将其消灭在萌芽状态。对食品安全的监管，借鉴了国外有经验国家先进的理念。“今后，判断一个食品安全热点是否是真正的食品安全事件，风险评估说了算。”罗云波表示。

罗云波介绍，目前，国际上对食品安全监管通行的做法是：通过风险监测与评估后，确定食品安全危害的大小，再对不同程度的危害进行有针对性的管理，即对危害大的食品安全问题，可加强管理；对危害小的食品安全问题，可弱化管理。

新法第二章“食品安全风险监测和评估”中增加了具体的可操作内容：如第十五条中明确规定“承担食品安全风险监测工作的技术机构应当根据食品安全风险监测计划和监测方案开展监测工作，保证监测数据真实、准确，并按照食品安全风险监测计划和监测方案的要求报送监测数据和分析结果。食品安全风险监测工作人员有权进入相关食用农产品种植养殖、食品生产经营场所采集样品、收集相关数据。采集样品应当按照市场价格支付费用。”第十七条中何种情况下应当对食品安全进行风险评估进行了详细界定。

罗云波表示，风险交流是风险管理的重要一环。规避食品安全风险，就要主动进行交流沟通。应考虑如何有效地与各食品安全利益相关方进行沟通。而非过去不交流、不沟通，从而导致公众产生恐慌心理。风险交流形式多样，包括培训、科普、应急信息发布等。新法中专门增设了有关风险交流的条款，即第二十三条“县级以上人民政府食品药品监督管理部门和其他有关部门、食品安全风险评估专家委员会及其技术机构，应当按照科学、客观、及时、公开的原则，组织食品生产经营者、食品检验机构、认证机构、食品行业协会、消费者协会以及新闻媒体等，就食品安全风险评估信息和食品安全监督管理信息进行交流沟通。”

第一次提出“首负责任制”概念 食品安全责任方更加分工明确

新法第四章“食品生产经营”中，不仅对食品安全第一责任人生产企业提出了更多、更细的要求，而且根据目前食品经营出现的新业态，增设了鼓励食品生产经营企业参加食品安全责任保险、网络食品经营等新的相关规定。

特别值得一提的是，新法中提出了“首负责任制”概念，即消费者在哪个环节出现食品安全问题就由哪儿“买单”，即首先要有相关方为其负责，再深入追究食品产业链各个环节的具体责任方。

新增设的第六十二条中不仅对我国出现的新业态——网络食品经营提出了具体规定，新法中同时也明确了“首负责任制”的概念。第六十二条中规定“网络食品交易第三方平台提供者应当对入网食品经营者进行实名登记，明确其食品安全管理责任；依法应当取得许可证的，还应当审查其许可证。网络食品交易第三方平台提供者发现入网食品经营者有违反本法规定行为的，应当及时制止并立即报告所在地县级人民政府食品药品监督管理部门；发现严重违法行为的，应当立即停止提供网络交易平台服务。”这一条款的制订，更加明确了第三方平台和入网食品经营者在网络食品交易中的责任，第一时间最大限度地保护了消费者的权益。

此外，第四十三条中增设了“国家鼓励食品生产经营企业参加食品安全责任保险”的相关内容。第四十二条中增设了“国家建立食品安全全程追溯制度”。食品生产经营企业应当依照本法的规定，建立食品追溯体系，保证食品可追溯。鼓励食品生产经营企业采用信息化手段建立食品追溯体系。国务院食品药品监督管理部门会同国务院农业行政等有关部门建立食品和食用农产品全程追溯协作机制。

“加大了惩戒力度，使食品生产经营者对违法望而却步。”罗云波说，较之旧法中第八十五条的规定“……违法生产经营的食品货值金额不足一万元的，并处二千元以上五万元以下罚款；货值金额一万元以上的，并处货值金额五倍以上十倍以下罚款……”新法加大了对违法食品生产经营的惩戒力度。新法第一百二十四条明确规定：“违反本法规定，有下列情形之一，尚不构成犯罪的，由县级以上人民政府食品药品监督管理部门没收违法所得和违法生产经营的食品、食品添加剂，并可以没收用于违法生产经营的工具、设备、原料等物品；违法生产经营的食品、食品添加剂货值金额不足一万元的，并处五万元以上十万元以下罚款；货值金额一万元以上的，并处货值金额十倍以上二十倍以下罚款；情节严重的，吊销许可证。”

强化地方政府责任 初步建立食品监督责任制

罗云波谈到，新法中对食品安全利益相关方均制订了明确的责任要求，如强化了地方政府对食品安全监督管理工作的责任，建立了食品监督责任制。相应条款中还对从事食品安全监督管理的政府工作人员的素质提出了更高要求。对出现食品安全问题的，也增加了很多相应的行政处置的内容，从而使得监管食品安全的人也不能掉以轻心，玩忽职守。此举也在一定程度上遏制了地方保护主义，如遇到突发食品安全事件而置之不理。新法第一章总则第六条明确规定：“县级以上地方人民政府对本行政区域的食品安全监督管理工作负总责，统一负责、领导、组织、协调本行政区域的食品安全监督管理工作以及食品安全突发事件应对工作，建立健全食品安全全程监督管理的工作机制。”

“评议、考核第一次引入新法。”罗云波表示。总则第七条中明确规定：“县级以上地方人民政府实行食品安全监督管理责任制。上级人民政府负责对下一级人民政府的食品安全监督管理工作进行评议、考核。县级以上地方人民政府负责对本级食品药品监督管理部门和其他有关部门的食品安全监督管理工作进行评议、考核。”

罗云波介绍，与旧法相比，新法更加强化了县级以上地方政府的责任追究及对执法人员的培训与考核，以及资金的保障，做到层层制约。例如，新法总则部分第八条明确规定：“县级以上人民政府应当将食品安全工作纳入本级国民经济和社会发展规划，将食品安全工作经费列入本级政府财政预算，加强食品安全监督管理能力建设，为食品安全工作提供保障。”明确食品安全各利益相关方责任与处罚体现“社会共治”精神。

新法对生产经营者、政府监管部门、行业协会及媒体的职责与处罚都进行了明确规定。如新法第一章“总则”中第十条规定了对新闻媒体有关食品安全报道的责任与处罚，规定了“有关食品安全的宣传报道应当真实、公正”的相关内容。又如，新法第一百三十八条中规定：“……食品检验机构出具虚假检测报告，使消费者的合法权益受到损害的，应当与食品生产经营者承担连带责任。”

罗云波介绍，此次新法还对虚假广告的发布增加了责任方，即广告商有连带责任。新法第一百四十条中明确规定：“……广告经营者、发布者设计、制作、发布虚假食品广告，使消费者的合法权益受到损害的，应当与食品生产经营者承担连带责任……”

“此次修订的新食品安全法，其修法精神与国际预防性原则、风险分析原则相契合。在未来，我国的食品安全法与民法、广告法等在执行力上将做好衔接。”罗云波说。

附录二　食品安全监管现状与转基因问题

一、罗云波谈食品质量监管现状及转基因问题（2014年）

竹溪县妇幼保健院官网9月20日　各位听众大家好，非常高兴今天能在健康大讲堂跟大家一起探讨食品安全问题，我主要讲讲监管体制的问题，最近大家对我国监管体制多有诟病，实际上食品安全是全球性问题，不是中国才有。但刚刚陈院士说了中国力度很大，我感觉大家正在打一场食品安全的人民战争，要把食品安全问题埋葬在人民战争的汪洋大海之中。实际上食品问题刚刚陈院士也讲了，国内外都有，而且还很严重。美国《时代周刊》封面上的那张图，“我们还能吃什么？”这跟我们老百姓提出的问题是一样的，是全球面临的共同挑战。

目前食品安全监管上没有一个放之四海而皆准的模式，每个国家选择自己的模式，都是根据自己的具体情况、历史、背景、经济发展水平等做选择。但是监管无外乎是两种管理方法，一种是单一监管，一种是多部门监管。单一部门监管是政府设置独立的安全监管部门，把所有的食品安全监管全权委托它负责。这里有德国、加拿大等。另外一类就是多部门监管，把食品安全的职能分属指定在几个政府部门，共同监管。往往在国际上的情况，单一部门的人说我们这个不合理，为什么不多几个部门来管？因为食品生产产业链很长，从农田到餐桌，从加工到流通，是很长的链，一个部门管不过来。比如德国这次出血性大肠杆菌对蔬菜污染造成很大影响，德国由一个部门监管，由此有争议为什么不多由几个部门管理？而中国是“九龙治水”，老百姓一片质疑声，为什么不能指定一个部门管？国际上多部门管理要学单一部门管理，单一部门管理的又要学多部门管理，所以没有一个放之四海而皆准的模式。

我个人认为由于食品链条很长，涉及的行业、学科(生物、化学、工程)非常多，就像中国农大食品学院的学生们最辛苦，因为连医学都要学，食品监管由一个部门管理很难到位，多部门管理的好处是可以把专业部分由专业部门监管，但也会造成问题，产业链中本来是封闭的，但由于部门的分割出现空白、交叉。多部门、单一部门各有利弊，要解决这个问题就是要加强综合协调，明确各部门的职责和监管任务。食品安全法修订以后，中国设立了国务院食品安全委员会(国务院层级的议事协调机构)来协调中国的食品安全监管。

我个人对食品安全的判断和陈院士一样，基本状况还是好的，消费者基本消费安全有保障，但是我们不是没问题，而是问题很多。虽然有这些问题，但我丝毫不怀疑，基本消费安全有保障。随着社会经济的发展，监管水平和人民素养的提高，我们的食品安全水平还会不断进步。这里我说的是基本水平的消费安全，因为一个国家的食品安全水平和国家经济水平紧密联系。刚刚谈到出现很多食品安全问题，又有很多矛盾纠结在一起，我国提供原料的农业生产者非常分散，集约化、组织化程度很低，上亿小农户。我国 10 人以下小企业、小作坊占到有执照的加工企业 80%以上，虽然只占 30%的食品生产份额，但吸引了大量就业人群。虽然有食品安全隐患，但绝大多数还是在守法生产，出问题的是少数。

另外我要谈谈消费者，我们刚刚解决温饱问题，现在对食品安全有了很高的诉求，而在这方面我们又缺乏相关的科学知识。一方面要求食品安全，一方面哪里便宜往哪里走，我们的恩格尔系数还是很高，虽然已经可以吃饱，但要拿出来吃饭的钱的比重还是比较高的，所以老百姓要考虑食品的价格，而高品质的食品是有成本的，食品安全监管有成本，如果我们不好好平衡消费者和生产者的利益，吃亏的还是消费者。大家知道乳制品价钱相对便宜，有人说中国的奶卖得比水还便宜，但是乳制品的生产是有成本的，我们对奶的监测已由过去几项指标增加到几十项指标，三聚氰胺也加进来了。老百姓说为什么不早点纳入更多的标准？监管成本由国家负担，但国家是用纳税人的税收来支撑，所以奶的隐性成本已经很高了。

我之所以说食品安全状况还是比较好是有依据的，农产品、加工产品、乳制品、肉制品的合格率都在95%以上，中国人平均寿命已达到74岁，这与食品改善、营养保障密切相关。目前我们感受到的食品安全状况和实际食品安全状况有距离，新生儿及平均身高等数据，都说明了这种改善。媒体目前描述的食品安全状况让我们惶惶不可终日，神经高度紧张，不知道能吃什么了，我爱人就是这种感觉。现在资讯发达，个别事件通过媒体报道就会让公众感觉是普遍性事件，实际有些事是小概率事件，如果不报道，你一辈子都不会遇到。另外通过媒体报道，非常遥远的事件老百姓就会感觉像发生在身边，这次德国大肠杆菌事件中国老百姓也很担心。我们如何理性看待食品安全问题？刚刚陈院士已经讲得很系统。我们要逐步提高食品安全科学知识。老百姓说凭什么我们要成为“专家”？为什么政府不把事情做得更好一些呢？实际上如果你不想做“专家”，掌握一些基本知识，你的健康也不会有问题。按照我们目前描述出的食品安全事件，今天这个倒下了，明天那个倒下了，什么时候到我倒下？我们感觉现在的环境是这样的。过去我们问什么能吃、什么东西不能吃，是短缺经济。只要有能吃的东西，都敢吃，那时候没有那么多的食品安全问题。如果你还关心食品安全问题，就要学习一些食品安全知识，如果不关心(就)可以放心大胆地吃，我觉得基本消费安全是没有问题的。

中心意思是我们的监管模式在不断完善，监管体系是多部门模式，当然这还要不断调整，未来监管部门可能会进一步收缩，集中在几个主要部门，综合协调能力还要进一步加强。另外对目前大家比较关心的问题给大家讲一讲。一是最近出台了一个标准的问题，说卫生部刚刚有了新标准，这话本身不是我来说，应该是由卫生部门公布了新的食品添加剂的标准，但我只是作为消费者或者搞食品的业内人士，我感觉这个标准更科学，又有新的提高和进步。公众也提了很多问题，比如面粉里是否要加防腐剂的问题，有人说大米是我们的主食，主食都要有添加剂(双乙酸钠)了还怎么得了？事实是正确使用食品添加剂对提高食品的品质有帮助，食品添加剂被误解了。第二，我们的大米有些专家说水分含量在14%以下的时候，不需要添加任何东西，质量不会发生变化。如果有了食品添加剂、防腐剂，可能会滥用。但现在正是粮食收获的季节，但全国到处下雨，目前我们的粮食干燥主要是靠太阳光，如果干燥度达不到标准，谷物类很可能霉变。一旦霉变，出现生物毒素个个都要命，黄曲霉素等危害远比双乙酸钠危险。如果没有使用通过严格科学论证和评估的食品添加剂，我们受到的伤害可能更大。政府出台标准，把双乙酸钠作为谷物类防腐剂，对消费者来说是好事，现在很多情况下科学要让位于民意。现在很多专家不愿意出来说话就是因为科学有时候要让位于民意。食品安全涉及的领域、学科太多，似乎谁都可以说几句。而在老百姓高度紧张的情况下，往往接受负面信息容易，接受正面信息困难，老百姓宁可信其有，不可信其无。现在把问题交给粮食部门来评价，我真担心如果不用双乙酸钠对老百姓来说是很危险的事。现在滥用抗生素是很大的问题，但不能因为滥用抗生素问题的存在，就否认抗生素的作用，仅青霉素救了多少人的命。

我们应该科学、理性地看待这些问题，食品添加剂中有防腐剂、稳定剂等，老百姓最担心的是防腐剂，合理使用防腐剂，那是每个人健康的守护神，如果没有防腐剂，可能我们受到的威胁更大，而且出现的安全事故会更多。但是先用防腐剂或者说违规使用防腐剂是不可取的。我们刚刚谈到的确有些小作坊由于工艺条件达不到、生产环境达不到标准，偷工减料，等等，违规使用食品添加剂，这种要打击、取缔。但这也不能一刀切，还是随着国家经济发展，使中小食品企业转行。现在大的食品加工企业虽然数量少，但占市场份额的70%，随着经济的发展，会进一步向大企业集中，对我国食品工业的发展要有理性的看法。

另外关于植物生长调节素。西瓜长大了，大家认为是膨大剂惹的祸，对南京“爆炸西瓜”进行了详细调查和评估，西瓜爆炸不是因为使用膨大剂造成。膨大剂通过评估对人体是无害的，在我国是被纳入农药的监管方式。而植物生长调节剂和人用激素不能画等号，是完全不同的。植物生长调节剂在使用过程中也是恒量的，因为过多也会损伤植物，所以目前通过批准使用的植物生长调节剂没问题，而且使用也是恒量的，绝大多数是守法使用，如果超量损害的是农产品本身，对人的健康没有什么影响。

刚刚有老先生说现在见不到绿色番茄，意思是说番茄都是催熟的，实际上到田间看，番茄还是有绿色的阶段，但是如果把绿番茄放到市场上，又有多少人买呢？即使着色不好，带一点点绿的大家都不愿意买。番茄用乙烯利催熟，乙烯利是很简单的化合物，分解的时候放出乙烯，而乙烯是水果蔬菜中天然拥有的植物激素，其作用就是催熟。如果没有乙烯，很多东西不可以吃，比如香蕉、猕猴桃，如果在生长过程中没有乙烯产生，就没法吃，一系列发育、反应都不能完成。添加乙烯利是模仿天然催熟激素，反应过后，除了催熟作用，还会产生水和氯，对人体没有危害。

再谈谈转基因的问题，很多人把这个问题上升到中华民族能否繁衍生息的高度。我觉得这太危言耸听了。任何食物都是生命体构成的，换句话说任何食物都有成千上万的基因，转基因只是根据人类对食物进行改造，希望它有人类希望的性状。比如让小麦里有更多的赖氨酸，不用后期人工再加入赖氨酸了。比如抗虫品种，现在很多水稻受到螟虫侵害，每年要使用大量农药，而农药对水体、空气、土壤都会造成污染，甚至导致一些中毒事件，现在在植物中加入抗虫基因，可以节约大量农药使用，对环境本身是有好处的。而且对昆虫有毒的东西，对人不一定有毒，转移进去的 *Bt* 基因也是经过长期研究被证明是对人没有毒的物质。产生出的蛋白使昆虫可以死掉，而转基因之前，Bt 蛋白已广泛作为生物农药喷洒在作物上，现在是让作物自己产生 Bt 蛋白。我国以及世界各国对转基因产品有非常严格的监管，对基因从哪里来，到哪里去有非常严格的要求。而且取出基因的作物不能有不良记录，比如很多人吃花生过敏，因为花生中有一种蛋白，因此花生中的基因既不拿出去，也不接受别的基因改造，因为如果进行基因转移，再出现花生过敏性事件不好归因。转基因食品有非常严格的规定，所以转基因食品往往比一般食品更安全，因为所有的过程都经过严格的评估。如果拿传统食品经过转基因食品一样苛刻的评价，很多食品都过不了关。

有人说利用转基因可能会让中华民族的繁衍都出问题，会断子绝孙，等等，我的观点恰恰相反，这是摆在国人面前重大的战略选择，现在色拉油绝大部分是转基因，现在我们每年要从美国、巴西、阿根廷等国进口 4000 多万吨大豆，而本国大豆生产能力已一再萎缩。“漫山遍野大豆高粱”的景象正在逐步消失，因为我们当初犯了原则性错误。中国是大豆原产国，其他国家的大豆都是从中国引进，我们不需要搞转基因，很自信可以在国际大豆市场占有一席之地。但随着生活水平的提高，对油脂大量的需求，美国、阿根廷的大豆产品以高品质、低价格、高安全性的优势销入中国，你没有理由拒绝他们的产品。一方面中国有刚性需求，必须要进口，一方面根据 WTO 的规则，不能拒绝进口大豆。现在进口大豆日益增长，我们的大豆因为成本高、品相差逐渐失去市场，现在人家求着我们买大豆，如果以后外国一旦不卖给我们大豆，豆油厂马上就要停工。前段时间我们禁止某些转基因大豆进口，马上就有炼油厂跟政府来谈，因为他们不能生产了。我们自己生产大豆的“武功”基本被废掉了，国际一些寡头企业垄断了相关技术。大家应该知道人类基因组计划，要把人类全部的基因测出来，每个基因都会有特定的生理功能，全球共享的基因组计划美国投入最大，中国人也参与其中，这对人类健康未来有极其深远的影响。但这些基因是干什么的？是有知识产权的东西。以后一个基因很可能形成一个产业，如果我们不去发展生物技术，以后这些疾病完全都会控制在外国人手里。一个基因就可能是一个产业，一个基因很可能成为决定健康，决定治疗疾病的重要的武器。我也看到一些不负责任的说法，但最主要的因素还是因为不懂。有些人大代表说，未来为了保障我们的食品安全，我们的食物里不能有任何转基因在里面，我说如果没有基因，那吃什么？他可能不知道在浩如烟海的基因中，只是转入了完全可控、安全的基因。至于美国人从来不吃转基因食品，只卖给中国人吃是非常不负责任的说法。美国人对转基因食品不标识，美国70%以上的大豆、玉米都是转基因的，美国人要想不吃转基因的东西根本不可能。联合国粮农组织每年对转基因食品的消费都有报道，大家如果去看那个就会知道，转基因食品真正第一消费大国还是美国。

欧洲现在正在启动风险交流计划，就是要培养一批能够进行风险交流的科学家。他们也发现有些科学家为消除消费者的疑问做出的回答往往适得其反，因为没有掌握交流的技巧，所以他们有培养计划。我今天讲这些内容就是希望大家掌握一些食品安全的知识，放心消费、快乐生活！

二、罗云波：我国食品安全监管体系亟待解决的几个问题(2016年)

光明网11月14日电(记者　赵艳艳)11月13日上午，2016(第四届)中国粮食与食品安全战略峰会在北京举行，中国农业大学教授罗云波出席峰会并致辞。他表示，食品是消费者居家过日子要关心的对象，对于粮食安全，消费者更关心食品安全的问题。而对于我国食品安全监管体系，尚有几个亟待解决的问题。

食品安全监管体系亟待深化协同机制

罗云波教授在致辞中表示，回顾三年来的食药监机构改革，机构的合并很快，但机制的理顺需要文火慢炖，核心问题的职能差异可以合理地存在，而思维模式的差异如果不能消灭，就会成为监管体制中的蛮刺。这些问题只有通过深化改革、协同机制来解决。

农业是食品安全的始发点和立足点。以农业部门为例，我国《农产品质量安全法》颁发早于《食品安全法》，这部法律不但是食品安全的源头保障者，也是食品和农业部门建立机制的主要依据。配合《食品安全法》的实施，《农产品质量安全法》急需修改、完善，与《食品安全法》做到无缝对接，从而保证食品安全的科学性、完整性。尤其是农产品的产地、化肥农药投放、使用规范、产品包装等，要求更应该紧锣密鼓地列入食品安全时间表。

食品安全标准亟待解决

近日，我国有关部门发布调查报告显示，多地抽检结果表明蔬菜农药残留比例高达16.5%，部分高价精品菜更是超标58%。罗教授指出，农药问题一直是消费者最关注的问题。“不解决农药问题，所有食品安全的监管都是隔靴搔痒。”

要解决农药问题，首先要把环境保护作为农业补贴的核心内容，效仿欧盟环境补贴政策，建立环境保护政策体系。其次对于化学农药进行低毒低价、高毒高价，提高农民使用成本，降低购买使用欲望。对于生产低毒高效的农药企业实施减免税或者财政补贴，对高毒和现有农药的厂商去补贴，降低其生产意愿。第三要加强对农药犯罪的惩罚，台湾地区安全食品相关规定，超标农产品销售处三年以下有期徒刑，对于动物使用禁用农药处 1~7 年有期徒刑，加工、制作、贩卖或意图贩卖而储存禁用农药者，均处 6 年以上有期徒刑。

食品安全监管体制亟待社会合理期待

实施食品安全战略，构建严密高效的社会共治的食品安全体系，这是食品安全监管体系的良好业态。但罗云波教授也指出，现在无论政府、媒体还是相关部门，都对目前的食品安全监管体系抱有不切实际的期待。

罗教授指出，从我国目前的粮食安全、食品安全现状来看，现在就要求食品质量零风险，对食品安全问题零容忍，是不切实际的。这时候我们需要的是在随机应变中寻找符合实际的路，只有理性的判断，调低社会各界对监管体系的社会期待，才能稳健地走向胜利。

食品安全监管体制亟待解决不和谐的做法

在食品安全监管体系中，第三方的监督也要有章法，不能任意而为。一个随便的什么机构，随便买几样食品，挑着全世界无处不在的污染，随便检测一下就发布说我国的食品安全问题有多严重，这给中国的食品安全现状带来了很不好的影响。一些唯恐食品安全监管不乱的人，在微博、微信、自媒体等信息发布平台随意发布恐慌信息，用所谓的假鸡蛋、假白菜、假核桃等信息冲击社交媒体，导致中国食品在自嘲、自骂、自毁中声名狼藉不知所措。罗云波教授表示，连世界卫生组织的官员都看不下去，恳切地表示“不要把中国食品看作是万恶之源”。

道路是曲折的，前途是光明的。罗云波教授乐观地表示，对于我国的食品安全、食品安全监管体系，我们可以先定一个小目标，让消费者对食品安全的评价能够和监管的数据检测统一起来。只有这样，才能够更好地构建农产品食品监管体系，确保“舌尖上的安全”。

附录三 食品安全风险交流与社会共治

一、第三方检测机构缺位让政府陷“信任危机”（部分摘录）（2011 年）

大众日报 7 月 17 日讯（记者 王凯）食品行业中介组织发育不完善，是国家应下功夫改变的状态。罗云波介绍，目前我国所有的检测机构都是政府的，跟部门形成利益共同体，往往做到公正客观快速都是问题。而国外大量的是第三方，政府只是购买它的服务，它跟企业联合在一起，企业委托它们把关，一旦出了问题，它们有连带责任。

第三方机构的缺位已使政府处于尴尬境地

罗云波介绍，北京曾出现一个案例：一个十来岁的小学生，从市场上买了十几个蘑菇，拿验钞票的仪器简单检测，发现有荧光。记者马上报道说，北京市场上97%以上的蘑菇都使用了荧光增白剂，一时蘑菇无人敢买。政府相关部门连夜从卖场、批发市场、生产基地取了几百个样品，检测结论跟小学生完全相反。但公布后，市民根本不信。一家网站还对此作一次投票，让网民投，是相信政府，还是小学生?竟然只有8人投票给政府，成千上万的人投票给小学生。“那8个人很可能还是作检测的那几个人。”最后专家解释说，小学生测的蘑菇，是沾了包装纸上的荧光增白剂，而蘑菇本身更不需要荧光去增白。“如果当时有第三方的检测机构出来说话，我想老百姓就没什么好说的。”罗云波认为。

再就是行业协会，我国现在的食品行业协会大都成了某些领导同志“发挥余热”的场所。行业协会不能很好地在行业中做到行业自律、建立行业诚信等。本来行业自身要解决的问题，结果都压给了政府。

罗云波举例，产品要涨价，政府就来找企业，企业一旦涨价成功，老百姓抱怨的是政府，目前尚没有一个机制能让消费者觉得涨价有理。这次牛奶的生产标准问题炒得沸沸扬扬也是这个原因。

美国的行业协会，可以跟消费者对话，也可以跟政府对话，制定行业规则，清除行业当中的“害群之马”，也可以在行业出现危机的时候，救助行业。在产品要涨价的时候，行业协会就出面跟消费者对话，讲明理由，达成共识，在行业发展过程中起到举足轻重的作用。

二、社会共治：净化百姓餐桌　保障舌尖安全(2014年)

中国食品安全报6月5日讯(责任编辑　郭晓婷)深化改革创新，完善制度机制，标本兼治食品安全突出问题，切实保障人民群众吃得健康、吃得放心……随着国务院《2014年食品安全重点工作安排》（以下简称《安排》）的发布，2014年食品安全工作的“冲刺目标”也被一一列了出来。《安排》不仅仅是任务清单，更是在我国食品安全监管的重要时期，从国家层面指出了需要重点治理的薄弱环节、突出问题，提出了攻坚碰硬的具体举措。记者专访我国食品安全专家罗云波，听他详尽解读《安排》的重要内容。

《安排》特点：既立足长远又接地气

中国食品安全报：您是如何从整体上看待这个《安排》的？

罗云波：这个安排，包括了八个方面的内容，考虑到了食品安全工作的方方面面，既有宏观的部署，又有具体的安排；既有对标的治理，又有对本的加强；既对硬件建设提出了要求，又对监管责任等进行了明确，我觉得是既立足长远又接地气的工作纲领。

这个安排，实实在在地把我们所见到一些具体的问题拿出来说，比如说“严厉打击使用禁用农兽药、非法添加‘瘦肉精’和孔雀石绿等违禁物质的违法违规行为”“地方各级人民政府要重点针对芽菜、活禽、保健食品、餐厨废弃物等监管的空白和盲点，明确监管部门职责和工作要求，抓紧研究完善监管制度”……国家的某一项工作重点能具体到某一项违禁物质，具体到一个产品，我觉得非常接地气，非常务实。

中国食品安全报：《安排》第一项第一条就是开展食用农产品安全源头治理；而农产品生产中，土壤中的水污染，或养殖用水污染的问题，李克强总理在《政府工作报告》里就谈到了这一点，您对“建立健全餐桌污染治理体系”有什么看法？

罗云波：农业是食品安全的始发点，《安排》谈到农业投入品，如化肥、农药的法规标准，农业生产方式的合理规范等，也就是要从源头上遏制污染源，为食品安全夯实源头基础。

工业污染和农业污染已经影响到生存环境和生活质量。当或多或少的污染无处不在时，可谓覆巢之下无完卵。但是污染治理是系统工程，不是一招两式就能解决的，必须多方发力多措并举，也就是必须依赖社会共治。

中国食品安全报：这个《安排》有治标的，也有治本的，您觉得哪些是治标的？

罗云波：安全的食品是生产出来的，仅在市场层面的治理，就是治标的。当下治标也是非治不可的。这次的《安排》提出“深入开展治理整顿，着力解决突出问题”，就是要在最显眼、最受关注的“标”上重典治乱，以标为治理的切入点，顺藤摸瓜，依次递进，直至标本汇合，标本兼治。

中国食品安全报：那治本的呢？

罗云波：标本可以互相转化，标本之间并无绝对界限。像“开展食用农产品质量安全源头治理”，在专项行动的时候，可以理解为治标，但真正落实下去，从“建立健全符合国情、科学完善的‘餐桌污染治理体系’，建设食品放心工程”来看，无疑是治本。

比如，《安排》中同时提出，要“加快《农药管理条例》、《生猪屠宰管理条例》等法规的修订工作”；要“建立食品原产地可追溯制度和质量标识制度。加快建立

‘从农田到餐桌’的全程追溯体系，研究起草重要食用农产品追溯管理办法，稳步推进农产品质量安全追溯、肉菜流通追溯、酒类流通追溯、乳制品安全追溯体系建设”等等，都是从源头到过程的治本之策。

《安排》重点：加强监管能力建设

中国食品安全报：加强监管能力建设，夯实监管工作基础，这在《安排》中列为第二点，可见这项工作的重要性，您认为具体来说，要提高哪些方面的能力，如何提高?

罗云波：全面深化食品安全监管体制改革是关键。体制顺，工作才会顺。最近不少省市都已出台了具体考核办法，这都是加强监管能力建设的表现。

监管能力建设一定是多方面的能力建设，而不是某一个方面，这其中，比较重要的一项又是检测能力。目前我们政府的监管能力特别是检测能力在总体上来讲，是比较强的，政府的一些检测中心，都是武装到牙齿的先进设备。但第三方检测机构在我国是匮乏的，企业自身的软硬件装备检测能力都亟待加强。

我在参与相关规划的时候，始终强调，希望能够发展、大力发展第三方检测能力，也鼓励一些有条件的企业，提升自己的检测能力；一方面为自己服务，为自己的品控服务，一方面也为同行业来服务，检测中心照样能树品牌。

而国家检测机构，只是一种评判式的检测，就是说当出现了矛盾，大家说不清楚的时候，政府的实验室才出来说一句话让大家信服。比如说美国就那么几家实验室，平常都是自负盈亏的第三方机构承担检测，只有当出现问题或者争论的时候，才会经国家的实验室做检测出数据，这样经国家实验室出来的数据，老百姓都会认为是至高无上，绝对权威，不容挑战。而我们现在事无巨细，都是国家在做。政府成了技术赛场上的裁判员，也是运动员，这样就体现不出公信力来。

检测能力建设当中，其中一点就是快速检测技术，第一时间甄别有没有问题，以及问题出在哪里。快速检测是需要加强的，需要重点去投入的。

以上只是能力建设的硬件方面，软件上也需要进行能力建设。好多检测机构，没有人才，一流设备形同虚设，摆设而已。可见合格的人才，是能力建设的重要内容。

另外检测方法的研究也是重点，用我们内部的话来说，很多方法叫做合理的不一定合法，合法的不一定合理。所以说能力建设中我们的方法和研究也要跟上。还有就是设备的研发，你看我们一个三聚氰胺的检测，美国人最高兴了，因为我们都要去买他的设备，这样我们在这方面就受制于人了。因此，我们的检测设备研发能力的建设，也需要提高。监管能力的建设，看似简单一句话，掰开来看，仅检测能力的建设，包含的内容就非常多。

《安排》亮点：落实主体责任实现社会共治

《安排》中提出，要探索建立企业首负责任制和惩罚性赔偿机制(在婴幼儿配方乳粉、白酒生产企业试点“食品质量安全授权”制度，通过企业授权质量安全负责人，对原料入厂把关、生产过程控制和出厂产品检验质量安全负责……探索建立“谁生产谁负责、谁销售谁负责”的企业首负责任制和食品质量安全惩罚性赔偿机制)。

罗云波认为，这是《安排》的亮点。

中国食品安全报：《安排》对食品生产经营企业责任是如何要求的，有什么新举措？

罗云波：我认为首先企业作为第一责任人的责任不能丢。《安排》里有一个新说法，叫探索建立企业首负责任制，而且在这个制度里面谈到“食品质量安全授权”制度，实际上是让企业自己落实第一责任人。也就是说，首先负责的是食品企业，那么企业谁负责呢，它还可以授权给一个人来负责。比如说，我们实验室就会贴出来——本实验室安全，安全员谁谁。具体到企业，各个环节都应该有相关的责任人，我就授权你负责这一块的食品安全。

中国食品安全报：关于工作安排中“完善部门间、区域间协调联动机制”，是否也属于社会共治？

罗云波：这当然也是共治的一个体现。区域联动强调各方面联动，实际上是解决区域协调机制的问题，要求上级部门对所管辖区不同的地方都要进行组织协调，地方政府要打破地方保护的执政陋习，要把食品安全看成是百姓第一重要的事情，把为人民群众生命安全负责当成第一要务。

此外，《安排》中还提出了一个新举措，即在省会城市、计划单列市等城市及有条件的“菜篮子”产品主产县开展食品安全城市、农产品质量安全示范县创建工作。以创建活动为抓手，通过示范带动，推动地方政府落实监管责任、创新监管举措。这也是提升食品安全整体保障水平和群众满意度的新办法。

《安排》着力点：九项治理严格执法

中国食品安全报：您认为《安排》中对于今年食品安全工作的着力点主要是哪些方面？

罗云波：着力点是《安排》提出来的九项专项治理整顿。这九项覆盖面广，关注度高。既有老生常谈的问题，又有在新形势下增加的新内容，比如说开展网络食品交易和进出口食品专项整治，网络食品是一个新的市场交易方式，而且在不断发展壮大；而进出口食品一般来说，我们平时的感觉都是比较优质的，比较不容易出问题的，但不容易出问题不代表没问题，这次的《安排》可以说是未雨绸缪，走在了前面。

中国食品安全报：其实我们的专项整顿，各级政府、各个部门、各个领域都曾经开展过不少，但要如何才能取得实效呢？

罗云波：这就是这次《安排》中的另一个着力点了。《安排》第五大点专门提出了“严格监管执法，严惩违法犯罪行为”，可以看得出是下了大决心的。

《安排》中提出，要持续保持打击违法犯罪高压态势。将危害最为严重、人民群众反映最为强烈、整治最为迫切的食品安全领域违法犯罪行为作为打击重点，依据《中华人民共和国刑法》、《最高人民法院、最高人民检察院关于办理危害食品安全刑事案件适用法律若干问题的解释》等法律及司法解释予以严惩重处。《安排》还强调，要进一步促进行政执法与刑事司法的无缝衔接。加强行政监管部门与公安机关在案件查办、信息通报、技术支持、法律保障等方面的配合，形成打击食品违法犯罪的合力。开放食品安全信息平台接入口，实现公安机关与行政监管部门信息共享，探索公安机关提前介入涉嫌食品安全犯罪案件的评估与应对。建立联合挂牌督办制度，对挂牌督办的大要案件，要依法从重从严查处。《安排》还强调要加强食品安全犯罪侦查队伍建设，明确机构和人员专职负责打击食品安全犯罪，积极协调有关方面为公安机关提供技术支持。

《安排》热点：规范标识　落实奖励　引导舆论

中国食品安全报：如果作为一个普通消费者，您在看到这个《安排》的时候，您觉得哪些才会是他们最关注的热点？

罗云波：作为普通消费者的话，我觉得他们可能关注以下几方面的内容：一是完善食品质量标识制度；二是落实食品安全违法行为有奖举报制度；三是食品安全热点问题的舆论引导。因为其他方面的话，主要可能是监管层的事情，而食品质量标识、有奖举报、热点舆论，消费者都可以直接面对、直接参与。

中国食品安全报：《安排》具体提到规范“完善食品质量标识制度，规范‘无公害农产品’、‘绿色食品’、‘有机产品’、‘清真食品’等食品、农产品认证活动和认证标识使用，规范转基因食品标识的使用，提高消费者对质量标识与认证的甄别能力。”这项工作很有针对性，老百姓能直接感受到，您怎样看？

罗云波：如果我们的标签标识能够做规范，让老百姓能够有针对性地作出合适的选择，当然是好事。营养标签也好，其他标签也罢，实际是解决信息不对称问题，满足老百姓对某个食品产品信息的需求。

我现在觉得，特别要规范的，是转基因的标识。现阶段老百姓对这个转基因的认知度，还停留在比较浅的层面上，对转基因的认识，还需要一个过程。当下，老百姓的知情权是比较重要的，要让他在知情后作出选择。比如说到有标识的转基因大豆油产品，这个标签只是说满足你的知情权，它并不意味着这个产品安全不安全，因为上市的东西，它都应该是安全的，这个不安全就不应该上市，这是一个起码原则。

我们要杜绝在标识当中一些不合理的地方，仍以转基因为例：怎么个标法，字体要多大？有的标的很小，看都看不见。另外，像非转基因花生油这种，纯粹是噱头，这也是不应该出现的，非转基因的大豆油可以标注，非转基因花生油那纯粹是欺骗愚弄老百姓。

中国食品安全报：对《安排》落实食品安全违法行为有奖举报制度，您是怎么理解的？

罗云波：在去年的工作安排中，并没有这样一项内容，而今年不仅提出来了，还明确要求地方各级人民政府要设立食品安全举报奖励专项资金，适度扩大奖励范围，适当提高奖励额度，我觉得这是一个不小的进步，这样才能真正提高普通百姓举报的积极性。

《安排》长效关键词：深化改革　制修订法规　转型升级　诚信建设

中国食品安全报：虽然这个《安排》是2014年的重点工作，但是其中不乏立足未来的长效举措，请您谈谈看法。

罗云波：是的，这个《安排》中，有好几项虽然是目前的工作，但都关系到食品安全的长治久安。首先我觉得是全面深化食品安全监管体制改革。完善从中央到地方直至基层的食品安全监管体制，健全乡镇食品安全监管派出机构和农产品质量安全监管服务机构，加强村级协管员队伍建设。进一步落实食品安全属地管理职责，强化市县两级监管职责，将农产品质量安全监管执法纳入农业综合执法范围。一定程度上来说，目前改革还是慢了点，只有加快、深化改革，健全机构，建立机制，充分发挥各级食品安全综合协调机构作用，强化综合协调能力建设，才能从根本上抓好食品安全工作。

二是完善法规标准，从制度上来保障食品安全。在法规方面，我们要抓紧修订《中华人民共和国食品安全法》，制定食品生产经营许可管理办法、食品标识监督管理办法、食品添加剂生产监督管理办法、食源性疾病管理办法、进出口食品安全条例、食品相关产品安全监督管理办法等一系列的配套法律规章制度；其中还提到要加快《农药管理条例》、《生猪屠宰管理条例》等法规的修订工作；推动地方抓紧研究制定出台食品生产加工小作坊、食品摊贩管理的地方性法规。另外一方面是标准，现在我们标准不统一、标准不全面的问题还比较突出，《安排》中提出要清理整合一批食品安全国家和地方标准。加快食品安全标准清理整合工作，制定公布新的食用植物油、蜂蜜、粮食、饮用水、调味品等重点食品的国家标准。

长效关键之三，是推动重点产业转型升级发展和食品品牌建设。这个内容，在去年的工作安排中也是没有的。只有大力扶持农业规模化、标准化生产，推进园艺作物标准园、畜禽规模养殖、水产健康养殖等创建活动。推动肉、菜、蛋、奶、粮等大宗食品生产基地建设；只有加强食品品牌建设，保护和传承食品行业老字号，才能发挥其质量管理示范带动作用，用品牌保证人民群众对食品质量安全的信心。

长效关键之四，是要加强食品安全领域诚信体系建设。我们推进食品工业诚信体系建设到现在已经有四年了，但据我了解的情况，很多地方搞形式，走过场，并没有很好落实。特别是完善诚信信息共享机制和失信行为联合惩戒机制，探索通过实施食品生产经营者“红黑名单”制度，促进企业诚信自律经营这些方面，有的地方喊了好几年，但并没有实实在在的工作成绩，而在建立统一的食品生产经营者征信系统，研究和推进将食品安全信用评价结果与行业准入、融资信贷、税收、用地审批等挂钩等方面，也依然停留在文件上，停留在构想中，只有诚信体系建设中的各项措施特别是奖惩措施落到实处，才称得上社会共治，切实制约食品安全失信行为。

三、罗云波：食品质量安全风险交流与社会共治格局构建路径分析(2015年)

《农产品质量与安全》2015年第4期：3～7页　近年来，政府在保障食品质量安全方面做了很多努力，但消费者的感受却是问题越来越多，对政府的信任度也越来越低。我国是世界上人口最多的国家，而且目前经济发展正处在全面建设小康水平的阶段，社会公众掌握的食品质量安全科学知识很有限。风险信息如何正常交流，消费者的知情权如何保证？如何开展有效的食品质量安全风险交流，把科学家在食品质量安全领域的一些共识，非常有效地传递给每一位消费者，构建社会共治格局，这具有很大的挑战性。

(一)我国食品质量安全风险交流、社会共治及现状

(1)风险交流的内涵与外延

消费者对食品安全的担心有时是源于缺乏对食品质量安全科学知识的了解，但食品生产和质量安全管理的科学信息和科学家掌握的对食品质量安全种种问题的看法，又无法及时有效传递给消费者，导致信息严重不对称。美国环保署首任署长威廉·卢克希斯在20世纪70年代提出了“风险交流”这个词。国际通行的食品风险分析框架由风险评估、风险管理、风险交流3部分组成。关于风险交流，

世界卫生组织和联合国粮农组织明确指出,“风险交流是在风险分析全过程中,风险评估人员、风险管理人员、消费者、企业、学术界和其他利益相关方就某项风险、风险所涉及的因素和风险认知相互交换信息和意见的过程,内容包括风险评估结果的解释和风险管理决策的依据。”食品质量安全风险交流是实施风险管理的先决条件,是正确理解风险和规避风险的重要手段。

风险交流是国家食品质量安全控制管理的重要内容,要用法规形式保障风险交流常态化运作。风险交流就是要使现有国家风险交流平台切实发挥作用,尽快让公众和媒体理解和认可食品质量安全没有零风险,安全食品是生产出来的,食品安全是有成本的,监管是将风险控制在可接受的范围内。毒物须讲剂量,风险即是概率。诚信社会需要全民行动,不能仅靠食品行业独善其身。尤其是当今社会对食品质量安全问题高度敏感,一个很复杂的科学问题,包括高技术的基因工程,如果要把它说得非常复杂,没有相关专业基础的人,可能会越听越糊涂。我们要探索着用公众能听懂的语言解释,努力把复杂的事情,一些看似很危险的东西,解释得让公众了解、放心。比如说科学家历经千辛万苦发现了一个非常好的食品添加剂,解决了食品加工领域的某一个难题,却被一些人一句很不负责任的话就否定了。我们需要解释怎么回事,化学结构是什么,这个结构是怎样对人体没有害,效果要比原来的好得多,这就是风险交流。

(2)风险交流和社会共治的辩证关系

2013年6月5日,在全国食品药品安全和监管体制改革工作电视电话会议上,国务院副总理汪洋提出食品质量安全需要构建社会共治格局。在《中华人民共和国食品安全法》中,“社会共治”也是食品质量安全监管的一个基本原则。关于共治的这一点已经达成广泛共识,食品质量安全社会共治是有效解决食品质量安全问题的好办法新思路,可以理解为在新一届政府进行大刀阔斧行政体制改革的背景下,在食品质量安全领域,小政府大社会,简政放权,培育社会主体活力的决心。风险交流和社会共治,如今已成了高频热词,二者结伴出行,更加引人注目,随时随地彰显重要性、必要性和特殊性。

社会共治和风险交流之间,是相辅相成,相互依赖,相得益彰的关系。食品质量安全社会共治的主体和风险交流的主体是契合一致的,包括生产者、监管者、行业协会、公共媒体、消费者、消费者权益保护组织、专家学者、商业保险机构等主体。风险交流先行一步,夯实社会共治的基础,在共识的前提下促进共治。所谓共,是劲往一个方向使,心往一个方向想。要形成社会共治、同心携手、全民参与、人人有责的强大合力,有效的风险交流当是食品安全社会共治的重要基础。只有充分有效的交流才有可能形成积极的合力,共同推动食品质量安全属地管理责任、企业主体责任、部门监管责任的落实,同时积极回应社会关切。

(3)我国食品质量安全风险交流的现状

应该说,《中华人民共和国食品安全法》、《中华人民共和国农产品质量安全法》相继实施以来，政府和科学家都做了大量的工作，不管是食品质量安全风险监测、风险评估，还是标准的制修订、监管手段创新等，都比原来有了很大的进步，然而这些进步普通公众根本不知情也不领情。出现这个问题的原因就在于风险交流没做好。我国风险交流的力度现在还很弱，透明度比较差。转基因为什么不断被指责，一个是风险交流不够，另一个是监管的透明度也不够。2015年修订施行的新《中华人民共和国食品安全法》虽然没有将“风险交流”这一专业术语写在其中，但其实质内容的重要性，却贯穿在了新法的始终，成为体现社会共治的一个重要内容。新《食品安全法》实施《细则》(草案)，已然明确提出了风险交流，这应该说又是一个进步。风险交流在食品质量安全中的地位和作用已经深入人心。

在一些发达国家，政府有专门的机构从事风险交流工作，还有独立的民间交流平台来提供关于食品质量安全方面权威性的科学信息，针对特定的人群进行特定的交流，针对特殊人群的情况单独作出风险预警提示。但我国国家风险评估中心成立不久，国家层面的食品质量安全风险交流可以说刚刚才开始，还需要不断学习，总结经验。另外，对于食品质量安全教育及相关知识的科学普及，国家应有统筹的安排和计划，有专门的经费预算，真正地重视起来。我国还应该在政策上鼓励民间风险交流平台的建设，形成第三方的科学普及传播力量。在当前社会环境条件下，民间第三方的科学声音往往效果会更好。目前的情况是，一旦出现食品质量安全问题，政府部门发布信息时效性、权威性往往都受到质疑。权威专家害怕媒体断章取义，也不愿意面对媒体。一些媒体抓住新闻不经核实就发布，导致现在真正的科学信息明显处于劣势，而无科学依据的误导信息大占上风，其结果是造成了消费者对食品质量安全的过度担心，影响了政府的公信力，这对于解决食品质量安全问题只会起到负面作用。专项整治是建设，标准制定是建设，追溯体系是建设，行为规范是建设，餐桌治理是建设，风险交流和科普教育更是建设，用建设的态度来解决已经存在的老问题和将要出现的新问题，既是积极务实的选择，也是理性的精神。

(二)食品质量安全社会共治背景下风险交流面临的挑战

如前所述，风险交流这个理念，在国外已经发端并实施了近半个世纪了，我国才刚刚起步，虽说有后发优势，但毕竟是刚刚开始。从理论层面看，我国关于风险交流的研究状况，依然停留在引进外国研究成果的水平，还是简单的拿来主义。当然，“拿来”是当下进步所必需的重要途径，他山之石可以攻玉，总比闭门造车来得更加快捷有效。风险交流的“拿来主义”，是我国食品质量安全监管与外界联系的一种体现形式，因为拿来的这个风险交流的理念，是世界潮流，是大势所趋，通过“拿来”，了解和跟随了世界食品质量安全发展的大方向和需求。在“拿来”之后如何对这个理论进行本土化的升级创新，这是当前一个重要问题。把拿来的消化升华成自己的东西，不能总是停留在鹦鹉学舌的层面。现在我国有中国特色的风险交流面临的困境，是缺乏有中国特色的风险交流的理论指导。理论的匮乏必定会带来方法的困惑，不过理论的匮乏是可以在理论工作者的埋头苦学之后迎头赶上的，缺了就补，缺哪补哪。如何把风险交流落到实处，实现社会共治，通过风险交流解决社会共治的需求，通过社会共治从而解决食品质量安全，这才是重中之重。当风险交流的在场性、不确定性、价值性等特征，以及拿来主义的风险交流理论，和实践中的感知不相契合甚至是相互抵触时，理论无用的认识就是自然而然挡不住的了，紧接着就是实践与理论更加渐行渐远。一方面，可能在实践中对风险交流理论充满敬畏和怀疑，另一方面，面对中国特色纷繁复杂的风险交流的一团乱麻，无能为力，无助与焦虑都会陷入理论匮乏的困境。这是对食品质量安全科研工作者的挑战，也是机遇。把握机会，痛下苦功，纸上谈兵要做足，低头向下看也不含糊，就能化危为机。

除了理论亟待本土化创新和可操作性的系统化改造之外，风险交流在实践中还需要面对风险的各种本土化挑战。目前我国风险交流过程中，不得不面对风险环境的特殊性，也就是过程风险和结构性风险并存的复杂性。当今世界是一个风险社会，我国也不能例外，食品质量安全当然概莫能外，同时还因为我国特殊的发展历程、文化传统，又有我们不得不面对的独特困境。食品质量安全风险的共性是全球皆在，我国食品质量安全风险的个性化交流实在是个棘手的问题。比如说，在风险社会的复杂系统中，系统的相互依存性日益增强，个别要素越来越难以单独抽离出来，换言之，也就难以分离出单一的原因和责任。也就是说，找不到一个明确的归因主体，每个人都既是原因又是结果，因此也就没有原因，出现了所谓普遍的共谋。这样就使得风险交流到最后，只能把问题的出现归咎于系统和体制，这样的风险交流是有效呢，还是无效呢？一定程度的合理运用还是有效的，可以激发出每个系统内的人员，身在其间，无可推诿的使命感和责任心，在风险面前会更加主动地采取自我保护的措施，并且积极参与改革现有的制度。但也可能适得其反，也就是谁都觉得和自己无关，或者觉得丧失希望的无所适从。再比如说，大家都觉察到，或者只是不愿意说出来的一种风险，就是在一些公众和媒体眼中，企业、政府和风险交流专家三位一体，结成的联盟本身在制造食品质量安全的风险，然后又建立一套所谓风险交流话语，企图把自己制造的危险模糊为不可控的风险。但是，这确实就是我们面临的现状，积极参与风险交流的各种主体，已经被视为结为联盟的风险制造者，相对受信任的专家系统，也因为专家系统本身也在食品质量安全风险的认知和解决上，存在着内部争议，或者噤若寒蝉，专家的权威性受到普遍质疑，在信赖缺失的基础上，谈交流，谈共治，都有镜花水月的无能为力感。

还有不得不指出的是，国际经验表明，当一个国家或地区人均 GDP 超过 3000 美元之后，其城镇化、工业化进程会加快，居民消费类型和行为也会发生重大转变。近年来，我国人均 GDP 呈现快速增长态势，2008 年便已超过 3000 美元，2014 年我国人均 GDP 已突破 7500 美元，我国已进入食物结构和营养结构大调整时期，这是一个食品质量安全风险交流比较困难的时期，人们面临更多不可预期的后果和前所未有的、不断扩散的不确定性风险。这个时候，如果人们具备某些基本的素养，特别是科学素养，能对风险加以一定程度的认知、判断和鉴定，就可以在很大程度上对风险进行社会弱化。从这个意义上来说，食品质量安全风险交流是独木不成林的，不能一枝独秀的，必需的第一步，是大面积提高公众的科学素养。当然，食品质量安全的社会共治也需要一定科学素养的支撑，这种提高是二者的共同需求，共同基础，不过这是一个需要时间和投入的问题，不可能一蹴而就，要有打持久战的准备。

风险交流既然是互动，既然是双向，就要有交互的意思，交互起来了，也才可能说到协同一心去共治食品质量安全问题。但现在不管纸上谈兵，还是退而结网，都还主要是监管者和专家在大力倡导、大声疾呼风险交流社会共治，消费者并没有觉得这一切和以前的食品质量安全知识科普，以前的食品质量安全问题情况通报有什么不同，最多就是多了几个年轻写手，改换板起面孔的严肃腔调，换用一些生动活泼的语言在介绍，其他并没有什么改变。

此外还有风险交流的态度和身份认同问题。风险交流的主动发起方，需要理性客观公正，才有公信力。新闻都在标榜自己有态度，交流一定也是有态度、有温度、有角度、有高度、有广度的。但是风险交流的发起主体，如何走出总是在安慰、常常在辟谣的状态，似乎给人感觉就是背负着政府和企业的重托，在灭火救灾，这种感觉不利于风险交流的顺畅展开。天长日久，交流者自己也会厌倦这种程式化的模式。当然这是担当和责任，不过也是个中切实的心酸。出事了，具体应该怎么办，态度的尺度如何把握，如何能让民众切实感受到改变，科学传播如何流动起来成为风险交流，这都是交流的艺术，需要在实践中体会，形成各自的行之有效的风格。食品质量安全社会共治只有在风险交流达成共识之后才能彰显绝对强大的正能量，否则，大家都在治，自以为都在尽心尽力，很可能各行其道，彼此消耗，并不能把风险的消极影响降到最低，并不能最有效地积极防范风险。

(三)推进食品质量安全风险交流及社会共治的基础路径

(1)建立高效的信息披露机制。高效的信息披露机制是解决食品信息不对称的唯一良方，生产者主动披露安全风险的概率极低，监管者与消费者之间的信息也不对称。当下诸多食品质量安全问题事件，大多源于良好生产规范与生产者认知之间，科学事实与媒体和消费者认知之间的信息真空，可以归因为风险交流的缺失。眼下公众眼里的风险交流，新闻媒体是勇敢的食品质量安全真相披露者，专家则是怕事的胆小鬼。把风险交流简单理解为危机公关的灭火和维稳的思维定式，阻断了风险交流的预防、预警和教育的功能实现。因而，亟须构建高效的信息采集、信息分析研判及信息发布、信息服务机制，尽快解决食品质量安全信息不对称问题，在最大程度上确保食品质量安全风险信息交流渠道的畅通。

(2)构建食品质量安全风险预警防范体系。食品质量安全风险预警防范体系的建立，可以让生产和监管者防患于未然，不给问题食品生产出来的可能性，这不仅能让公众在消费选择时心中有数，更能让事倍功半的终端监管在风险评估基础上，转变为防御性的事半功倍的源头监管、过程监管。但现在，由于风险沟通的不畅和食品质量安全知识的匮乏，公众惶惶然于食品质量安全，而真正的问题食品其实所占比例却仍旧是极少数。即便是出现真的食品安全事件，或者是以讹传讹的伪食品质量安全事件，生产者和消费者都缺乏鉴别能力和心理承受能力，过度反应在所难免。加之媒体有意无意地夸大误导，食品质量安全恐慌狂潮就这样一浪高过一浪，不仅破坏产业发展，影响我国食品的国际贸易，破坏国家形象，还损害公众对政府以及对科学家的起码信任。子虚乌有、误报夸大、污名化现代食品科技的不实报道，也是因为政府和媒体、科学家和媒体之间缺乏有效的风险交流。在应对和处理真正的食品安全事件时，媒体准确的信息传播和风险解读，可以让公众从容应对，让监管者冷静执法。在风险交流未能有效展开，面对被夸大的恐慌舆论时，我们也不能牺牲科学来解决愚昧危机。保证信息透明公开，有原则有底线的担当，直截了当的坦荡，是最好的食品安全风险交流方式。公众的安全感来自于政府对科学的尊重之心，对民生的关切之情。

(3)培养公众食品质量安全的科学素养。全民参与风险交流需要一定的科学素养，法规保障下的食品质量安全教育制度化，是提高公众和媒体食品质量安全认知水平的关键。当前全民食品安全宣传周是一种教育，也是集中进行风险交流的平台和时间。教育全民理性面对当下还存在的食品质量安全问题，提高公众的科学认知水平，指导公众科学消费，弃戾气多理解，少埋怨多建设，不把食品安全作为出气筒，一分为二实事求是的积极主人翁态度才是有意义的交流。另外，建立第三方民间风险交流平台，在进一步风险交流能力建设中，培养一批专业素质高、沟通技巧强的媒体从业人员和意见领袖也是非常必要的。

(4)充分发挥专家在食品生产企业风险交流中的作用。不同规模的食品企业，都一定有不同内涵的专家在做技术支撑。无论企业内部，还是企业外专家，在企业风险交流中发挥的作用，可以总结为传递信息，传递信赖，传递信心。企业内部风险交流对于提高员工食品安全意识，形成企业食品安全栅栏，构建企业食品安全文化，促进企业自身发展至关重要。与此相应的企业外部风险交流，则是为企业营造健康有序发展，理性客观的良好社会环境。当企业面临食品安全事件和危机时，企业内的专家对外应该第一时间担负起与消费者和社会各界风险交流的责任，对内能帮助企业查明原因解决问题，化解危机。企业外部的，包括政府相关部门、科研院所、大专院校的专家，要帮助企业内的专家，站得更高看得更远，充分发挥旁观者清，以及外来和尚好念经的专家作用，和企业内自身配备的专家内外呼应，为企业内专家提供企业内部风险交流的理论依据、案例分析、技术支持，为疑难杂症把脉问诊，解疑释惑。一个企业，如果忽视了专家在风险交流中的地位和价值，就算不说这家企业目光短浅，至少也是不能与时俱进，企业不懂得最小成本和最小代价来预防，损失有时可能是无法估量的，甚至是灭顶之灾。

当食品安全事件发生后，专家要掌握尽量多的信息，真相需要透明，需要全方位来观察，只有信息量充足的风险交流才能获得消费者的信赖。此时专家就是搭起企业和消费者之间，监管部门和企业之间，媒体和企业之间的桥梁，让各方都能够做到心中有数，不盲目夸大，不讳疾忌医，平复各方沸腾的情绪，大家齐心协力一起解决问题。专家要有良好的公众形象，较高的公众信赖度，一定的媒体影响力，才能在众说纷纭沸沸扬扬的时候，一言九鼎，掷地有声，消费者和媒体能够心悦诚服。这是专家在企业风险交流中发挥作用的必要前提。专家就是要做一个值得各方信赖的学者，帮助各方树立信心，帮助企业减少风险，应对风险，最大程度降低风险带来的损失。